팬데믹의

현재적 기원

팬데믹의 현재적 기원
-거대 농축산업과 바이러스성 전염병의 지정학

2020년 7월 15일 제1판 1쇄 인쇄
2020년 7월 24일 제1판 1쇄 발행

지은이 롭 월러스
옮긴이 구정은, 이지선
펴낸이 이재민, 김상미

편집 정진라
디자인 정계수

종이 다올페이퍼
인쇄 청아문화사
제본 국일문화사

펴낸곳 너머북스
주소 서울시 서대문구 증가로20길 3-12
홈페이지 www.nermerbooks.com
등록번호 제313-2007-232호

ISBN 978-89-94606-60-6 03470

너머북스와 너머학교는 좋은 서가와 학교를 꿈꾸는 출판사입니다.
홈페이지 www.nermerbooks.com

팬데믹의 현재적 기원

거대 농축산업과 바이러스성 전염병의 지정학

롭 월러스 글
구정은·이지선 옮김

너머북스

일러두기

원서의 필자가 작성한 주는 미주로, 본문에 보충 설명이 필요한 경우에 작성한 옮긴이의 주는 각주로 정리하였다.

옮긴이 서문

글로벌 시대,
전염병이 우리에게 던지는 고민들

2019년 12월 말 중국 후베이성 우한에서 신종 폐렴 환자가 확인됐다. 세계를 불안하게 만든 신종 코로나바이러스 감염증, '코로나19'의 시작이었다. 역자들이 이 책을 옮긴 6월 말 기준으로 세계의 감염자는 1,000만 명을 바라본다. 확산은 진행 중이고 여전히 이 전염병에 대해 세계는 모르는 게 많다. 하지만 분명한 것은 이런 대규모 전염병이 이번으로 끝나지는 않으리라는 점이다.

코로나19를 계기로 바이러스와 전염병에 대한 책들이 국내에도 쏟아져 나오고 있다. '세계를 움직인 주요 전염병들'에 초점을 맞춘 역사서도 있고, 바이러스의 진화를 추적한 생물·의학적인 서적도 있다. 이 책에서 다소 혹평을 하기는 했지만 데이비드 콰멘의 『인수공통 모든 전염병의 열쇠』처럼 인수공통 전염병에 한정시켜 밀도 있게 바이러스의 진화 과정을 추적한 책도 있다. 월러스의 이 책은 코로나19 이전에 나온 것이고, 많이 나와 있는 전염병 관련 서적과는 다소 결이 다르다.

롭 월러스는 미국 미네소타대학 글로벌연구소의 진화생물학자다. 그는 이 책에서 조류독감 등 인플루엔자를 중심으로 바이러스의 진화와 확산을 촉진한 거대 축산업, 나아가 자본주의의 세계경제 시스템에 대해 문제를 제기한다. 옮긴이들이 일하는 《경향신문》에서는 몇 해 전 신종플루의 출발지였던 멕시코 그란하스카롤의 농장을 취재한 적이 있다. 세계 최초로 신종플루 확진을 받은 '0번 환자' 에드가 소년은 건강한 아이로 잘 자라고 있었지만, 농장을 운영하는 미국 축산업체 스미스필드를 둘러싼 논란은 해결되지 않은 채였다. 거대 농축산업, 이른바 '애그리비즈니스 Agribusiness'에 좀 더 비판적인 관심을 기울이는 것이 글로벌 전염병을 제대로 들여다보게 해 주는 창문이 될 수 있다.

1부는 광둥성 등 중국 남동부에서 '유난히' 바이러스들의 변이가 많이 일어나고 있는 상황, 멕시코에서 시작된 신종플루의 산업적 배경 등을 살핀다. 그는 밀집 사육되는 가축과 가금류 사이에서 바이러스의 변이가 더 자주 일어나고, 병독성이 더 높아지게 되는 과정을 들여다본다.

코로나19 바이러스를 놓고 WHO가 'COVID-19'라는 공식 명칭을 정했지만 월러스의 시각에서 본다면 이런 명칭에는 비판 받을 소지가 적지 않다. 이런 명명은 중국 당국과 거대 축산업의 책임은 물론이고, 바이러스의 기원이 담긴 지역적 특성을 지워 버리는 결과를 낳기 때문이다. 하지만 코로나19가 '중국 바이러스', '우한 폐렴' 등으로 불리면서 한국에서 반중 정서를 낳았고, 유럽과 미국에서는 '반아시아 정서'를 부추겼다는 점을 우리는 알고 있다. 바이러스에 지역 이름을 붙이는 것의 효용과 부작용은 사회적 맥락에 따라 결정되는 것이기 때문에 딱 잘라 옳다 그르다를 판단하기는 쉽지 않다. 하지만 덩샤오핑의 개혁·개방 이후 중국 남부의 축산업 발전과 세계 농업생산망으로의 통합을 바이러스의 연쇄 진화와 연결지어 설명하는 월러스의 시각은 우리에게 '전염병의 시대'를 이해할 수 있는 하나의 열쇠를 제공해 준다. 바이러스라는 존재를 통해 한 지역의 역사와 지리가 겹쳐지는 것이다.

2부와 3부에는 인플루엔자의 특성과 인체 감염의 메커니즘, 바이러스의 진화에 대한 다소 전문적인 내용들이 들어 있다. 주로《파밍파토젠스》등 전문 매체에 월러스가 기고했던 것들을 모아 놓았다. 한글판에서는 일반 독자들을 위한 책임을 감안해 의학·병리학을 깊숙이 파고든 설명들은 일부 생략했다. 하지만 인체헤르페스바이러스나 카포시 육종 바이러스, 에이즈를 일으키는 HIV 등이 서로를 '도와가며' 진화해 온 모습 등을 규명해 낸 연구 과정은 의학 문외한들이 읽어도 흥미롭다.

월러스는 책에서 각국 연구자들의 실명을 거론해 가며 비판하는 것도 서슴지 않는다. 책의 여러 부분에서 기업과 결탁된 학자와 시민단체의 문제점을 조목조목 지적하며 농업과 전염병과 환경 모두에 해를 미치는 자본의 폐해를 짚는다. 한때 세계를 떠들썩하게 만들었던 위키리크스의 미국무부 외교전문을 분석해 유전자변형(GM) 농업을 각국에 강요하는 미국의 난폭함을 고발한 내용도 눈에 띈다.

책의 중반을 넘어서면 저자의 관심은 인플루엔자를 넘어 미국의 노예제, 커피 생산 방식과 생태계의 자연적인 방제 작용, 아프리카 중부에서 기원한 에볼라 감염증, 미국에서 퍼진 홍역 등으로 넓어진다. '커피 필터'에 소개된 개미와 여러 곤충의 공생 관계는 자연과 농업이 얼마나 복잡하게 얽혀 있는지를 보여 준다. 다만 저자가 언급한 보존농업의 경우는 사실 찬사와 혹평이 엇갈린다. 작물을 섞어 키우고, 흙을 볏짚 따위로 덮어 토양 침식을 막고, 구획을 정해 땅을 쉬게 하고, 유기농으로 환경과 건강을 지키며 생산량도 늘릴 수 있다는 환경·농업단체들의 주장에 대해 '성과를 과장한 것'이라는 비판도 적지 않다.

그럼에도 불구하고 월러스가 전하는 중남미와 아프리카 여러 지역의 실험들은 눈여겨볼 만한 가치가 있다. 생산에서 유통까지 모든 것을 장악한 수직통합형 거대 농식품업체들이 지배하는 시장 틈바구니에서, 농민들의 작은 움직임들과 연대는 무엇보다 생산 방식의 다양성을 늘려 주는 효과가 있기 때문이다. 거대 기업에 온전히 지배되지 않는 그 틈새에서 저자는 지금과는 다른 농업, 혹은 더 나은 농업의 희망을 본다. 아직 그런 작은 변화들은 대세가 아니며 앞으로 거대 기업들을 제치고 세계의 농업 판도를 바꿀 가능성도 현재로선 적어 보인다. 하지만 '대세'가 되지 못하더라도, 지금 우리 눈앞에 보이는 것만이 절대적인 진실이나 진리가 아님을 깨우쳐 준다. 월러스는 자본주의가 농업은 물론이고 학자들의 연구까지 결정짓는다고 거듭해 지적한다. 우리가 먹는 것에 대한 우리의 생각도 마찬가지다. 농축산업의 생산 과정은 마트에서 부위별로 포장된 닭고기를 사는 우리 소비자들의 눈에는 보이지 않지만, 그럼에도 기업들의 생산 방식이 먹을 것과 농축산업과 자연 자체에 대한 우리의 인식의 틀을 제한해 버린다. 월러스가 강조한 대로, 농업의 이런 문제들과 바이러스의 진화는 이어져 있다.

월러스는 이 모든 문제의식을 종합한 '원헬스' 개념을 설파한다. 코로나19로 보건과 방역에 대한 인식의 폭이 넓어지면서 국내에서도 원헬스를 이야기하는 이들이 늘어나고 있는 것은 반가운 일이다. 원헬스는 자연, 동식물과 농업, 인간, 바이러스와 건강, 보건인프라가 하나로 이어져 있다는 문제의식을 바탕에 깔고 있다. 전염병이 돌 때마다 각국 보건당국과 제약회사들은 백신이나 치료제 개발을 앞당기겠다고 다짐하지만 전염병은 되풀이된다. 월러스의 표현을 빌리면 마치 1호 태풍에 이어 2호 태풍, 3호 태풍이 여름마다 찾아오듯 코로나19에 이어 코로나21, 코로나

23이 인류를 덮칠 것이다. 그리고 인간과 동물을 넘나드는 질병이 코로나바이러스 수준의 치명성에 그칠 것이라는 보장도 없다.

질병을 넘어서는 시각을 가져야 질병을 제대로 볼 수 있다. 월러스는 2020년 3월 《먼슬리 리뷰》 기고에서 "코로나19에 대한 모든 뉴스가 빠뜨리고 있는 것은 이 전염병이 퍼지게 만든 구조적인 원인들"이라며 "그것은 바로 글로벌화된 경제에 있다"고 적었다. 20여 년간 세계에서 사람들의 이동이 늘어난 것이 사실이지만 그것만으로는 이 기간 몇 차례나 발생한 글로벌 전염병들을 설명할 수 없다고 했다. 이 책에서 누차 지적한 것처럼, 월러스는 야생을 침범하는 공장식 축산업을 통한 바이러스의 종간 이동과 확산에서 코로나19의 원인을 찾는다.

월러스는 이 책에서 그동안 논의되어 온 원헬스의 접근법을 한 단계 업그레이드해 '자본주의의 본질'이라는 위험 요소를 고려한 '구조적 원헬스' 개념을 제안한다. 그의 말을 빌리면 "병원균이 새로운 숙주를 찾아내는 것은 야생동물의 서식지를 파괴하는 경제적 모델과 관련 있고, 야생동물의 질병이 사람에게로 흘러들어오는 것은 축산업 모델들과 연관되며, 이전에 감염시키지 못했던 종에게로 병원균이 점프를 하거나 내성을 진화시킨 병원균이 출연하는 것은 집중 사육이나 가축 항생제 투여 관행과 연관된다." 월러스가 주장하는 구조적 원헬스에는 "소유권과 생산, 건강을 위협하는 지형 변화 뒤에 숨은 문화 인프라 등"이 포함된다.

아직은 무르익지 않은 개념이고 뜬구름 잡는 소리처럼 들릴 수 있다. 바이러스의 변이와 병독성에 대한 꼼꼼한 설명과는 달리 저자가 자본주의를 비판하고 세계 농업생산 체제의 문제를 지적하는 부분들은 다소 추상적이다. 이는 거대 농축산업과 바이러스 진화의 관계를 일대일로 입증하는 게 쉽지 않다는 기술적인 한계, 그리고 저자가 지적한 대로 자본의 입김에 휘둘릴 수밖에 없는 연구 관행의 한계와 이어져 있는 문제일 수 있다. 모든 게 이어져 있다는 생각은 이런 한계들을 뛰어넘기 위한 출발점일 뿐이다.

서문

내일 하버드대학에서 에볼라에 대해 이야기를 할 참이다. 이 대학에서 일하는 건 아니지만 이 때문에 지금 보스턴의 밀너 호텔에 와 있다. 공교롭게도 모하메드 아타Mohamed Atta, 마르완 알셰히Marwan al-Shehhi, 파예즈 베니하마드Fayez Banihammad, 모한드 알셰리Mohand al-Sheri가 2001년 9월 11일 아메리칸항공 11편과 유나이티드항공 175편 비행기를 납치하기 전에 묵었던 곳이다.

호텔 서비스는 그럭저럭 괜찮다. 온라인 리뷰들을 보면 15년 전의 테러범들의 음모에 대한 이야기는 줄었다. 그런데도 나는 의식 저 밑에서 뭔가가 역류하는 느낌을 피할 수가 없다. 알카에다와 그 추종자들, 그들의 공격에 돈을 댄 사우디아라비아에 대한 연민 따위는 없지만.

그날 뉴욕이라는 도시는 힘겹게 그라운드 제로[1]의 고통스런 기억들을 지워 내려 애쓰고 있었다. 기념품 가게에서는 값비싼 치즈 쟁반과 대량살상을 떠올리게 하는 구조견 봉제인형을 팔고 있었다.

---

1 2001년 9.11 테러가 일어난 세계무역센터 자리를 가리키는 말.

내가 있는 방에는 뭔가 이 호텔의 역사 혹은 공유된 운명의 느낌이랄까, 뿌연 거울에 비친 대칭을 보는 듯한 느낌 같은 게 있다. 한때 나는 인플루엔자를 연구하는 촉망받는 진화생물학도였고 유엔 식량농업기구Food and Agriculture Organization(FAO)와 미국 질병통제예방센터Centers for Disease Control and Prevention(CDC)[2]의 자문을 했으나 지금은 내 분야에서 추방당해 '국가의 적'이라는 딱지를 달고 벼랑 끝에 선 처지다.

내 연구의 질이 문제였던 것은 아니다. 2001년 테러범들의 공격을 받았던 이 신자유주의의 제국에 나는 동의하지 않았고, 이 제국을 향한 충성심을 의심케 하는 견해들을 꾸준히 발표했다. 과학의 본성에 근거한 결정들이었건만 결국은 블랙리스트에 오르게 됐다.

나는 진화생물학자 월터 피치Walter Fitch와 함께 H5N1 조류독감이 발생한 여러 지역들의 유전자 염기서열 분석 자료들을 활용해 바이러스의 이동 지도를 만들고, 계통지리학적 통계를 작성했다. 이를 통해 피치와 나는 바이러스 균주가 중국 남부 광둥성과 홍콩에서 출현했음을 확인했다. 그 작업은 직업적으로 봤을 때에는 반드시 피했어야 했을 두 갈래 방향으로 나를 이끌었다.

첫째, 광둥성 관리들은 우리 연구 내용을 부정했고 우리 연구는 출간되지도 못했다. 뉴욕에서 에이즈를 연구할 때에도 논문 때문에 곤란을 겪은 적이 있지만, 이런 연구가 국제적인 음모의 먹잇감이 될 수 있다는 사실에 나는 놀랐다. 그래서 나는 팬데믹 연구의 정치경제학에 숨겨진 어두운 내막을 알아내기로 마음먹었다.

그런 관행은 표면적으로는 자기 보호를 위한 것이다. 그런데 이 보조

---

2 우리나라의 질병관리본부와 같은 기능을 하는 미국 정부기구.

금에서 저 보조금으로 옮겨 가며 묵묵히 연구만 하는 대신에 주도적으로 이런 문제에 뛰어들고 나면 그때부터는 공격 타깃이 되어 버린다.

나는 계통지리학을 더 연구하려 했고 해야 할 작업도 많았다. 그런데 결국 내 이익이 아닌 내 호기심이 나를 두 번째 다른 방향으로 끌고 갔다. 좋은 과학은 결국 두 갈래 길이 서로 만나게 하지 않을까, 적어도 나중에 간 길이 앞선 길과 방향이라도 같아지게 해 주지 않을까 하는 바람이 있었음에도.

아무리 들여다봐도 인플루엔자의 유전자 분석은 내게 왜 1990년대 중반 광둥성에서 H5N1 바이러스가 생겨나게 되었는지를 알려주지 않았다. 그래서 나는 그 지역의 경제 지리학을, 특히 농업 부문에서 일어난 변화가 병원균의 궤적에 어떤 영향을 미쳤는지 살펴보기 시작했다.

진화학을 전공하는 동료들은 당시 내가 가졌던 것 같은 모호한 관념에 관심이 없었고, 사회과학자들은 나에게서는 이미 사라져 가던 실증주의적 경험론에 심취해 있었다. 나는 인식론의 계곡에 빠졌고, 무엇보다 보스턴은 그 시절 물가가 너무 비쌌다!

두 갈래 길의 교차점을 늘 건너야 했던 내게, 문제는 한층 복잡했다. 정치적 역학이 감염병 자체와 감염병 연구를 모두 결정짓고 있었다. 게다가 나는 그 분야의 부패가 어떤 것이며 얼마나 퍼져 있었는지에 관해 준비가 되어 있지 않았다. 대중들에게 봉사한다고 주장하면서도 기업들과 정부들은 모두 우리가 생각하는 인간성의 한계를 언제든 깨 버릴 태세라는 것을. 헤로도토스나 몽테뉴의 책을 읽고 멜리 멜Melle Mel[3]의 노래를 듣는 사람들에게는 새삼스런 이야기가 아닐지도 모르지만, 그럼에도 겹겹

3 미국의 힙합 가수.

이 쌓인 부패를 들여다본 사람이라면 놀라지 않을 수 없을 것이다. 만일 놀라지 않는다면 그건 행동하지 않기 위해 회의주의를 핑계 삼는 것일 따름이다.

진화전염병학을 연구하면서 나는 애그리비즈니스agribusiness(거대 농식품 산업)가 인플루엔자와 '전략적 제휴' 단계에 이르렀음을 깨달아 버렸다. 바이러스는 늘 새롭고 위험한 형태로 되돌아온다. 거대 다국적 농업기업들의 행위만 아니면 피할 수 있는 일이다. 나라 안팎에서 국가의 지원을 받는 애그리비즈니스는 인플루엔자와 싸운다면서 동시에 인플루엔자와 협력하고 있다. 이런 나의 주장은 점잖게 토론할 수 있는 단계를 넘어선 것은 분명하다. 그동안 나 역시 직업적으로 많이 노력했음에도 불구하고, 우린 아직도 이 문제를 이제서야 언급하기 시작한 단계에 와 있을 뿐이다.

내가 이런 결론에 이르게 된 과정은 상대적으로 단순했다. 2009년 나는 내 부모 로드릭 월러스Rodrick Wallace, 데버러 월러스Deborah Wallace와 함께 생태적 회복력과 인간 병원체의 진화에 대한 책을 썼다. 많이들 그러듯 나도 그 책의 출간에 맞춰 블로그를 개설했다. 병원균을 배양하는 것은 하나의 세계를 만드는 일이나 다름없다. 나는 블로그에 내가 발견한 것들과 내게 새로웠던 것들을 기록했다. 그중에는 농식품 분야에서 바이러스와 협력하는 체제를 구축한 '바이러스 비시 정권Viral Vichy'[4]에 대한 것들도 있었다.

이번 책에는 당시 적었던 것들과 내가 《앤티포드Antipode》, 《휴먼지오그래피Human Geography》, 《사회과학과 약학Social Science&Medicine》, 《국제보건서비

---

4 2차 세계대전 당시 독일 나치에 협력한 프랑스 비시Vichy 정권에 빗댄 표현이다.

스저널International Journal of Health Services》 등에 기고한 글들을 다듬어 넣었다.

다른 곳에 공개한 적 없는 글들도 같이 묶었다. 그중에는 독자들을 염두에 두고 쓴 글도 있고, 나 자신을 위해 기록한 글도 있다. 두 편은 전문적인 독자들을 위한 것이지만 더 광범위한 대중들에게도 도움이 될 법한 생각들을 담고 있다. 책에 담긴 글들은 10년 가까이 질문을 발전시켜 가는 과정에서 나온 것들이라, 부끄럽지만 좀 반복되는 부분도 있다. 우리 현대문명의 핵심을 둘러싼 환경이 급변하는 상황에서, 역동적인 이해를 위해 분투한 과정을 보여 주는 것이라 여기고 독자들이 이해해 주기를 부탁드린다.

여기 있는 글들은 대부분 생물문화적 존재이자 사회정치적으로 우리와 적대하고 있는 인플루엔자에 초점을 맞추고 있다. 하지만 농업과 전염병들, 진화, 생태학적 회복력, 변증법적 생물학, 과학의 관행, 그리고 혁명에 대해서도 파고들었다. 마음이 지시하는 대로 가느라 계획에서 벗어나고는 했지만 여기 다룬 주제들은 놀라우면서도 꼭 필요한 방식으로 서로 연결되어 있다.

왜 놀랍냐고? 분야별 경계선 안에 우주의 한계가 고정되어 있는 연구자들이 적지 않다. 세계가 작동하는 방식에 따라 연구방법론을 맞추는 플라톤식 오류를 범하는 이들도 있다. 그러나 가능성에 한계를 둘 필요는 없다. 여러 분야를 성공적으로 결합시키면 얼핏 모순된 것처럼 보이는 사고를 할 수가 있다. 번거로움을 무릅쓰고 낯선 시너지를 추구하는 사람들은 그렇게 하지 않았다면 알아내지 못했을 놀라운 발견들에 이르고는 한다.

내가 찾아낸 충격적인 발견, '바이러스 비시'는 진화 전염병학 연구의 내용을 재구성하는 것이 얼마나 중요한지를 내게 알려줬다. 병원균은 다

모클레스의 칼처럼 우리 문명 위에서 흔들리고 있는 기후변화만큼이나 무서운 것이고, 인간과 인간 아닌 존재들 모두를 향한 가공할 지구적 위협임에도 연구하는 이들이 많지 않다.

병원균의 동역학은 복합적인 요인에 영향을 받는다. 그 요인들은 다양한 시공간적 규모에서 생물문화적 영역을 가로질러 상호작용을 한다. 일례로 에이즈를 일으키는 인체면역결핍바이러스 HIV의 진화를 연구하면서 나는 바이러스가 스스로를 보호하기 위해 단계별 조직화 과정을 이용한다는 것을 알게 됐다. 의료와 공중 보건 문제들은 다차원적인 개입을 통해 풀어야 한다는 것을 보여 준다. 그렇지 않다면 어떤 혁신적인 약이나 백신을 내놓은들 동물에게서 유래한 전염병들을 추적하기는 요원하다.

진화생태학에서 배운 것들을 적용해, 인류의 역사가 복잡하게 사회화된 문명으로 발전하는 과정에서 감염병들이 어떤 역할을 했는지 연구하기로 마음먹은 것은 이런 맥락에서였다. 인간은 땅과 바다에 물리적, 사회적 환경들을 만들며 그 환경들은 병원균이 진화하고 확산되는 방식을 근본적으로 바꾼다. 그렇지만 병원균은 인간 역사의 파도 속에서 이리저리 움직이는 그런 단순한 주인공들이 아니다. 의인화를 해 보자면 그들에게는 그들 나름의 의지가 있다. 대리인을 내세우기도 하고, 자기네들의 진화적 목적에 맞춰 애그리비즈니스를 협상장으로 불러내기도 한다. 자기들이 더 뛰어나고 성공을 거둘 수 있는 장소로. 물론 그 협상이 조약이나 계약서로 쓰이는 법은 없으며 심지어 우리는 이를 협상으로 인지하지도 못한다. 그 협상의 양측 당사자들은 서로의 이익을 농업 분야에서 교묘히 결합시킨다. 자기 영역에서 어쩔 수 없이 상대의 이익을 위해 일해야 할 때도 있다. 농식품산업과 병원균의 그런 융합은 그저 무의식 중에 일어나는 일이라 생각할 수도 있다. 혹은 부산물일 뿐이라 여길 수도 있다. 하지만 내가 알아낸 바로는 그 반대였다. 그것이 내가 말하는 충격적인 발견이다. 어떤 바이러스도 인플루엔자를 퍼뜨리기 위해 실험실에서 계획적으로 만들어 낸 것은 아니지만 인간과 미생물의 공모는 인류와 수많은 생명체들을 위험으로 내몰 수 있다.

내 개념이 거칠다면 그것은 온전히 내 책임이며, 책에 실수가 있었다면 그로 인한 책임도 모두 내 몫이다. 하지만 이 책에 실린 몇몇 글들은 동료들과 함께 썼고, 또 많은 이들이 도와주었다. 케이티 애트킨스, 루크 버그먼, 마리우스 길버트, 레니 호거워프, 몰리 홀름버그, 리처드 코크, 라파엘 마티올리, 클라우디아 피틸리오, 데버러 월러스와 로드릭 월러스에게 감사드린다. 과거에도 그리고 지금도 나와 함께 일하고 있는 로빈 앨더스, 더들리 본살, 윌리엄 보토, 노아 에브너, 월터 피치, 앨래슨 갤버니, 크리스 할, 게리 헤이워드, 롤프 후벤, 빈센트 마틴, 호아킴 오테, 얀 슬링겐버그, 토마스판 뵈켈에게도 감사를 표한다.

마이크 데이비스Mike Davis의 인플루엔자에 대한 책을 서점에서 처음 봤을 때에는 "이런 책이 나왔구나!" 하며 탄성을 지르지 않을 수 없었다. 좋은 책은 마지막 장을 덮고 난 뒤에도 우리에게 오래도록 말을 걸기 마련이다. 내가 이 책에 담은 내용들 중에는 마이크가 제기한 질문들과 그가 말한 요점들을 추적한 것이 적지 않다.

《먼슬리리뷰프레스Monthly Review Press》의 마이클 예이츠, 마틴 패디오, 수지 데이와 에린 클러몬트는 이 책이 나올 수 있게 도와주었다. 표지를 디자인해 준 피터 커리에게도 감사한다.

제이슨 앤더스, 타마라 아워버크, 카젬베 발라군, 아디아 벤튼, 테렌스 블랙맨, 세라 버게스 허버트, 발렌틴 카디유, 자히 차펠, 루이스 베르난도 차베스, 저스틴 치덤, 존 쇼, 수전 크래독, 레아 다노프, 쇼샤나 다노프 파니차, 니콜린 데 한, 마이클 도건, 벨렌 페르난데스, 민디 폴리러브, 타마라 길레스-버닉, 콜룸바 곤살레스, 베로니카 고로데츠카야, 카를로스 그리할바-에터노드, 크리스 군더슨, 래리 한리, 타마라 해리스, 스티브 힌치리프, 메건 허스터드, 줄리 제퍼슨, 타미 요나스, 카트리나 카르카지스, 존 킴, 콜린 클로커, 무쿨 쿠마르, 조너선 래텀, 루비 로런스, 리처드 레빈스, 아드리엔 록스던, 데이브 록스던, 줄리엣 마요트, 멜리사 마테스, 샤나이 매터슨에게도 고맙다는 말을 전한다.

헤더 맥그레이, 펠리시티 먼고번, 스콧 뉴먼, 마이크 노린, 에릭 오델, 루바 오스타셰프스키, 패트릭 오토, 라지 파텔, 리처드 피트, 더크 파이퍼, 톰 필포트, 제시카 레이먼드, 로버트 록웰, 일라나 루드닉, 메리 셰퍼드, 브래드 시걸, 제니 웹스터 소머, 매트 스파크, 제프리 세인트클레어, 엘리자베스 스토더드, 제옐린다 수리지, 존 타케카와, 키앙가-야마타 테일러, 피터 테일러, 지닌 웹스터, 커스틴 바이그만, 데일 비어호프, 킴 윌리엄스-걸리엔, 크리스 라이트, 샤오샹밍 등은 《파밍파토젠스Farming Pathogens》 잡지와 페이스북 페이지에서 도움말을 해 줬다. 뉴욕의 브레히트포럼과 미니애폴리스의 워크스프로그레스, 미네소타대학의 글로벌연구소, 농업교역정책연구소, 워싱턴대 심슨인문학센터, '1848 스피리트' 등을 통해 이들의 도움을 받았다. 마지막으로 뛰어난 탐험가인 바이올렛에게, 깊은 사랑을 담아 이 책을 바친다.

밀너 호텔의 목욕탕 거울을 통해 모이라이[5]의 실들을 본다. 짧은 턱수염에서 시작해 곧바로 덥수룩하게 자라나는 세 갈래 실들. 와지리스탄[6]의 결혼식장을 강타한[7] 절대권력은 농식품산업 독점체들을 보호하기 위한 전쟁을 스스로 발밑에서 허물고 있다. 이라크와 아프가니스탄과 파키스탄에서 9·11 이후로 130만 명을 죽인 이 절대권력은 자신의 핵심 교리를 모욕하는 자들에게는 더없이 무자비하다. 그러나 나는 그 결과를 기꺼이 대면할 준비가 되어 있다.

롭 웰러스

---

5 Moirai. 그리스 신화에 나오는 3명의 운명의 여신을 말한다. 한 명은 인간의 생명을 관장하는 실을 잣고, 한 명은 실을 감고, 나머지 한 명은 인간의 수명이 다하면 실을 끊는다.

6 Waziristan. 아프가니스탄과 인접한 파키스탄 북서부의 지명

7 미군의 결혼식장 오폭사건을 뜻하는 것으로 보이나, 어떤 사건인지는 알 수 없다. 아프가니스탄 남부 칸다하르 등에서 미군이 결혼식장을 오폭한 사건들을 저자가 착각한 것으로 보인다.

차례

프롤로그

농축산업과 자본, 전염병

세계를 휩쓴 코로나19(SARS-CoV-2) 바이러스는 새로 등장했거나 혹은 인간에 대한 위협으로 새로이 재조명된 일련의 병원균 변종들 가운데 단지 하나일 뿐이다. 조류·돼지인플루엔자, 에볼라 마코나, Q열, 지카 등을 비롯한 여러 전염병의 발생을 불운으로만 치부할 수는 없다. 벌목이나 채굴 같은 생산 방식과 연관되어 있을 때도 있기는 하지만, 이런 전염병들 거의 대부분이 집약적 농업이나 그와 관련된 토지 이용의 변화와 부분적 혹은 직접적으로 연결되어 있다.[1)]

농업에서든 축산업에서든 단종생산monoculture은 야생동물에서 가축으로, 그리고 축산노동자에게로 이어지는 병원균의 감염을 촉진한다. 삼림을 베어 내고 개발이 일어나면서 전파되는 감염균의 분류학적 범위도 넓어진다. 일단 이런 병원균들이 농업생산의 사슬 속에 들어오게 되면 그 생산 방식 탓에 병원균의 병독성이 높아지는 쪽으로 진화하게 되고, 유전자 재조합이 일어나고, 면역 억제 속에서 항원의 변화가 늘어나는 쪽으로 '선택'이 이루어진다. 이런 생산 방식의 특징 중 하나는 교역의 확대다. 이를 통해 새롭게 진화한 균주는 세계의 한쪽에서 다른 쪽으로 수출된다.

코로나19를 비롯한 새로운 병원균들을 감염원이나 임상 측면에서만 봐서는 안 된다. 보건의료, 백신과 예방요법만으로 이것들을 치료할 수는 없다. 크게 보면 산업과 국가 권력이 수익성을 위해 생태계의 연결망을 변화시키면서 새로운 변종의 출현에 근본적인 영향을 미치고 있기 때문이다.[2] 병원균의 종류나 숙주의 종류, 감염 경로, 임상 증상, 병리학적 파장 등이 다르게 나타나는 것은 토지 이용이나 가치 축적 방식이 지역에 따라 다르다는 점을 반영한다.

병원균을 보면서 우리는 각 지역에서 재생산되는 새로운 맥락들을 발견하게 된다. 특징은 각기 달라도, 생산의 지역 회로는 세계에서 일어나는 빵빵기라는 하나의 거미줄 속에서 작동하고 있다. 생산 회로의 한쪽 끝에서는 숲의 복잡성이 "야생" 병원균을 억눌러 준다. 그런데 벌목과 채굴과 집약적 농업은 복잡한 자연을 급격히 단순화시킨다.[3] '신자유주의의 최전선'에 있는 많은 병원균들은 결과적으로 숙주들과 함께 소멸되는 반면에, 숲에서 사라진 것 같았던 하위유형들이 예측하지 못할 방식으로 숙주를 얻고 감염에 취약한 집단을 만나 광범위하게 퍼져 나간다.

환경위생과 공중 보건 예산을 줄이는 긴축재정 프로그램 때문에 인류는 점점 더 감염에 취약해진다. 효과적인 백신을 찾아낸다 해도 이런 환경 탓에 전염병의 발생 범위는 갈수록 넓어지고, 지속기간은 길어지고, 전파 속도는 빨라진다. 한때는 지역에서만 일어나던 바이러스의 종간 전파가 이제는 전염병이 되어 버렸다. 그중 몇몇은 교역과 이동의 세계적인 연결망을 따라 길을 찾아나선다.

에볼라가 그런 예다.[4] 2013~2015년 서아프리카에서 발생한 에볼라 마코나는 처음에는 유전적으로나 치명률과 잠복기에서나 혹은 확산과 확산 사이의 시간 간격에서나 자이르형 에볼라바이러스의 전형적인 양상을 보였다. 하지만 마을 한두 곳을 휩쓰는 데 그쳤던 자이르형과 달리 마코나 변종은 3만 5,000명을 감염시키고 1만 1,000명의 목숨을 앗아 갔다. 바이러스 자체 외에, 이를 설명할 수 있는 것은 병원균이 퍼진 지역의 사회생태학적 변화다. 지역의 환경과 사회가 바뀌고, 글로벌 지리학이 바뀐 것이다. 구조조정과 외국 기업들의 랜드러시가 지역의 숲을 갉아먹고 의료 인프라를 축소시켰다. 팜유, 사탕수수, 목화, 마카다미아를 단종생산하는 농장들이 늘면서 지역 농지가 조각나거나 합쳐지고, 자급자족하던 산물들이 상품화했다. 에볼라 바이러스에 감염된 박쥐들이 농장에 들어오고, 농장에서 일하는 무산계급화된 노동자들 사이의 접촉이 늘었다.[5] 그 결과 박쥐에서 사람에게로 바이러스의 유출spillover이 일어나고, 사람에게서 사람으로의 감염도 촉진된 것으로 보인다.[6]

생산회로의 다른 끝에는 또 다른 전염병들이 있다. 갑자기 인간에게 나타난 고병원성 조류·돼지 인플루엔자가 그것들이다. 이 병원균들이 처음으로 뚜렷이 나타난 곳은 산업화된 도시들 혹은 산업 경제로 바뀌고 있는 도시들 주변의 집약적 농장들이었다. 딘그라Dhingra 등의 연구에 따르면 1959년 이후 저병원성에서 고병원성으로 진화한 인플루엔자 바이러스 39종 가운데 2종을 뺀 나머지는 모두 수십만 마리의 가금류를 키우는 상업적 농장에서 발생했다.[7]

H5와 H7 인플루엔자 바이러스들의 유전자 재조합이 일어난 곳은 대부분 경제적 전환을 겪고 있던 나라들이었다. 이런 곳에는 여러 생산 시스템이 혼재하기 때문에 균주들이 서로 섞일 수 있다. 같은 시기에 숙주들을 떠도는 여러 균주들이 가금류를 집중생산하는 곳에서 만나기 때문에, 그런 사육장은 변종들의 저장소 역할을 한다.[8] 야생 물새만이 유일한

근원이 아닌 것이다.

사스와 코로나19 바이러스의 기원은 더 복잡하다. 이 바이러스들은 지역 생산 회로에 퍼져 있는 여러 혼합의 틈새에서 출현한 것으로 보인다. 2004년까지 중국 후베이湖北성 우한武汉에서 사스 코로나바이러스를 분리해 낼 수 있었던 동물은 말굽박쥐와 사육된 흰코사향고양이뿐이었다.[9] 확인된 동물의 사스 표본은 2종뿐이었다. 하지만 이는 일부에 불과하며, 우한과 가까운 안후이安徽와 장시江西와 멀리 떨어진 남쪽의 광둥을 비롯해 중국의 광범위한 지역에 사는 동물들에게 사스가 퍼져 있었던 것으로 보인다.[10] 이 지역에서 코로나19 바이러스가 진화했을 가능성이 있다. 박쥐와 천산갑에 스며든 균주가 재조합을 일으켜 코로나19 바이러스가 생겨났을 가능성이 높다.[11] 이런 유전학적 연구를 고려해 보면 야생 식품 거래가 이 바이러스의 출현에 큰 역할을 했을 수 있다.[12] 천산갑을 기르고 거래하는 행위이든 산업적 농업이든, 중국 내륙을 잠식해 가는 자본의 경제지리학이라는 맥락에서는 똑같다. 코로나19가 악명 높은 우한의 야생동물 시장에서 시작되었는지, 근처에서 옮겨 온 것인지는 중요하지 않다. 생명체가 상품이 되는 현실 속에서, 가축에서 생산농과 가공업체를 거쳐 소매업자로 이어지는 생산라인 전체가 질병의 매개가 될 수 있다는 점에 우리의 시각을 맞춰야 한다.

1부

"그래, 친구. 난 스파이어가 지금까지는 드론을 참아 줬다고 봐. 우리가 드론 덕에 안심하면서 안전에 대해 그릇된 생각으로 빠져들도록 용인했던 거지. 그런데 이제는 우리더러 그 특별한 정신적 버팀목을 버려야만 한다고 선언했어. 방에 발을 들여놓지 않고는 방 안에 뭐가 있는지 알아낼 수 없다는 뜻이지. 일단 방에 들어가게 되면 문제를 풀기 전에는 우리가 떠나지 못하게 할 거야."

"게임의 룰이 바뀌고 있다는 건가요?" 히르즈가 물었다.

의사는 정교한 은제 가면을 쓴 얼굴을 히르즈 쪽으로 돌렸다. "네가 생각하는 룰이 뭔데, 히르즈?"

– 앨러스테어 레이놀즈(2002)

1

조류독감 비난 대전쟁

인간의 분류가 어떻게 바뀌든 장미의 향기는 가시지 않지만, 그럼에도 이름이 우리가 생각하는 방향과 모양을 결정한다는 사실을 잊어서는 안 된다. –스티븐 제이 굴드 (2002)

당신들끼리 서로, 혹은 주변의 모든 것에 이름을 붙일 수 있지요. 하지만 우리에겐 이름들이 있어요. 우리를 이곳으로 데려다준 형식을, 머물지 못하게 하는 형식을 이름으로 취하는 겁니다. –애덤 하인스 (2010)

세계보건기구(WHO)가 유라시아와 아프리카의 조류독감[1], 인플루엔자 A를 일으키는 H5N1 바이러스의 새 이름을 제안했다. 이제 이 질병을 유행이 시작된 나라나 지역의 이름이 아닌 다른 이름으로 부르자고 한다.[2] 과학 문헌에 쓰이는 이름이 실제와 관련이 없어 혼란을 부르니 바꿀 필요가 있단다. 명명 체계를 통일하면 여러 실험실에서 나온 유전자 검사

1 influenza. 흔히 인플루엔자를 '독감'으로 표현하기도 하지만 이 책에서는 대부분의 경우 '인플루엔자'로 적었다. 다만 국내 독자들에게도 익숙한 '조류독감'이라는 용어에서는 '독감'이라는 용어를 그대로 썼다.

2 세계보건기구(WHO)는 2015년 질병이나 전염병을 명명할 때 지역의 이름을 집어넣는 것을 피하라는 지침을 발표했다. 2009년 신종플루가 '돼지독감', '멕시코 독감' 등으로 불리면서 특정 지역에 낙인을 찍는 부작용을 낳았다는 지적에 따른 것이었다. 2019년 말부터 중국 후베이성 우한에서 발생하기 시작한 신종 코로나바이러스 감염증도 초반에는 '우한 폐렴', '우한 바이러스' 등으로 불리다가 WHO의 지침에 따라 이름이 바뀌었으며 WHO가 쓰는 공식 명칭은 'COVID(코로나바이러스 감염증)-19(발생연도)'가 됐다. 한국의 질병관리본부도 이 지침을 따랐으며, 다만 감염증의 약칭은 '코로나19'로 정했다. 그러나 국내 일부 언론들은 중국을 지목해 '우한 폐렴', '우한 코로나'라는 명칭을 고집했고, 미국 도널드 트럼프 정부도 한때 '중국 바이러스', '중국 폐렴'이라는 명칭을 썼다.

와 조사 자료들을 해석하기도 쉬울 것이라고 설명한다. 바이러스의 특성에 맞게 이름을 정할 수 있고, 인플루엔자에 지명을 붙일 때에 생기는 낙인 효과도 없어질 거라고 했다.

나는 공중 보건을 연구하는 '유전지리학자phylogeographer'다. H5N1을 비롯한 바이러스와 박테리아의 유전자를 분석해, 병원균이 퍼지고 진화하는 과정을 추적한다. WHO가 제안한 새 명명법은 나의 작업에 직접적으로 영향을 미친다.

WHO의 제안에는 합리적인 이유가 있다. 예를 들어 칭하이青海에서 유행한 것 같은 H5N1 바이러스는 중국 북서부 칭하이 호수 지역을 시작으로 퍼졌지만 중국을 지나 유라시아와 아프리카로 퍼져 나가면서 분화를 했다.[1)] 새로 바뀔 이름은 '칭하이와 비슷한' 것을 넘어서는 무언가를 담고 있어야 한다.

그러나 바이러스 이름에 지명을 넣는 편이 바이러스의 지리학을 더 잘 보여 줄 수도 있다. '2.2.4 계통군'이라고 부르는 것보다는 '푸젠福建형'이라고 부르는 게 더 알아듣기 쉽다. 기본적으로 헤마글루티닌과 뉴라미니다제[3]의 변형들은 바이러스가 퍼지기 시작한 지역과 엮여 있다. '2.1 계통군'은 인도네시아에만 퍼졌고 '2.2 계통군'은 칭하이 호수에서 시작한 칭하이형 바이러스인 것이다. 비록 지금은 칭하이에 앞서 장시江西성 포양호鄱陽湖 주변에서 발원한 것으로 밝혀졌지만.[2)]

겉으로 보기엔 과학자들과 관료들이 고민할 기술적인 사안 같지만 실

---

3 인플루엔자 바이러스에는 A, B, C형이 있다. 헤마글루티닌hemagglutinin은 A, B형 바이러스 표면에 있는 항원성 돌기 중의 하나로 포유동물의 세포에 바이러스가 달라붙게 해 준다. 뉴라미니다제neuraminidase는 당단백질에 들어 있는 뉴라민산을 분해하는 효소이다. 인플루엔자 바이러스 표면에 있는 뉴라미니다제는 바이러스가 숙제세포에서 떨어져나가 증식할 수 있게 돕는다. 인플루엔자 치료제인 오셀타미비르와 자나미비르 등은 이 뉴라미니다제가 작용하지 못하게 막는 억제제다.

제 걸려 있는 것들은 더 클 수 있다. 당장 조류독감의 원인을 찾고 적절히 개입해 통제할 책임을 누가 져야 할지가 불분명해질 수 있다. 조류독감이 한 나라 혹은 어느 나라의 특정 지역에서 갑자기 생겨났다면 그 나라는 병의 원인을 통제하고 감염에 개입할 책임이 있다. 기원한 장소의 이름을 붙이면 누가 방역을 주도하고 어디에 주의를 기울여야 하는지 알 수 있다. 또한 지리적 기원은 바이러스의 분자구조나 전염병의 특징과 결합되어 있고 비슷한 바이러스들을 막는 일과도 연관되어 있다. WHO는 '낙인찍기'라고 말했지만 바이러스 명명법은 이름 문제만이 아니라 실제 인명피해와 이어져 있다는 점도 생각해야 한다.

WHO의 입장도 이해는 된다. 질병 이름을 정하는 것은 지뢰밭을 지나는 것과 같다. 인종 혐오에서 나온 병 이름도 많았다. 프랑스병[4], 스페인 인플루엔자[5], 황화론黃禍論[6] 같은 것이 모두 그런 예다. 하지만 WHO의 명명법에도 문제는 있다. '조류 인플루엔자'라는 말은 유전자 구조에 대한 과학적 조사에서 나온 용어일 뿐 아니라, 지명이 들어가 있지도 않다.[7] 그런데 이 말조차 기피하는 것은 '과잉보호'에 가깝다. 질병의 발생에 책임이 있는 정부들을 마치 차별받는 소수집단처럼 보호해 주려는 것이기 때문이다. 에이즈 발생 초기에, 미국에서 아이티 사람들이 난데없이 공격을 받은 적이 있다. 하지만 지금 전염병이 발생하는 나라의 정부가 그렇

---

4 The French disease. 매독Syphilis을 가리킴.

5 Spanish influenza. 1919~1920년 세계적으로 유행해 약 5,000만 명의 목숨을 앗아간 것으로 추정된다.

6 Yellow Peril. 열등한 아시아 인종이 유럽의 백인 인종을 위협한다는 주장. 19세기 말 청일전쟁 때 독일의 빌헬름2세가 이런 주장을 부추긴 것으로 알려져 있다.

7 WHO가 질병 이름에 지명을 집어넣는 것을 피하자는 데에서 그치지 않고 '조류독감'이라는 이름 자체를 기피하는 것을 가리킨다. H1N1, H5N1 등의 바이러스는 조류에서 변이가 일어났으나 세계 양계·가금 업계는 조류독감이라는 명칭에 반대했다. WHO는 업계의 주장을 받아들여 조류독감이 아닌 H1N1 바이러스, H5N1 독감flu 등으로 불렀다. 한국에서도 같은 이유로 조류독감의 영어 'Avian Influenza'의 약칭만 따와 'AI'라 부르고 있다. 저자는 이 문제를 지적하고 있다.

게 힘없는 존재인가?

WHO가 과거 불공정한 모습을 보여서 비난받았던 것을 민감하게 의식하고 있는 탓일 수도 있다. 하지만 뭔가 그 이상의 것이 작동하고 있는 것 같기도 하다. 회원국들이 협력하지 않으면 WHO는 H5N1 바이러스를 분리해 유전자 분석을 해서 백신을 개발하기가 힘든 게 사실이다. 그렇다 해도, 고집 센 나라들이 나머지 세계를 위협할지 모를 전염병에 제대로 대응하도록 만드는 방법이 이름에서 지명을 빼 주는 것밖에 없는 것일까.

WHO나 어떤 연구소도 정부기관이 감염증을 일으켰다는 식의 음모론에 동조하는 것은 아니다. 인플루엔자 바이러스는 오랫동안 철새들 사이를 돌아다녔고 최근 몇백 년 사이 사람들의 삶이 산업 중심으로 바뀌면서 인간에게 옮겨 왔다. WHO가 이 문제를 소홀히 한 것도 아니고, 조류독감과 싸우는 데에 힘을 다해 왔다고 나는 믿는다.

하지만 대부분의 기구들이 그렇듯, WHO도 자기방어적인 측면이 있다. 조류독감이라는 기차는 이미 전염병epidemic이라는 역을 떠나 팬데믹[8]으로 향해 가고 있는지도 모른다. 수백만 명이 숨지는 재앙이 일어날 수 있다. 그렇게 되면 WHO가 발생국들을 대신해 비난을 떠안을 것인가? WHO는 정치적 포화를 피하려다가 새 이름 때문에 오히려 덤터기를 쓸 수 있다.

---

8 pandemic. 에피데믹epidemic보다 훨씬 광범위한 지구적인 전염병. WHO는 2009년 신종플루와 2019~2020년 코로나19를 팬데믹으로 규정했다.

중국의 히스테리

2006년 말 바이러스학자 관이管轶[9]와 홍콩대 동료들은 이전에 본 적 없는 H5N1 바이러스의 계보를 보고했다. 중국의 한 지역에서 기원한 것으로 추정되어 이 바이러스에 '푸젠형'이라는 이름을 붙였다.[3)] 연구팀은 정부가 가금업계를 상대로 백신 접종 캠페인을 벌이는 과정에서 바이러스가 진화한 것으로 봤다. 중국 관리들은 격분했다. "연구에 인용된 데이터는 불확실하고, 연구방법은 과학에 근거하지 않았다." 수의학 분야에서 중국 정부 최고 권위자인 지아요우링賈幼陵은 기자회견에서 이렇게 말했다.[4)] "푸젠형 바이러스 변종 같은 것은 없다"고 말이다.

홍콩대의 보고서에 중국 정부는 매우 당황한 듯했다. WHO 관리들이 지적했듯이, 감시 노력을 함께 해야 하는 정부가 바이러스 발생을 알지 못한다면 정부의 무능력을 그대로 드러내는 꼴이 된다. 관리들이 푸젠형 바이러스에 대해 알지 못한다며 국제사회에 정보를 주는 것을 거부하는 것은 중증급성호흡기증후군(SARS·사스)에 대한 대처에도 영향을 줄 터였다.[5)] H5N1의 유전자지도가 없이도 중국 당국은 남부 지역이 이 바이러스의 진원지가 되고 있다는 것과, 감염증이 불러올 결과를 예측할 수 있었다. 조류독감이 어느 나라 정부에든 까다로운 문제였으리라는 것을 우리도 안다. 허리케인 카트리나 때처럼 미국에서 26개 주에 전염병이 발생했다고 상상해 보자. 조지 W. 부시 정부 때 임명된 질병통제예방센터(CDC)나 농무부, 어류야생동물관리국Fish and Wildlife Service의 자격미달 관리들의 대응이 중국보다 나았을까. 중국 정부를 편드는 게 아니라, 조류

9 홍콩대 교수로 재직 중인 미생물학자로 2002~2003년 중국 남부에서 발생한 중증급성호흡기증후군의 원인을 밝혀내는 데 기여해 세계적인 명성을 얻었다.

독감을 중국 예외주의의 한 사례로 보는 섣부른 반응들을 지적하는 것이다. 세계의 정부들은 전염병에 관한 대응 준비가 되어 있지 않다.

중국 보건관리들이 극심한 압박감에 히스테리적인 반응을 보인 것도 이해는 된다. 하지만 그렇다 해서 그들의 주장을 다 받아들여야 하는 것은 아니다. 지아요우링은 "동남아시아에 퍼진 조류독감이 중국에서 비롯되었고 세계로 퍼져 나갈 것이라고 볼 근거는 없다"고 했지만, 이는 사실이 아니다.

류젠차오劉建超 외교부 대변인은 "2004년부터 중국은 남부 지역의 조류독감을 밀접 감시하고 있다"고 했다.[6] 하지만 "유전자 염기서열을 분석해 보면 중국 남부에서 발견된 바이러스의 모든 변종이 동일한 유전자형에 속한다"는 말은 사실이 아니다. 그는 "생물학적 특징에서 뚜렷한 변이는 없다"고 했으나 이 또한 사실이 아니다.

나는 캘리포니아대학 동료들과 함께 2007년 3월 고병원성 H5N1 인플루엔자 A 바이러스의 여러 유전자형을 지리적으로 추적한 보고서를 냈다.[7] 2005년 유라시아 20개 지점에서 취합한 바이러스들을 분석한 결과, H5N1 유전자들은 중국과 인도네시아·일본·태국·베트남 등에 퍼진 바이러스와 마찬가지로 중국 광둥성에서 생겨난 것이었다.

우리 논문은 이 바이러스가 푸젠형의 변종이라고 지목하지는 않았으나 중국이 H5N1의 지역적, 국제적 발생과 관련이 없다는 당국의 주장과는 다른 것이었다. 중국 남부에서 여러 바이러스가 진화하고 확산된 것은 분명했다. 다른 여러 연구들은 이런 진화와 확산이 지금도 계속되고 있음을 보여 준다. 광둥성 화난華南농업대학조차 2005년 보고서에서 2003~2004년 광둥성 서부에서 신종 H5N1 유전자형이 생겨났다고 밝혔다.[8] 우리 연구에 대한 중국의 공식적인 반응은 홍콩 과학자들을 향한 공격과 거의 비슷했다. 광둥성 동물전염병연구소의 위예둥 소장은 우리의 연구가 "비과학적"이고 "터무니없다"고 했다.[9)] 광둥성 농업부의 허샤 대변인은《차이나데일리》에 우리 연구의 신뢰성이 부족하다고 말했다.[10)] 우리 논문에는 1996년 광둥성의 거위 농장에서 중국 과학자들이 고병원성 H5N1 바이러스를 분리했다는 내용이 들어 있었는데,[11)] 허샤 대변인은 "광둥성에는 1996년에 조류독감이 발생한 적이 없다"고 했다. 그러나 1997년 홍콩 언론 보도를 보면 홍콩에서 그해 H5N1 감염증이 발생하자 광둥성의 가금류 수입을 금지한 사실이 나와 있다.[12)]

인도네시아가 샘플을 내놓지 않은 이유

공식적으로 부정하고 공개를 미룬 것은 중국 정부만이 아니다. 인도네시아의 시티 파딜라 수파리Siti Fadilah Supari 보건장관은 수마트라 주민들이 사람 간 감염의 클러스터[10]라는 워싱턴대 연구팀의 조사 결과가 "대중을 호도한다"고 주장했다.[13)] "순전히 이론적인 이야기다. 만일 사람 간 감염이 일어났다면 이미 전염병이 온 나라를 휩쓸고 수천 명이 죽었어야 한다." 수파리 장관은 기자회견에서 이렇게 말했다.[14)] 하지만 사람 간 감염이 일어났다고 해서 반드시 팬데믹으로 이어지는 것은 아니다.

수파리는 WHO에서도 일했다. 2006년 WHO 총회 투표에서 만장일치로 집행위원회 사무부총장에 뽑혔다. 집행위원회는 각국의 이익 다툼이 벌어지는 곳이다. 출신국을 옹호하기 위해 WHO 지도부 인사가 과학적 연구결과를 부정한다면 거기 소속된 과학자들의 직업윤리에 심대

10 cluster. 집단감염이 발생한 핵심 집단.

한 영향을 줄 수 있다. WHO 직원들 사이에서 수파리에 대한 비난이 나왔다. 게다가 인도네시아는 H5N1 유전자 샘플을 공유하는 것도 거부했다. WHO에서 전염성 질환을 담당하던 데이비드 헤이먼 사무차장은 수파리가 늘 "WHO를 믿지 않는다고 말해 왔고, 우리를 믿지 않을 새로운 이유들을 찾아내 들고 오고는 했다"고 털어놨다.[15)] 바로 그런 행동이 WHO에 대한 불신을 낳는 것임에도 말이다.

중국이나 인도네시아만이 정치적 의도로 과학 연구를 방해한다고 할 수는 없다. 팬데믹 국면에서는 과학을 무시하는 게 정치적 이득이 될 수도 있다. 미국에서도 부시 행정부 관리들은 정치적 이유에서 정부의 주장을 뒷받침할 '현실'들을 만들어 내기 위해 숱한 과학 연구를 왜곡했다. 기후변화, 숲 파괴와 환경오염, 줄기세포, 에이즈와 콘돔, 진화, 공중위생국장, CDC, 이 모든 것들이 부시가 임명한 인사들과 기업 로비와 종교적 신념들 때문에 뒤죽박죽이 됐다.

부시 대통령이 허리케인 카트리나와 비교하면서 인플루엔자 팬데믹 가능성에 더 주의를 기울였다지만(1918년의 팬데믹을 다룬 존 배리의 책[11]을 읽어보면 도움이 될 것이다)[16)] 미국 정부는 세계인들의 건강을 희생시키더라도 제약업계를 보호하는 길을 택했다.

이런 술책들 중에는 세계의 인플루엔자 백신 시스템을 개혁하지 못하게 막은 것도 있다. 글로벌인플루엔자감시망Global Influenza Surveillance Network(GISN) 안에서 각국은 지난 55년 동안 해마다 바이러스의 유전자 샘플을 WHO에 제공해 왔다. WHO는 백신을 개발하도록 하려고 제약회사들에게 공짜로 이 샘플들을 내줬다. 그런데 기업들은 백신을 만들어

---

11 John Barry, 『The Great Influenza : The Story of the Deadliest Pandemic in History』(2005)

팔면서 이익을 거둔다. 그래서 산업화된 나라의 돈 있는 사람들만 백신의 혜택을 본다.

인도네시아가 H5N1의 샘플 제공을 거부한 것은 이 시스템을 바꿔 자국민들이 백신을 이용할 수 있게 하기 위해서였다. 그러나 조류독감 샘플에 세계 과학자들이 접근하지 못하게 함으로써 인도네시아는 세계의 공중 보건을 볼모로 잡았다.

유전지리학자들을 포함한 과학자들에게 이런 상황은 좌절스럽다. 인도네시아의 저항은 원칙의 한 측면만 본 것이다. 최신 의약품을 살 수 없는 사람들도 치명적인 질병으로부터 보호를 받아야 마땅하다. 비판하는 사람들은 인도네시아의 행위가 시간낭비로 이어질 것이며, 인도네시아가 감염증을 통제하지 못하는 상황이 그 나라의 가난한 사람들을 비롯해 아무에게도 도움이 되지 않는다고 주장한다.

빈국의 백신 공장들을 국제사회가 돕는다면 이런 교착 국면도 쉽게 해소될 수도 있다고 나는 생각한다. 문제는 이런 해법이 WHO의 부자 후원국들이 꿈꾸는 신자유주의 세계화에 위반되는 것이고 제약업계의 이익 추구에 방해가 된다는 점이다. 스위스 제네바에서 이런 교착상태를 풀기 위해 최근 국제회의가 열렸는데, 미국과 유럽연합은 그 회의에서 GISN 개혁에 완강히 반대했다. WHO는 총회에서 국제보건규약에 각국의 병원균 샘플 제공을 의무화하는 조항을 끼워 넣으려 애썼다. 미국은 인도네시아로부터 받은 인플루엔자 샘플을 인도네시아에 돌려주는 것조차 거부했다.[17] 이 문제는 충분히 해결될 수 있고, 우리 모두를 위해서도 그 편이 좋다. 사실 인도네시아를 비난한 보도는 많아도 미국의 행태를 다룬 보도는 너무 적다.

인플루엔자의 '그라운드 제로'?

논문이 발표되기도 전에 우리 연구를 공격한 것은 중국의 지방정부 관리들이었다. 베이징 중앙정부는 이상하게도 조용했다. 아마도 H5N1의 확산 과정에서 중국 남부 지방정부들이 보인 행태를 우리가 논문에 모아 놨기 때문에 중앙정부가 일단 숨을 고르고 있는 듯했다. 베이징 측은 논문이 발표되고 나면 반박에 나서려 하는 것으로 보였다. 외국 과학자들을 향해 "아무 위험도 없다"며 비난을 퍼부었다가 역풍을 맞은 사스 때의 경험에서 교훈을 얻었을 수도 있었다. 그것도 아니라면 우리 연구팀을 이끈 월터 피치가 연구방법론에 대해 2005년 12월 상하이 중국과학원 세미나에서 설명을 한 덕이었을지도 몰랐다. 우리 연구는 아직 완전히 끝난 게 아니었다.

인플루엔자를 상대해 온 중국의 오랜 경험으로 봤을 때, 논문을 비난했다가 자칫 더 많은 주의를 끌 것이라 우려한 것일지도 모른다. 광둥성을 비롯해 중국 남부에서는 수십 년 사이에 바이러스의 여러 타입이 분화되어 퍼졌다. 1980년대 초반 홍콩대 미생물학자 케네디 쇼트리지 Kennedy Shortridge는 홍콩의 가금류 가공공장 한 곳에서만 세계에 퍼져 있는 헤마글루티닌-뉴라미다제 결합형태 108종 가운데 46종을 찾아냈다.[18) WHO의 긴급보고에 따르면 1982년 논문에서 쇼트리지는 중국 남부가 다음번 인플루엔자 팬데믹의 그라운드 제로가 될 것이라고 볼 만한 여러 이유들을 설명했다.

- 중국 남부에서는 수없이 많은 연못들에서 오리를 대량으로 키우고 있기 때문에 배설물과 입을 통해 다종의 인플루엔자 아류들이 생겨날 수

있다.

- 중국 남부에서는 인플루엔자의 혈청형[12]들이 수없이 섞이고 있다. 이 중에 무엇인가 적절한 결합이 이루어지고, 인체에 인간에게 들어갈 수 있도록 유전자 재조합이 일어날 가능성이 높아지고 있다.
- 인플루엔자는 가금류의 배설물과 입을 통해 유행철이 지나도 살아남아 연중 내내 돌아다니고 있다.
- 주민 거주지가 인접해 있는 것도 바이러스가 인간에게 옮겨 갈 가능성을 높인다.

중국 경제가 자유화하면서 쇼트리지가 거론한 상황들은 더욱 심해졌다. 10년 사이 수백만 명이 농촌에서 해안의 광둥성을 향해 역사상 전례 없는 규모의 이주를 했다. 농업기술과 농촌의 소유구조가 달라지면서 생긴 부수적인 현상으로, 가금류의 생산 규모는 수억 마리 단위로 커졌다. 예를 들어 중국에서 오리고기 소비량은 1990년대에 그 전에 비해 3배로 뛰었다.[19)]

홍콩에서 최초로 H5N1 전염병이 돌기 2년 전인 1995년 쇼트리지는 본토 동료들과 밀접하게 접촉하면서 중국 남부가 다음번 팬데믹의 진원지가 될 수 있다고 경고했다.[20)] "중국의 진단 역량을 향상시키기 위해 할 수 있는 모든 노력을 기울여야 하며, 지방 보건당국들이나 전염병 통제기구들과 베이징의 국립 인플루엔자센터中国国家流感中心(CNIC)의 소통도 강화해야 한다"고 권고했다.

인구가 10억 명이 넘는 중국에서 이 연구에 대해 다양한 반응이 나

12 serotype. 포유류의 혈청에는 특정 항원과 반응하는 항체들이 있다. 이 항원을 기준으로 바이러스 등 미생물을 분류한 것을 혈청형 또는 항원형이라 한다.

온 것은 당연했다. 비난 일색만 있는 것은 아니었다. 1982년 4월 쇼트리지와 동료들은 홍콩과 중국의 바이러스 학자들, 동물 보건 전문가들을 모아 이 지역의 인플루엔자가 사람에게 전파될 가능성을 토론한 바 있다.[21] 참석자 중에는 광둥성의 성도省都인 광저우廣州에 있는 중국예방의학원 바이러스연구소의 궈위안지도 있었고, 화난농업대학 축산수의학부의 F. A. 류와 S. C. 아우, 광저우 위생방역소의 G. Z. 셴도 있었다. 이런 과학자들의 협력과 성실한 노력은 오랫동안 이어져 왔다.

논문이 출간된 뒤에는 나도 중국 전역의 연구소에서 일하는 과학자들에게서 이메일을 받았다. 매력적인 통찰과 연구방법에 대한 질문들, 중요한 비평이 담긴 메일들이었다. 칭다오 위생방역소의 한 학자는 샘플링과 오류 추정에 대해 물으면서 홍콩과 광둥성을 감염증 측면에서 한 덩어리로 묶는 것에 대해 문제를 제기했다.

요점은, 조류독감을 진지하게 대하는 중국 학자도 많다는 것이다. 내가 이 책에서 인용한 것들 중에도 중국 본토에서 이루어진 연구가 많다. 다른 곳도 아닌 자기네 나라에서 무슨 일이 벌어지고 있는지를 알아내겠다는 이들의 노력에 찬사를 보내야 마땅하다. 하지만 전염병이라는 재앙을 부를 수 있는 조건들을 허용해 온 중국 정부의 행동을 옹호하는 것은 다른 문제다.

비난은 좋은 것

푸젠형 바이러스를 둘러싼 논쟁은 홍콩에서 바이러스 변종을 보고한 연구팀을 이끈 관이 교수와 중국 정부 간 싸움의 전초전이었다.

2003년 광둥성에서 사스가 퍼지기 시작하자[13] 관 박사는 알 수 없는 신종 폐렴을 앓고 있는 환자들의 검체를 채취했으며[22)] 당국의 금지령을 뚫고 외부로 반출해 분석을 했다. 관 박사는 당국에 조류독감 대응을 거듭 요구했고,[23)] 당국은 2005년 관 박사의 산터우汕头 실험실을 폐쇄하겠다고 위협했다.

정부의 수의학 책임자인 지아요우링이 '신뢰 도둑질'을 문제 삼으면서 분쟁에 끼어들었다. 2006년 초 지아는 서방 과학자들이 중국 정부 소속 과학자들에게 유전자 샘플을 받고도 논문에는 자기들 이름만 등재하려 한다고 툴툴거렸다.[24)] H5N1 샘플을 얻기 위해 WHO가 중국에 사과를 했지만, 이런 유화책도 중국의 공격을 멈추지는 못했다. 중국은 또 WHO가 '어떤 조류독감 유전자도 하나의 지역에서 나올 수는 없다'는 입장을 발표하도록 이끌어 내는 성공을 거뒀다. 그러고 16개월 뒤에 WHO는 H5N1의 새 명명법을 발표했다. "바이러스 이름을 지을 때 특정 국가나 지역, 개개인에게 낙인이 찍히지 않게 하는 것이 중요하다"고 헤이먼 WHO 사무차장은 말했다. 헤이먼은 사스 때에도 비슷한 말을 했다.[25)] 중국과의 줄다리기는 꽤나 힘겨웠을 게 뻔하다.

또 하나의 방법은 지리적 기원을 인정하되, 현재의 상황으로 초점을 이동시키는 것이다. 중국 남부가 여러 H5N1 유전자형의 근원지가 될 수 있다는 우리의 연구에 대해 그레고리 하틀 WHO 대변인은 "중국 본토에서 기원한 종류들은 이미 알려져 있다"며 "H5N1 방역을 위해 싸우는 이 분야의 모든 사람들은 바이러스가 지금 어디에 퍼지고 있고 어떤 유전자형이 더 많이 퍼지고 있는지를 파악하는 것이 중요하다"고 했다.[26)]

---

13 광둥성을 비롯한 중국 남부에서 사스가 퍼지기 시작한 것은 실제로는 2002년 11월이었다.

H5N1이 중국 남부에서 시작되었다는 것은 잊어라. 조류독감이 발원지와 불가분의 관계라는 것도 잊어라. 바이러스의 '역사'가 중요하다는 것도 잊어라. 그러나 H5N1의 발원지는 감염병의 맥락에 대해 많은 걸 알려준다. 인플루엔자의 확산이나 진화의 메커니즘을 비롯해 유전자의 실체를 규명하는 것은 실용적인 이유에서도 중요하다.

WHO의 메시지는 중국 정부가 다른 나라에 책임을 떠넘기려 하는 것에 '명명법'이라는 형태로 면죄부를 주는 것이었다. 중국 언론에 따르면 인청제尹成杰 농업부 부부장(농업부 차관)은 베트남과 인도차이나 국가들을 지목하며 "주변국들에서" 일어난 감염증 확산에 맞춰 전국의 대응 시스템과 모니터링을 강화해야 한다고 말했다 한다.[27)]

"이 질병은 인근 국가에서 계속 확산되었고 우리의 예방과 통제 작업에 큰 위험을 초래하고 있다"고 인 부부장은 말했다. 맞는 이야기다. 아픈 거위에게 좋은 것은 아픈 거위 수컷에게도 당연히 좋다. 하지만 다른 나라들에 떠넘기면서 중국이 조류독감 책임 공방에서 프리패스를 얻을 수는 없다. 베트남은 뒤에 푸젠형 바이러스가 여러 지방에 나타났다고 보고했다. WHO의 지적에도 근거는 있다. 1580년 이래 유라시아를 휩쓰는 인플루엔자가 발생하면 확실하지 않은 근거를 가지고 외국 이름을 붙이는 일이 많았다. 악명 높은 성병이나 인플루엔자의 이름은 희생양 만들기와 외국인 혐오증을 보여 주는 지표였다. 1918년의 스페인 독감은 스페인에서 처음 나온 게 아닌데도 1차 세계대전 기간에 검열을 피할 수 있었던 유럽의 몇몇 언론들이 그렇게 적었다. 그러니 선의로만 보자면, WHO가 조류독감 낙인찍기를 피하기 위해 노력하는 건 잘못된 게 아니다.

또 역사를 보면 중국이 걱정할 만한 이유가 있다. 1855년 윈난성에서 시작된 페스트 3차 대유행[14]은 이후 오랫동안 세계에서 수백만 명을 감염시켰다. 중국 혐오론자들은 '황화론'을 부추기며 이주자들을 되돌려보내려 했다. 인종주의자들이 벌인 우스꽝스런 짓거리였다.

다음에 다가올 팬데믹이야말로 과학자들이 발원지를 찾아낼 수 있는 첫 사례가 될 터인데 명명법이 바뀌기 시작했다는 점은 참으로 역설적이다. 지금은 위치추적시스템(GPS) 등의 도움을 받아서 바이러스가 진화한 특정 농장까지도 짚어 낼 수 있다. 과학적 조사 결과에 따라, 한 나라 혹은 여러 나라 정부가 책임을 면치 못하게 될 수 있다.

중국과 주변 감염 발생국들이 WHO의 새 명명법에 찬성하는 것 역시 이런 이유에서일 것이다. 그런데 지역은 병원균의 발생지 이상의 것을 말해 준다. 공공정책과 사회 관행에 따른 그 지역의 조건이 바이러스의 진화 형태를 결정짓기 때문이다. 사실 지역에 즉시 사망자들을 낳는 사안이 아니라면 이름에 대한 두려움은 줄어든다. 예를 들어 '스톡홀름 증후군'[15]이나 '마르부르크 출혈열'[16] 때문에 스웨덴과 독일이 유엔에 항의한 적은 없다.

고병원성 H5N1의 기원은 복합적이고, 여러 나라와 산업 부문에 문제가 있다. 사람 간 감염이 맨 먼저 시작된 나라라며 인도네시아나 베트남, 혹은 나이지리아를 지목해 비난할 수 있을까? 지역이나 세계에 전염병을 번번이 퍼뜨렸다며 중국을 비난해야 하나? 아니면 수직으로 통합된

---

14 청나라 함풍제咸豐帝 때 중국에서 시작된 페스트 대유행. 6세기 동로마제국 유스티니아누스 황제 시절의 페스트와 14세기 중반 유럽을 휩쓴 흑사병에 이어 3차 대유행Third plague pandemic이라 부른다.

15 Stockholm Syndrome. 인질이 자신을 붙잡아 감금한 인질범에게 심리적으로 동화되는 현상. 1973년 스톡홀름 노르말름스토리 은행에서 인질극이 벌어졌을 때 인질들이 범인들과 정서적으로 가까워졌고, 풀려난 뒤 범인들을 옹호한 데에서 나왔다.

16 Marburg virus. 동아프리카에서 주로 발생하는 치명적 감염병. 1967년 독일 마르부르크 대학 연구팀이 원숭이에게 감염되어 사망하면서 처음 발견되어 이런 이름이 붙었다.

가금류 산업모델을 만들고 수천 마리 새들을 빽빽하게 몰아넣어 독감의 먹잇감으로 만든 미국을 탓해야 하나? 이 모든 질문에 대한 대답은 '그렇다'는 것이다.

문제 그 자체와 마찬가지로, 비난도 사회와 환경 체제 등 다층적인 차원에서 접근해야 하며 여기에는 물론 지역도 포함된다. 정치적으로 올바른 분류체계를 가진 나라들을 억누르려 한다면 전염병의 원인을 밝히기 위해 정직하게 노력하는 이들이 사라질 것이다. 헤이만이 '낙인찍기'의 대상이 될 수 있다고 한 나라, 지역, 사람 들에게는 감당해야 할 책임이 있다. 무엇보다 중요한 건 진지하게 서로 조율을 해서 광범위한 행동으로 잘못을 바로잡는 일이다.

단기적으로 감염병 발생을 억제하면서 소농들에게는 공정하게 보상을 해야 한다. 가금류의 국경 무역은 규제를 강화해야 한다. 세계의 가난한 사람들에게는 백신과 항바이러스제를 무료로 제공하고 방역도 도와야 한다. 빈국의 동물보건 인프라를 망가뜨리는 구조조정 프로그램은 종료해야 한다.

장기적으로 우리는 지금 같은 가금류 산업을 중단시켜야 한다. 세계화된 기업형 가금류 생산과 교역 네트워크 속에서 바이러스가 진화하고 조류독감이 퍼진다. 생산의 대부분을 현지인들이 소유한 작은 농장들에 맡겨야 한다. 유전적으로 단일한 품종의 새들을 키우는 대신 자연적인 다양성으로 돌아가게 해야 한다. 그래야 면역의 방화벽이 생긴다. 가금류가 농경지에서 인플루엔자 균주 역할을 하는 철새와 섞여 교차감염이 일어나지 않게 해야 한다. 그러려면 세계의 습지와 야생조류 군락지를 복원해야 한다.

전 세계의 공중 보건의 역량을 다시 세워야 한다. 이 능력을 키우는 것이야말로 빈곤과 영양실조와 인플루엔자 같은 전염병과 사람들을 죽음으로 내모는 구조적 폭력의 확실한 해결책이다. 어떤 감염이든, 한 사람에 대한 위협은 모두에 대한 위협이다. 이런 목표를 달성해야만 H5N1을 막을 수 있다. 열대 바다의 태풍들처럼 공장형 농장에 줄줄이 대기하고 선 H5N2, H6N1, H7N2, H7N7, H9N2 같은 바이러스들도.

유전적 꼬리표는 없다

WHO와 중국의 관계도 달라져야 한다. 사스가 퍼지는 동안 중국 정부는 WHO 과학자들이 발병지인 광둥을 방문하지 못하도록 별짓을 다 했다.[28)] 고군분투 끝에 WHO 과학자들이 보내진 곳은 베이징 근교의 거위 농장이었다. 몇 주 동안 중국 보건당국은 베이징에 사스 환자가 있다는 사실을 부인했다. WHO 과학자들이 지역 병원을 찾아가면 시 보건관리들은 중태에 빠진 사스 환자들을 구급차에 싣고 WHO 대표단이 병원을 떠날 때까지 시내를 돌았다.

이런 사실이 알려지자 국가위생건강위원회 주임[17]은 해임됐다. 중국의 새 지도자 후진타오胡錦濤 국가주석은 이 문제에 정면으로 맞서기로 했으며 사스를 최우선 과제로 삼고 발병 지역을 봉쇄했다. 중국 정부가 과감한 공중 보건 조치를 시행할 능력을 보여 준 것은, 역설적이지만 독재정권이 한층 업그레이드된 것으로 볼 수도 있다. 중국의 공중 보건 데이터는 국가 기밀로 취급되어 위기를 부르는 데에 일조했다. 감염증이 퍼진 지역의 의사들은 의문의 전염병이 어떤 성질을 지녔는지 모른 채 어

---

17 우리나라 보건복지부 장관 격인 중국의 각료.

둠 속을 헤매야 했다. 그 때문에 적절한 치료가 늦어졌고 사스가 다른 지역들로 전파됐다.

사스 이후 WHO와 중국의 관계가 더 나아진 것은 분명하지만 여전히 취약하다. 바이러스 샘플을 공유하고 감염 지역을 방문할 수 있도록 하는 관행이 그 뒤의 전염병 대응에서 자리를 잡은 것은 좋은 일이다. 그러나 우리 논문에 대한 반응을 보면서 내가 배운 게 있다면, 협력을 얻어내는 데에는 대가가 따른다는 사실이다.

WHO는 감염증 확산의 책임을 최소화하려는 중국의 선전에 기꺼이 가담하고 있다. 중국 공무원들이 샘플 공유에서 발을 빼려 할 때조차 중국은 WHO가 '중국은 개방되어 있다'며 방어해 줄 것을 요구한다. 다른 나라들도 이를 반기며 국제적 표준 관행으로 만들려 하고 있다. 사스 때 WHO를 벼랑 끝으로 몰아간 것은 WHO 자신이었다.

중국은 WHO의 주요 고객 중 하나이고, WHO는 샘플을 반드시 얻어야 한다. 하지만 특정국 정부의 이익이 세계 사람들의 건강과 충돌한다면? 중국 정부를 지키는 것으로 나의 아내, 내가 만나는 이발사, 내게 이메일을 보낸 상하이의 의대생을 보호할 수 있나? 그들의 이익은 언제 어디서 누가 대변해 주나? 외교관들과 과학자들은 세상의 작동 방식을 게임과 혼동하고는 한다. 국가와 기관들의 협상도 세계의 일부분이기는 하지만 그것이 전부는 아니다. 진화하는 H5N1은 수백만 명을 위협하고 있다. 이 사람들이 중요하다.

중국이 아닌 다른 나라들과 충분히 협력하면 다음번 팬데믹을 막고 당신 가족과 친구들을 구할 수 있다고, WHO는 주장할지도 모른다. 하지만 H5N1은 지금 유라시아와 아프리카로 퍼져 나가고 있다. 그러니 그 전략은 실패한 것으로 봐야 한다. WHO가 중국과 '제대로' 협력하지 못하는 까닭에, 세계를 팬데믹 위협으로 몰아넣은 농업과 공중 보건의 문제점 역시 가려진다.

WHO는 중국과 미국의 간섭에서 벗어나야 한다. 균주들에 유전자 이름을 붙이는 짓이라도 멈춰야 한다. 조류독감에 특정 기원이 있음을 상기시키는 '칭하이형', '푸젠형' 같은 이름들을 그대로 놔두라는 뜻이다. 중국 정부이든 어느 나라 정부이든 지역명이 들어간 바이러스 이름을 피하고 싶다면, 애당초 바이러스가 생겨나지 않게 할 방법을 찾아내고 시행해야 한다. 그러면 이름을 붙일 바이러스 자체가 없을 테니까.

중국은 더 정밀한 분류법이 바람직하다고 주장할 수도 있다. 최신 악성 바이러스를 발생시킨 공장이 확인된다면 '버나드 매튜스[18] 계열', '짜른포카판(CP)[19] 바이러스', '타이슨(타이슨푸드)[20] 발병집단' 식으로 회사 이름을 붙인 바이러스 브랜드들이 나올 수도 있다. WHO식 명명법이나 이런 명명법이나 누군가의 명성에 타격을 입히는 것은 마찬가지이지만, 최소한 후자는 편견이나 불공정 때문이라고 할 수 없다. 나쁜 정부와 기업에는 수백만 명을 위험으로 몰고 간 책임이 있다.

---

18 Bernard Matthews. 영국의 가금류 가공회사.

19 Charoen Pokphand(CP). 태국의 가금류 가공회사. 미국 학자 마이크 데이비스는 저서 『조류독감 Themonster at our door ; the global threat of avian flu』(2008)에서 이 회사를 아시아 조류독감 확산의 원인 중 하나로 지목했다.

20 Tyson Food. 미국의 식품회사.

2

나프타 독감

이제 온두라스, 코스타리카, 브라질, 아르헨티나, 오스트리아, 태국, 이스라엘 등등에서도 H1N1 돼지독감[21]의 발병이 보고됐다. 이 선에서 멈추지도 않을 것이다. H1N1은 세계의 교통망을 따라 인구 규모와 경제력이 크고 연결성이 높은 도시 순으로 옮겨 가는 것처럼 보인다. 멕시코시티에 이어 뉴욕과 샌디에이고가 초반 감염지에 들어간 것은 우연이 아닌 셈이다.

멕시코 외에 다른 나라에서는 감염자 수가 아직 적다. 그러나 사스와

---

21 처음에 영미권과 유럽 언론들은 '돼지독감Swine Flu · Pig Flu', '멕시코 독감' 등으로 불렀다. 한국과 이스라엘 등에서는 언론들이 '멕시코 바이러스'라 부르기도 했다. 새 바이러스가 발견된 뒤에는 'H1N1 인플루엔자'라는 이름이 등장했다. 돼지고기를 먹는 것과 상관없는 질병이라는 점과 특정 지역에 낙인찍기를 하는 문제에 대해 지적이 나온 뒤에는 '신종 인플루엔자 A', 'H1N1 독감' 등 여러 이름이 혼용됐다. WHO는 '북미 인플루엔자', 유럽연합(EU)은 '신종독감바이러스' 등의 표현을 썼다. 한국에서는 돼지독감이라는 한글을 빼고 영어 약자로 'SI'라고 쓰기도 했으나 이후 '신종플루'로 굳어졌다. 이 책에서는 저자가 '돼지독감Swine flu'으로 명시했을 경우 '돼지독감'으로 번역했다.

달리 인플루엔자는 증상이 나타나기 전에도 타인에게 옮겨 갈 수 있고, H1N1을 멈추게 할 방법이 현재로서는 없다. 뉴욕에서만 수백 명이 감염된 상황이다. 분명한 것은, 더 많은 나라로 퍼질수록 바이러스가 방역의 빈틈을 찾아낼 가능성도 높아진다는 것이다. 공중 보건 인프라가 덜 갖춰져 있거나 구조조정 프로그램 때문에 무너진 나라들에서 전염병이 확산의 최적지를 찾을 수도 있다. 아니면 아예 출발부터 바이러스가 허점을 노릴지도 모른다. 1980년대 초반부터 멕시코의 동물보건이나 공중 보건 인프라는 국제통화기금(IMF)에 종속되어 왔다.

취약한 지역에서 검역도 없이 퍼지다 보면 H1N1 바이러스는 더 다양한 유전적 변종이 생겨나 독성을 증폭시킬 변이가 촉진될 것이다.[22] 한 지역의 교통체제, 백신이나 항바이러스 의약품의 적용 영역, 주민들의 유전자 구성 등은 지역마다 다르다. 광범위한 지역에 확산되는 과정에서 빠르게 진화하는 H1N1은 이런 다양한 사회생태적 환경을 접하게 된다.

이런 식으로 지역에서 자연선택이 강화됨으로써 신종 H1N1의 바이러스는 진화의 선택지를 더 많이 갖게 된다. 더 감염성 높은 변종들이 생겨나 지역의 조건에 맞춰 퍼져 나갈 방법을 개선하는 것이다. H5N1 하위유형을 놓고 보자면, 지난주까지 인플루엔자들의 슈퍼스타였던 칭하이형 'Z 재조합' 바이러스[23]와 지역 내 모든 H5N1 바이러스보다 막강한 푸젠형 바이러스가 엄청난 위세를 보였다.[29)] 유전적, 물리적 변종들이 여러 지역을 가로질러 더 많이 생겨날수록 확산에 가장 유리하게끔 진화하는 데에 걸리는 시간은 줄어든다. H1N1은 퍼져 나가면서 스스로 튜닝을

---

22 실제 2009년 '신종플루 사태' 때 H1N1 바이러스는 계속 진화했다. 2010년 6월 홍콩 과학자들은 돼지에게서 H1N1 바이러스의 새로운 변종을 검출했다. 전염병이 유행하는 동안에 다시 변종이 생겨나고 있음을 확인한 사례였다.

23 Z reassortant. 중국 광시성의 돼지들에서 생겨난 인플루엔자 바이러스 변종을 가리킴.

하는 셈이다.

H1N1의 변이는 게놈의 점돌연변이에서부터 축적될 수도 있고, 재조합이라 불리는 과정에 의해 발생할 수도 있다. 인플루엔자의 게놈은 분할되어 있다. 두 종류의 균주가 같은 숙주를 감염시킨 뒤 카드놀이를 하듯 게놈 일부를 거래할 수도 있다. 그렇게 해서 생겨난 게놈 중 하나는 대박을 터뜨려 승리를 거머쥘 수 있다. 그 바이러스가 다른 모든 동료들을 능가하게 되는 것이다.

초기 보고서들에 따르면 사람, 조류, 돼지 들을 감염시킨 신종 H1N1의 유전체는 북미와 유럽에서 시작됐다. '돼지독감'이라는 명칭은 아주 잘못된 것이다. 이 인플루엔자는 '돼지-조류-인간 재조합'이다.[24] 숙주 유형이 다양하고 지리적 범위도 넓기 때문에 이 신종 바이러스의 기원은 매우 복잡하다. 다양한 종들을 가로질러 퍼지고[25] 공간적으로 멀리 떨어져 있는 가축들을 감염시킬 능력이 있다는 점에서, 이 바이러스가 우리에게 알려주는 것 또한 많다고 볼 수 있다.

첫째, 농업 기업들은 일손과 땅값이 싼 세계의 저개발 지역으로 사업장을 옮기고 있다. 그러면서도 이 기업들은 정교한 기업전략을 가다듬어 왔다. 애그리비즈니스[26]는 세계를 가로지르는 생산망을 갖췄다.[30)] 예를 들어 태국에 본사를 둔 CP그룹은 현재 세계 4위의 가금류 생산업체로

---

24 유전자 분석 결과 H1N1은 북미돼지인플루엔자, 북미조류인플루엔자, 인간인플루엔자와 아시아·유럽에서 각각 많이 나타나는 두 종류의 돼지인플루엔자 바이러스 등 5개의 인플루엔자 바이러스 유전자가 뒤섞여 있는 것으로 나타났다. 여러 종류의 유전자가 섞인 변종이었던 탓에 증상이 복잡하고 전염성이 컸던 것으로 추정됐다.

25 H1N1 바이러스들은 돼지와 조류, 인간 사이를 오가는 것으로 나타났으나 종간 감염 정도와 경로는 조금씩 달랐다. 주로 돼지를 매개체로 변종이 생겨났으나 칠면조, 집고양이, 심지어 개와 치타에게서도 발견됐다.

26 Agribusiness. 다국적 거대 농식품업계.

터키와 중국, 말레이시아, 인도네시아, 미국에서 사업을 하고 있다. 인도, 중국, 인도네시아, 베트남 대상 영업도 늘렸다. 살아 있는 가축의 거래 지역도 늘리고 있다.

이렇게 하면 기업들은 시장이 볼 때 비효율적이라 할 수 있는 부분들도 상쇄할 수 있게 된다. CP그룹은 중국 전역에 합작 가금류 생산시설을 운영하면서 중국인들이 연간 소비하는 닭 22억 마리 중 6억 6,000마리를 생산한다. 헤이룽장黑龍江성의 CP그룹 농장에서 조류독감이 발생하자 일본은 중국산 가금류 수입을 금지했다. 하지만 태국의 CP공장은 일본 수출을 늘렸다. 중국 시설에서 잘못을 저질렀어도, 회사 차원에서는 이익을 본 것이다.

'돼지독감'이라는 꼬리표가 잘못된 또 다른 이유가 있다. 돼지는 인플루엔자가 퍼지는 것과 거의 관련이 없다. 면역력이 떨어진 돼지들이 집단을 꾸려 도시로 들어가는 일은 없다. 약한 균주들의 감염률을 낮춰 치명적인 균주가 생겨나도록 돕는 인위적 선택을 하지도 않는다. 수천 마리의 가금류와 함께 '가축들의 게토'를 형성하지도 않고, 트럭이나 기차나 항공기로 수천 마일을 여행하지도 않는다. 돼지가 저절로 날아가는 일은 없다.

책임은 우리 인간이 져야 한다. 여기서 '우리'는 돼지들과 가금류 생산을 조직한 농업기업들이다. 새 인플루엔자가 등장할 때엔 특정 회사의 역할에 응당 관심을 기울여야 한다. 하지만 그런 '돼지 공동체들'이 인간 공동체들 사이로까지 밀고 들어올 수 있게 한 규제 실패에 더 관심을 기울여야 한다. 돼지들이 차지하고 있는 땅도 줄여야 한다.

그러니 책임을 따지려면 북미의 새로운 인플루엔자는 '나프타NAFTA(북미자유무역협정) 독감'이라고 해야 한다. 1993년 빌 클린턴Bill Clinton

미국 대통령이 추진하고 양당 의회가 승인한 이 협정으로 미국과 캐나다, 멕시코의 무역장벽이 사라졌다. 기업들은 한 나라 안에 머물러야 한다는 부담이 없이 세 나라에서 상품을 팔 수 있었고 3개국 내의 기업들을 인수합병할 수 있었다. 전염병이 퍼진 베라크루스Veracruz의 농업회사 그란하스카롤[27]은 미국 스미스필드Smithfield Foods의 자회사다.

나프타는 멕시코의 돼지 산업을 포함해 북미 농업에 근본적인 영향을 미쳤다. 파트리시아 바트레스-마르케스와 동료들은 2006년 이렇게 지적했다.

"나프타 이후로 소규모 축산농은 효율성이 떨어지는 데다 소비자들이 요구하는 품질 기준을 충족시키지 못해 업계를 떠났다. 소규모 업체들이 축출되면서 생산 규모는 커지고 산업은 더욱 통합됐다. 소규모 상업생산이 줄고 기술적으로 진보된 생산이 늘어났지만, 전통 방식으로 뒷마당에서 가축을 키우는 이들은 남아 있었다."[31)]

자유무역을 예찬하는 바트레스-마르케스와 동료들은 소규모 사업자들을 희생시킨 대형 축산업체들의 위생 수준을 찬양하지만, 그들의 주장은 요점을 놓치고 있다. 소규모 축산농은 바이러스 발생을 통제할 수 없는 게 사실이다. 하지만 가장 지독한 균주는 처음에 어떻게 생겨날까? 공장식 농장에서 진화한 병원균을 통제하지 못했다고 소규모 농장주를 비난할 수 있을까? 요컨대, 새롭게 진화하는 인간 전염성 인플루엔자가 규제완화와 축산업의 수직통합이 일어난 곳들을 중심으로 세계에 퍼진 이유는 무엇이냐는 이야기다. 이것이 그저 우연의 일치일까?

---

27 그란하스 카롤 드 멕시코Granjas Carroll de Mexico(GCM). 신종플루는 멕시코 베라크루스 중의 라 글로리아La Gloria에서 처음 보고됐다. 라 글로리아는 GCM의 돼지농장 등 축산시설이 밀집된 곳이다. (《경향신문》, 〈라 글로리아에서 생긴 일-신종플루 '0번 환자'를 만나다〉, 2016. 10. 26.)

마이크 데이비스Mike Davis의 설명에 따르면 6년 전《사이언스Science》에 실린 글에서 버니스 우트리치Bernice Wuethrich는 "몇 년 동안 안정을 유지해 온 북미 돼지독감 바이러스가 진화의 패스트트랙으로 뛰어들었다"는 중요한 소식을 전했다. 데이비스는 이렇게 말한다.

"H1N1 돼지독감 바이러스는 대공황 초기에 확인되었지만 원래의 게놈에서 약간만 달라졌을 뿐이었다. 그런데 1998년에 지옥이 열렸다. 노스캐롤라이나의 공장형 농장에서 고병원성 균주가 돼지들을 죽이더니, 사람에게 A형독감을 일으키는 H3N2 유전자가 들어 있는 변종을 포함해 새롭고 더 악성인 H1N1 변종들이 거의 매년 나타나기 시작했다."[32)]

이 구멍투성이 경계선은 또 다른 질문을 낳는다. 멕시코 국경을 넘어온 게 아니라 미국에서 새 독감이 처음 생겼을 가능성은? 비난 게임은 이미 진행 중이다. 호세 앙헬 코르도바Jose Angel Cordova 멕시코 보건 장관은 어디서 발병이 시작되었는지 모른다며, 미국에서 시작되었을 가능성을 암시했다. 코르도바는 기자 회견에서 "캘리포니아 남부와 텍사스에서 이미 보고된 사례가 있음을 감안할 때 발원지를 말하는 것은 매우 위험하다"고 말했다.[33)]

세계에서 수백만 명을 죽일 수 있는 질병이 자유무역과 관련되어 있는 것처럼 보이자, 민족주의가 다시 부상하고 있다. 국경을 사이에 두고 주먹을 휘두른들 핵심 원인에서 시선이 빗겨 가게 만들 뿐이다. 3개국에서 나프타를 추진한 산업계 지도자들의 책임 말이다. 집값 금융 규제를 완화한 결과 거품이 꺼지고 은행들이 무너진 것에서 보이듯, H1N1은 신자유주의가 지구의 건강에 미치는 영향을 알려주는 여러 병원균 중의 하나일 뿐이다.

3

—

공장식 축산업의 역습

H1N1 돼지독감은 나타남과 동시에 맹렬한 기세를 떨쳤다. WHO의 공식 감염자 통계는 53개국 1만 5,510명이지만 감염 발생국이 속속 늘고 있다.[28 34)]보고되지 않은 감염자는 더 많을 것이고, 인플루엔자와 달리 봄철에 급증하는 양상을 보이고 있다. 균주의 독성은 통상적인 계절성 인플루엔자보다 강하지는 않아 보인다.

미디어가 공포를 부추긴 탓이라는 생각은 피해야 한다. 멕시코에서 처음 시작되었을 때의 치명률은 1918년의 팬데믹을 능가했다. 이전의 팬데믹들이 우리에게 가르쳐 준 게 있다면, '최악'에 대비하는 게 중요하다는 것이다. 큰일을 대비했는데 아무 일도 안 일어난 것보다, 아무 일도 안

28 WHO와 유럽질병통제예방센터(ECDC) 등에 따르면 신종플루 감염 확진자는 163만 2,258명이지만 세계에서 2,500만 명 이상이 걸린 것으로 추정된다. 공식 사망자는 1만 9,633명이나, 합병증 등으로 인한 추정 사망자는 15만~58만 명이다.

일어날 줄 알았는데 큰일이 났을 때의 대가가 훨씬 크다.

두 번째로 피해야 할 실수는 지금 나타난 양상만으로 모든 걸 안다고 착각하는 것이다. H1N1은 현재로서는 상대적으로 위험하지 않은 감염증일 수 있다. 하지만 우린 여전히 이 바이러스가 어떻게 행동하는지 모른다. 바이러스는 분명 진화를 하고 있고, 다른 병원균과 결합해 스스로를 재조합하면서 치명적인 균주로 바뀔 수 있다. H1N1이 계절성 인플루엔자를 닮아 온건해질 것인지는 아직 미지수다.

전염병의 역사는 오염된 침방울로 쓰여 있다. 1918년 팬데믹은 봄에는 별것 아니었지만 가을엔 재앙이 됐다.[35] 하지만 그때도 인구집단의 성격에 따라 병원균이 미친 영향은 달랐다. 어떤 이들은 병원균에 노출되었어도 감염되지 않았다. 어떤 이들은 감염되었지만 그저 인플루엔자 수준으로만 앓았다. 하지만 장기가 다 손상된 사람도 있었다. 치명률은 5% 정도였고 세계에서 5,000만~1억 명이 숨진 것으로 추산된다.

우리가 확신해선 안 되는 이유가 또 있다. 현대적인 삶의 방식 말이다. 동물에서 비롯되었지만 사람을 감염시킬 수 있는 바이러스의 하위 유형들, 말 그대로 '바이러스 동물원'이 생겨난 것이다. H5N1, H7N1, H7N3, H7N7, H9N2, 그리고 아마도 H5N2, H6 시리즈도 그럴 것 같다. 허리케인을 생각해 보자. '인플루엔자 카트리나'를 간신히 피했더니 또 다른 전염병들이 줄지어 힘을 모으며 대기하고 있을 수 있다.

인체에도 전염되는 바이러스들이 갑자기 많이 생겨난 것은 가금류와 돼지의 산업형 생산이 글로벌화하면서 발생한 부수효과다. 수직적으로 통합된 축산업은 미국 남부에서 시작되어 1970년대 이후 세계로 퍼져나갔다. 돼지와 가금류 수백만 마리를 단종생산하는 도시들이 다닥다닥 붙어 있는 세계에서 우리는 살고 있다. 온갖 인플루엔자가 진화하는 데에는 완벽한 환경이다. 한 지붕 아래에 동종교배로 태어난 동물들 수천 마리를 채우는 기괴한 생산 관행은 끝내야 한다. 그러나 이것이 얼마나 나쁜 일인지 깨닫더라도, 이미 50년이 넘은 수직통합형 농업의 세계화 문제를 풀기 위해서는 훨씬 긴 시간이 걸릴 것이다. '빅 푸드Big Food'는 큰돈을 벌기를 바라고, 오랫동안 구축해 온 무기를 지키고 싶어 한다. 농업 비즈니스와 인플루엔자 대유행의 전조들은 연결되어 있고, 이 연결 고리에 도전하는 일은 저들이 힘들게 쌓아 올린 경쟁 우위를 위협하는 것이 된다.

그래서 양돈업계는 반격을 가하고 있다. WHO가 돼지독감의 이름을 과학적인 이름인 H1N1으로 바꾸도록 로비해 '계절성 H1N1'이라는 혼란스런 암시를 주게 하는 데 성공한 것이다.

WHO가 명명법을 둘러싸고 정치적 압력에 굴복한 것이 처음은 아니다. 2007년 WHO는 유라시아와 아프리카, 오세아니아에 퍼진 H5N1 조류독감 바이러스의 이름을 새로 지었다. H5N1은 더이상 발생국이나 지역 없이 표시된다. 푸젠형 병원균은 이제 '2.2.4 분리주clade'로 불린다. 이런 변화를 통해 WHO는 새 조류독감 균주가 많이 발생하는 회원국들을 달래려 하고 있다. 하지만 WHO가 그렇게 달랬어도 중국은 조류독감에 대한 과학적 정보를 격리시켜 버렸다. 2006년 이후로 중국의 H5N1 유전자 분석 결과가 공개된 것은 극소수에 불과하다.

인플루엔자는 분자구조, 유전학, 바이러스학, 병인, 숙주 생물학, 임상 과정, 치료, 전염 방식, 계통발생 등에 따라 정의된다. 이런 요인들에 대한 조사를 제한하면 광범위한 사회생태적 조직의 중요한 작동 원리들을 놓치게 된다. 누가 가축을 소유하고 있고 시공간적으로 축산이 어떻게 조직되는지 보지 못하게 되는 것이다. 달리 말해, 특정 정부와 특정 회사의 어떤 결정들이 인플루엔자의 발생을 촉진하는지 우리가 알 수 있어야 한다. 바이러스 자체만 보게 되면 그런 설명이 사라지게 된다. 그것이 바로 양돈업계가 바라는 일이다. 진실은 겉보기보다 훨씬 더 복잡하겠지만, H1N1 돼지독감 문제라면 축산업계를 비난해야 한다.

이 바이러스에서는 다양한 유전자들이 추출됐다. CDC는 이렇게 지적했다.

"헤마글루티닌(HA)을 비롯한 이 바이러스 유전자 대부분은 1999년 무렵부터 미국 돼지들에 퍼진 돼지독감 바이러스들과 유사하다. 하지만 뉴라미니다제(NA)와 기질基質 단백질(M)의 유전자 두 종류가 유라시아 계통 돼지독감 바이러스와 유사했다. 이 특수한 유전적 조합은 이전에는 미국의 돼지나 사람에게서 발견된 적이 없는 것이었다. 국립보건원 유전자 은행 젠뱅크의 어떤 자료에도 없었다."

최근 《사이언스》에 실린 논문은 훨씬 강력한 주장을 펼친다. "여덟 가지 유전자 부분들의 가장 가까운 조상 유전자가 돼지에서 기원했다"는 것이다.[36)]

가축 인플루엔자가 시장에 들어가려면 국제적인 유통체인을 거쳐야 한다. 하지만 소농은 살아 있는 가축을 세계에서 유통시킬 산업적 능력이 없다. 그런데도 양돈산업에 책임이 있다는 가설은 초자연적인 것인 양 치부됐다. 4월 30일 로이터통신은 인터넷에서 찾아볼 수 있는 음모론들 중에 가장 심한 음모라고 볼 수 있는 것들을 모았다며 이렇게 보도했다.

"176명의 목숨을 앗아간 치명적인 돼지독감을 설명하는 이론들 중에는 중국 돼지의 떼죽음, 멕시코의 지옥 같은 공장형 축산농장, 멕시코 마약카르텔과 알카에다의 음모 같은 것들도 들어 있다. 아무도 확실히 알 수는 없지만, 과학자들은 돼지독감의 기원이 그런 사악한 음모들과는 동떨어져 있으며 사람들과 동물들이 점점 더 밀집해 살게 된 환경에서 바이러스의 돌연변이 능력과 동물-사람을 오가는 종간 전염 능력으로 설명할 수 있다고 본다."[37)]

이 기사는 동물과 사람들이 점점 더 붙어사는 것에 의문을 제기한다. 기자들은 누군가의 심기를 건드리는 걸 싫어한다. 하지만 특정 지역 주민들의 특정한 행위를 이 기사에서는 언급했어야 옳다. 세계 최대 도시 중 하나인 멕시코시티를 둘러싼 교외에 줄지어 선 '사악한' 공장형 농장이 이 전염병의 발생과 관련되어 있을 수 있으니 진지하게 취재를 했어야 했다. 기사는 이렇게 이어진다.

"멕시코 언론 가운데 최소 2곳에서 세계적인 식품회사 스미스필드의 자회사가 운영하는 공장형 농장에 초점을 맞춘 기사를 실었다. 소문들 중에는 돼지 분뇨와 파리에서 나오는 유독한 기체에 대한 것들도 있으나 이것들은 돼지독감 바이러스의 전달 매개로 알려져 있지는 않은 것들이다. 이런 기사들이 나오자 스미스필드는 곧바로 '접근할 수 있는 최신 정보로 봤을 때 이 바이러스가 멕시코 사업장과 관련 있다고 생각할 이유는 없다'는 성명을 냈다."

회사의 변호사가 신중하게 작성한 답변으로 보인다. 하지만 재미있게도, 스미스필드가 자회사 그란하스카롤의 농장 오염 때문에 병에 걸렸다는 주민들 주장을 부정하던 그 시점에 인플루엔자가 퍼졌다. 베라크루스의 페로테 부근에 있는 이 농장은 간선 고속도로와 가깝고, 멕시코시티와는 자동차로 한나절 거리다. 스미스필드는 이제 뭐라고 설명할까.

나는 소농들을 희생시키고 멕시코에 수직통합형 축산업을 강요한 신자유주의를 원인으로 지목하기 위해 이 인플루엔자에 '나프타 독감'이라는 이름을 붙였다. 한 기업에게만 책임을 물을 수는 없으나, 특정 인플루엔자가 스미스필드의 사업장에서 일어난 것은 사실이다. 로이터 기사는 실제 사실에 근거한 중요한 가설을 마치 망상이나 근거 없는 음모론처럼 만들어 물밑으로 가라앉히려 했지만, 식량농업기구(FAO)는 스미스필드가 전염병에 미친 영향으로 보이는 것들을 알아보기 위해 멕시코에 조사팀을 보냈다.

그러자 스미스필드의 최고경영자 래리 포프는 베라크루스 농장의 돼지들은 H1N1에 감염되지 않았다며 먼저 치고나왔다.

“멕시코 정부의 조사에 따르면 H1N1 인플루엔자 바이러스 등이 우리의 합작 벤처농장인 그란하스카롤의 돼지들에게서는 검출되지 않았다. 우리가 말해 온 사실들과 일치하는 이 조사 결과는 우리가 초반부터 믿어 온 것들을 입증해 준다. 인간에게 영향을 미치는 신종 H1N1 인플루엔자 바이러스의 아형들이 그란하스카롤에서 생겨나지 않았다는 사실이다.”[38]

멕시코 정부는 한술 더 떠, 멕시코 어느 곳에도 질병은 없다고 주장했다. 알베르토 카르데나스 농업장관은 “거듭된 조사에서 멕시코의 돼지 1,500만 마리는 건강하고 먹어도 된다”고 했다. 결국 우리에게 부메랑이 되어 돌아올 그런 주장이 옳은지 그른지는 무역전쟁을 둘러싼 정치게임으로 진행될 때가 많다. 2008년 12월 카르데나스는 스미스필드를 비롯한 미국 농식품업체로부터의 수입을 중단시켰다. 로이터통신은 “미국 육류의 주요 구매자인 멕시코는 12월 23일을 기점으로 미국 쇠고기, 양고기, 돼지고기, 가금류 생산업체 30곳으로부터의 선적을 중단한다면서 포장과 제품 표시, 운송 조건 등을 이유로 들었다”며 이렇게 보도했다.

“미국 농무부가 시정조치를 확인한 뒤에는 그중 20곳의 수입중단 조치가 해제됐다. 알베르토 카르데나스 농업장관은 오염된 육류로부터 멕시코를 보호하기 위해 위생통제를 강화하고 있다고 기자들에게 말했다.

멕시코와 미국 농무부 양측 모두 보복조치임을 부인했지만, 미국 분석가들은 최근 미국이 도입한 육류표시법에 반대하기 위해 멕시코가 수입금지 조치를 취했다고 본다."

로이터통신은 이렇게 전했다.

"멕시코의 수입금지 리스트에서 풀려난 곳들 중에는 타이슨푸드와 스미스필드, JBS[29]와 카길[30]의 미국 농장들도 있다. 그중 노스캐롤라이나주에 있는 스미스필드의 타르힐 농장은 미 농무부 보고서에 따르면 세계 최대의 돼지 농장이다. 미 정부 통계를 보면 멕시코는 미국산 쇠고기와 송아지고기, 칠면조를 세계에서 가장 많이 수입하고, 돼지고기는 두 번째, 닭고기는 세 번째로 많이 수입한다."[39)]

스미스필드가 최근 발표한 '안전 확인' 주장은 많은 의문을 불러일으킨다. 베라크루스 주민들이 질병을 호소하기 시작한 2월 초에도 그곳 농장의 모든 돼지들에는 H1N1이 없었을까? 돼지독감에 맨 먼저 걸린 어린아이 에드가 에르난데스가 그곳에서 살고 있었다는 점은 어떻게 설명할 것인가? 에르난데스는 건강에 아무 문제가 없는 아이였다. 멕시코 정부의 전염병 책임자는 바이러스가 널리 퍼지기 전, 4월 초에 베라크루스에서 인플루엔자와 비슷한 질병이 돌았다고 했다. 세계 곳곳의 돼지에게서 비롯된 유전자들로 이루어진 인플루엔자가 돼지 교역에서 생겨나지 않았다면 어디서 생겨났단 말인가? 스미스필드는 다른 기업들에 책임을 떠넘길 생각인 것일까? 스미스필드는 인체 감염을 일으키는 병원균이 나타난 곳에 대형 돼지농장 8곳을 두고 있다. 이것이 우연이란 말인가?

---

29 브라질 최대 육가공업체.

30 Cargill, Incorporated. 미국에 기반을 둔 곡물, 사료, 축산물, 식품 등을 생산하는 다국적 기업. 카길의 '신자유주의적 농업경영방식'은 캐나다의 농업분석가 브루스터 닌Brewster Kneen이 쓴 『누가 우리의 밥상을 지배하는가Invisible giant』에 잘 묘사되어 있다.

스미스필드는 '그렇다'고 주장한다. 회사 측은 "라 글로리아에서 일어난 일과 신종 인플루엔자 바이러스 때문에 일어난 심각하고 큰 문제는 불행한 우연일 뿐"이라고 했으나 이 말로는 아무 것도 설명이 되지 않는다. 장 보드리야르는 원인과 결과 사이의 연결고리를 지우면 완벽하게 편해진다고 했다. 이 회사가 지금 하는 짓이 딱 그렇다.

이 전염병은 스미스필드가 책임질 일이 아닐 수도 있고, H1N1의 기원도 한 나라의 국경을 넘어 확장될 수 있다. CDC의 바이러스·백신 전문가 루벤 도니스는 이 바이러스에 대해 "미국 돼지가 양돈무역을 통해 아시아로 넘어가면서 생겼을 수 있다"고 말한다. "그 과정에서 인체 감염을 일으키고, 다시 북미로 건너와서 인체-인체 감염으로 바뀌고, 미국을 거쳐 멕시코로 갔을 수도 있다"는 것이다.[40)]

논리적으로 충분히 가능성 있는 이야기다. 인플루엔자의 다중적인 재조합이 지구 전체에서 벌어지고 있다는 가설과도 일치한다. 하지만 그렇다고 해도, 인체 감염이 처음 일어난 그 지역에서 바이러스가 일련의 재조합을 거쳐 최종적인 표현형을 완성시켰다는 단순한 사실을 배제할 수는 없다. 그 지역 농장들의 소유구조가 근본적으로 바뀜으로써 그런 재조합이 촉진되었다고 보는 것이 합리적이다.

스미스필드는 나프타가 발효된 바로 그해, 1994년에 멕시코에 들어갔다. 스미스필드는 페로테 부군의 작은 농장들을 통합해 아그로인두스트리아스 데 메히코Agroindustrias de Mexico(멕시코농업회사)라는 회사의 새 자회사인 카롤을 열었다. 멕시코 스미스필드 법인은 점점 더 강화된 미국의 규제를 피할 수가 있었다. 1997년 스미스필드는 미국에서 물관리법을 어겨 벌금 1,260만 달러가 부과되었고 미주리주에서도 오염 문제로 주민들이 낸 소송에 걸려 있다. 연방정부는 또 이 회사의 펜실베이니아 농장이

2007년 돼지농장 오염물을 방류한 문제를 조사하고 있다. 반면 멕시코 언론 호르나다에 따르면 카롤은 연간 돼지 80만 마리를 키우면서도 돼지 배설물 처리에서는 어떤 규제도 받지 않고 있다.[41)]

스미스필드는 그런 경영 방식을 글로벌화했다. 《뉴욕타임스》의 도린 카바할과 스티븐 캐슬 기자는 스미스필드의 동유럽 사업이 전염병에 미친 영향을 이렇게 지적한다.

"스미스필드의 글로벌 경영 방식은 명확하다. 조지프 루터 3세 회장은 '아주아주 크게, 아주아주 빨리' 경영이 바뀌고 있다고 했다. 5년도 안 되는 기간에 스미스필드는 폴란드와 루마니아의 정치인들을 포섭하고 유럽연합의 농업보조금을 따내고 반대하는 목소리들을 억누르면서 돼지 수만 마리를 키울 수 있는 온도조절 장치가 딸린 사육장과 도축장과 사료공장까지 갖춘 생산시설을 세웠다."

기사에 따르면 "너무 빨리 추진을 하느라 환경 관련 허가 조건을 충족시키지 못하거나 지역 당국에 돼지들의 죽음에 대해 제대로 알리지 않은 경우도 있었다. 2007년 루마니아에 있는 이 회사의 양돈시설 세 곳에 돼지열병이 돌았는데 그중 두 곳은 무허가로 운영되고 있었다. 6만 7,000마리가 폐사하거나 살처분됐다." 그런데도 악취 때문에 주민 331명이 청원을 냈던 비에르쇼보의 에밀리아 니에미트 시장은 "그들은 권력과 힘만이 작동하는 세계에 살면서 우리를 미개한 원주민 보듯 하는 것 같았다"며 "미국 서부개척 시대의 수법을 동부(동유럽)에 적용하고 있다"고 말했다고 신문은 전했다.[42)]

기사는 스미스필드가 지역에서 어떻게 차근차근 정치력을 얻어 가는지를 보여 준다. 그 힘은 바이러스 명명법을 넘어, 팬데믹의 정치학으로 뻗어나간다. 멕시코 정부는 스미스필드의 베라크루스 농장에서 회사 측이 고른 돼지 30마리의 검체만 조사해 면죄부를 안겼다.[43] 세계를 휩쓴 전염병이었지만 응당 실시했어야 할 적극적이고 독립적인 조사 대신에 그 회사 스스로 제출한 샘플만 들여다봤다. 당시 전염병과 애그리비즈니스의 무시무시한 관계를 폭로한 블로거 톰 필포트는 이렇게 지적한다.

"업계를 위해 일하는 로비스트에게 제일 좋은 건 '자기규제'다. 우리가 오염시키지 않았다는 걸 보여 주기 위해 우리 생산 과정을 우리가 알아볼 테니, 조사관을 보낼 필요는 없습니다. 우리를 믿어 주세요! 놀랍게도 양돈 자이언트 스미스필드는 돼지독감이 맨 먼저 발생한 마을에서 몇 마일 떨어지지 않은 곳에 있는 베라크루스 돼지농장에 대해 이런 검사를 시행했다."[44]

수십억 마리 돼지와 가금류가 생산되고 있는데 세계 각국 정부들에는 체계적인 검사와 규제 시스템이 없다. 미국의 경우 탁상공론 이상의 시스템을 찾아볼 수 없다. CDC에 따르면 "미국의 사육돼지들 사이에 돌고 있는 바이러스들을 규명할 전국 단위의 공식적인 조사 체계는 없다. 돼지와 사람의 감염을 일으킨 돼지독감의 병리와 생태를 더 잘 알아내기 위해 농무부와 CDC가 협력해 최근 시범 조사프로그램을 개발하고 있다."[45]

9.11 테러 뒤 인플루엔자 바이러스가 들어 있는 '폭탄 가방' 수백만 개가 국경을 넘어 검문도 안 받고 쏟아져 들어올 것처럼 생물무기 테러에 대해 히스테리를 부리던 것과는 너무 다르다.

양돈업계의 가장 뻔뻔한 수작은 마치 사람들이 인플루엔자를 가지고 돼지들을 위협한다는 식으로 비난하는 것이다. 캔자스의 양돈업자 론 서더는 "인플루엔자에 감염된 사람이 들어와 병을 퍼뜨리는 게 가장 우려스럽다"면서 일반인들의 농장 출입을 금지시켰고, 배달부나 인부 등에게도 농장 방문 전에 최근의 여행 경력과 질병 유무를 보고하도록 하고 있다. "미국에서, 우리 농장의 돼지들에게서 신종 바이러스 균주가 발견됐다는 증거는 없다. 우리가 가장 신경 쓰는 건 우리 농장에 환자가 들어와 우리 돼지들에게 신종 바이러스를 퍼뜨리는 것이다." 전국양돈협회 수석 우의사 제니퍼 그레이너는 말했다. "사람들이 돼지에게 바이러스를 전파할 경우, 돼지들에겐 타미플루 같은 약도 없다. 항생제가 없어서 돼지들에게 아스피린을 처방할 수밖에 없는 처지다."[46]

1998년 미국 돼지들 사이에 돌았던 H3N2/H1N1 인플루엔자 바이러스가 재조합되어 신종 바이러스가 만들어졌다는 명백한 증거를 그레이너는 무시하고 있다. 하지만 지금 이 문제는 잠시 접어 두자. 인체-돼지 감염의 증거는 '정황 증거'일 뿐이다. 《캐나다프레스》의 의학 전문기자 헬렌 브랜스웰Helen Branswell은 이렇게 쓰고 있다.

"돼지들을 감염시킨 H1N1이 어디서 나왔는지 결정적 증거는 없다. 캐나다 식품조사국은 돼지들의 신종 돼지독감 바이러스 감염이 어떻게 시작되었는지 당국이 조사한들 알아낼 수 없을지도 모른다는 사실을 인정한다. 농장에서 일하는 이들을 조사한다 해도, 사람이 돼지들에게 바이러스를 퍼뜨렸다는 증거는 없을 수 있다. 조사가 너무 늦었을 수 있고, 답을 얻을 수 있는 최선의 방법이 아닐 수도 있다. 혈액검사가 그 증거들 사이의 갭을 채워 줄 수 있을지는 아직 알 수 없다."[47]

따라서 사람이 돼지에게 바이러스를 옮긴다는 업계의 주장은 근거가 없다. 설령 사실이더라도, 인플루엔자는 숙주의 종류에 따라 감염의 특성이 달라진다. 현재로선 그들의 주장은 자신들이 만든 표준적인 관행 때문에 피해를 입은 이들을 희생양으로 삼겠다는 것이다. 그 뻔뻔함은 가히 기념비적이다.

보건당국과 언론과 업계 홍보 담당자들이 본질은 쏙 빼고 곁다리만 물고 늘어지는 바람에, 팬데믹 발생에 동물의 사육 방식이 어떤 역할을 했는지 조사할 근거는 사라졌다. 서로 밀접히 연결된 글로벌 농업기업들이 자신들로 인한 피해에 대해 사과하는 모습도 당분간은 볼 수 없게 됐다. 업계는 바로 이런 상황에서 산업을 보호받기 위해 그동안 돈을 내왔던 것이다. 그런 정치적 영향력을 구축하는 데에는 시간과 정성, 그리고 상당한 액수의 현금이 필요하다. 카바할과 캐슬에 따르면 "스미스필드는 1990년대 노스캐롤라이나주에서 담배 회사들이 취했던 접근법을 따라 했다. 2000년부터 이 회사의 정치행동위원회에서 노스캐롤라이나주로, 그리고 전국으로 돈이 흘러나가기 시작했다. 주 선거와 연방선거 후보들에게 총 100만 달러 이상이 전해졌다. 주 의원들은 이 회사와 몇몇 양돈 시설에 규제를 면해 주는 법안을 패스트트랙으로 통과시켰다."[48)]

기사를 보면 미국에서 규제가 강화되자 스미스필드는 "노스캐롤라이나에서 썼던 수법을 정치적·경제적으로 취약하고 규제 시스템도 별로 없는 폴란드와 루마니아로 재빨리 옮겨 갔다." 루마니아의 최고위 지도부가 스미스필드를 편들기 시작했고 상황은 일사천리로 진행됐다. 이 회사는 농장 10여 곳의 설계를 게오르게 세쿨리치가 운영하는 건축회사에 맡겼다. 세쿨리치는 부총리를 지낸 인물인 데다, 트라이안 바세스쿠Traian Basescu 대통령의 딸의 대부가 되어 주었을 만큼 긴밀한 관계인 사람이었다.

그다음 과정도 친숙한 방식대로 진행됐다. 스미스필드가 고용한 로비회사는 버지니아에 본사를 둔 매과이어우즈McGuireWoods였다. 이 회사는 2007년 루마니아 수도 부큐레슈티 사무실을 열고 스미스필드와 현지 정부를 연결시켜 줬다. 매과이어우즈를 고용한 건 현명한 선택이었다. 루마니아가 북대서양조약기구(NATO)에 가입하기 위해 애쓸 때 3년간 로비를 대행한 게 바로 그 회사였다.

정부 고위층과의 커넥션은 스미스필드에게는 지역사회의 반발을 막아 주는 우산이 됐다. 전염병을 막기 위해 축산업을 변화시키려는 시도는 기업들을 뒷배로 둔 정부의 격렬한 저항에 부딪치기 십상이다. 인플루엔자는 애그리비즈니스와 연결되어 있으며, 그들을 지켜 주는 가장 막강한 대변인들은 바로 정부 안에 있다. 기업들이 수익을 지키기 위해 전염병을 축소하며 정부의 도움을 받는 동안에 바이러스들은 진화할 기회를 잡는다. 인플루엔자의 병리학인 식품산업의 정치경제학과 엮여 있는 것이다.

전염병이 일어나든 말든 다국적 농업기업들이 지리적 이점을 이용해 막대한 이익을 챙긴다면 그 비용은 누가 지불할까? 공장식 농장의 비용은 대개 '외부화'된다. 피터 싱어Peter Singer가 설명했듯이, 국가는 농장들이 일으키는 노동자들의 건강 문제, 주변 토지로의 오염 배출, 식중독과 교통 인프라의 손상 같은 문제들을 감춰 주려고 애써 왔다.[49] 가금류 웅덩이의 배설물이 섞인 물이 강 지류로 흘러들어가 물고기들이 떼죽음을 당하면 그 뒤처리는 지방정부로 떠넘겨진다.

애그리비즈니스가 세계에 팬데믹이 퍼지게 한 원인 제공자였음에도 불구하고, 이제 국가는 인플루엔자 속에서도 공장식 농장들이 그대로 영업을 할 수 있도록 법을 만들어 줄 준비가 되어 있다. 경제적 측면을 보면 더욱 놀랍다. 각국 정부는 동물과 사람에게 백신과 타미플루를 공급하고 도축과 매장까지 지원하기 위해 보조금을 내줄 채비를 하고 있다.

이들의 탐욕을 충족시켜 주는 것만으로는 충분하지 않았는지, 정부기관들은 수십억 명의 생명과 세계 경제의 생산성을 놓고 도박을 하려 한다. 자칫 더 치명적인 팬데믹을 부를 위험을 감내하면서까지 말이다. 기업들의 태만이라는 범죄, 그들을 보호하는 근시안적인 정치는 언젠가는 대가를 치르게 될 것이며 누군가는 비용을 지불해야 할 것이다.

"로마 사람들이 모여 법을 만들고 통치자를 선출했던 광장은 이제 양떼들과 돼지떼들에 둘러싸여 있다."[50]

사라진 과거의 제국들에 비교하는 것은 진부하게 들리겠지만, 에드워드 기번Edward Gibbon의 경구가 정신적 측면이나 세부 상황으로 봤을 때 지금의 현실에 딱 들어맞는다.

◇

2009년의 H1N1의 확산은 당초 예상처럼 광범위하지는 않았던 것으로 드러났다. 세계 인구의 절반이 감염될 수 있다고 봤으나 20% 선으로 나타났다. 다만 학령기 아동들의 경우 집단에 따라 감염률이 43%에 이르렀다.[51] 미국 아동들의 입원율은 계절성 독감의 경우와 비슷한 수준이었다. 하지만 세계에서 57만 9,000명이 이 바이러스에서 비롯된 합병증 등으로 숨졌다. 실험실 연구에서 추정된 사망자 수의 15배였다. 또한 H1N1 바이러스는 계속해서 재조합되면서 사람과 야생동물, 가축 사이를 떠돌고 있다.[52]

4

—

역외 농업의 바이러스 정치학

1997년 3월, 홍콩. 치명적인 조류독감이 가금류 농장 두 곳을 휩쓸고 지나갔다. 당시 발병 자체는 흐지부지됐지만 두 달 뒤 3살 소년이 고병원성 인플루엔자 A(H5N1)로 판별된 변종 바이러스로 인해 사망했다. 당국은 충격을 받았다. 변종 바이러스가 종의 장벽을 넘어 사람을 숨지게 만든 첫 사례이기 때문이다. 충격적이게도 발병이 지속됐다. 11월에는 6살 아이가 감염되었다가 회복했다. 2주 뒤엔 십 대 1명과 성인 2명이 병에 걸렸고 그중 2명이 사망했다. 14건의 추가 감염이 빠르게 뒤따랐다.

사망자가 발생하자 도시가 공황상태에 빠졌고 독감 시즌이 겹치자 새로운 종류의 인플루엔자일지 모른다며 병원으로 달려간 이가 많았다. 12월 중순까지 홍콩의 시장에서 가금류가 떼로 죽었고, 이 가금류를 다루던 이들이 대부분 감염된 것으로 나타났다. 홍콩 당국은 단호한 조치를 취했다. 150만 마리의 가금류를 모두 살처분할 것을 명령했고, 감염된 조류의 일부가 운송되어 온 선전深圳을 넘어 광둥성으로부터의 모든 수입을 막았다. 1월에 또 다른 사망자가 나왔지만, 발병은 멈췄다.

이 바이러스에 감염된 가금류는 위장 상태로 봤을 때 전형적인 조류 인플루엔자에 감염된 조류보다 고통이 훨씬 컸을 것이다. 임상 증상으로는 목 부분의 피부나 눈 아래의 부비강이 부풀어 오르고, 무릎과 정강이에 울혈과 혈액 반점이 생기며 볏과 다리에는 푸른 변색이 나타나는 것 등이 있다.[53] 후자의 증상은 청색증과 산소 결핍에 따른 것으로 1918년의 스페인 독감 대유행 때 많은 사람들이 겪었던 일이다.

체내의 변화로 보면 감염된 가금류는 부리와 배설강에서 혈액이 배출되면서 장과 기관에 병변과 출혈이 나타난다. 간과 비장, 신장 그리고 뇌의 운동장애와 경련을 포함해 다른 기관에서 감염 증상이 나타나는 경우도 많다.

인간에게 가장 걱정되는 것은 이 변종이 광범위한 이종특이적 전이를 보일 수 있다는 것, 즉 종에 따라 다른 증상을 일으킬 수 있다는 점이었다. 세계에서 가장 먼저 H5N1의 존재가 드러난 홍콩에서 이 인플루엔자는 인간에게 간헐적으로 전이되던 비교적 가벼운 형태의 조류로 인한 질병보다 발병 건수가 훨씬 더 많았다. 환자들은 나중에는 급성 폐렴으로 발전되기도 하는 고열과 인플루엔자에서 나타나는 질병, 호흡기 상부 감염, 결막염, 인두염과 설사, 구토, 토혈, 장의 통증과 같은 위장 관련 증상을 보였다.[54]

또 간, 신장, 골수 등 여러 장기에서 기능 장애가 나타났다. 호흡기 여러 곳이 감염되고 폐 경화가 번지는 등 폐의 광범위한 침윤과 무기폐[31]

31 無氣肺, atelectasis. 기체가 모두 빠져나간 상태의 폐.

등이 나타났다. H5N1의 환자 발생 비율이 '고통스러운' 정도였다면 그와 연관된 사망률은 '놀라울' 정도였다. 일단 감염되면 폐 혈관에 구멍이 뚫리고 혈액응고에 관여하는 피브리노겐fibrinogen 단백질이 폐로 유입된다. 그 결과로 생기는 섬유아세포 삼출물이 가스 교환이 일어나는 폐포낭을 막고, 급성호흡기증후군이 발생한다. 면역체계는 여기에 필사적으로 대응하기 위해 '사이토카인 폭풍'[32]을 일으키는데, 이는 폐부종을 부를 수 있다.

홍콩에서의 첫 발병 이후 H5N1은 중국 남부 지방 조류에서 제한적으로 발생했다. 2002년 홍콩에서 인간 감염이 다시 발생하기 전까지 이 바이러스에서 처음으로 유전체 일부가 다른 혈청형의 유전체 일부로 바뀌는 일련의 재조합이 일어났다.

이듬해 H5N1은 복수하듯 재등장했다. 가장 흔한 형태는 Z타입 재조합으로 중국 전역과 베트남, 태국, 인도네시아, 캄보디아, 라오스, 한국, 일본, 말레이시아로 퍼졌다. 두 가지 변종이 이어서 나타났다. 2005년 이래 칭하이형과 비슷한 H5N1(분리주 2.2)이 유라시아 대륙을 거쳐 서쪽으로는 영국까지 퍼졌고 아프리카로도 번졌다. 중국 남부지방에서 시작된 푸젠형과 비슷한 유형(분리주 2.3)은 지역적으로 발생하고 있는데, 동남아시아를 거쳐 최근에는 한국과 일본에서 더 많이 나타나고 있다.[55)]

2003년 이후로 H5N1 바이러스에 감염된 사람은 2009년 WHO 통계에 따르면 440명이고 사망자는 262명이다. 대부분 가금류와 연관된 감염이고, 작은 농장에서 아이들이 새와 놀다가 감염되기도 했다. 그러다가 홍콩, 태국, 베트남, 인도네시아, 이집트, 중국, 터키, 이라크, 인도, 파

---

32 병원균 등이 유입되었을 때 신호전달을 담당하는 단백질인 사이토카인이 과도하게 면역력을 증가시키는 상태를 일컫는 용어.

키스탄 등에서 사람 간 감염이 늘기 시작했다.[56)] 대개는 감염자와 함께 살거나 환자를 돌보던 식구들 사이에 발생했다. 우려되는 점은 H5N1이 돼지독감처럼 팬데믹을 일으킬지, 그러면서도 증상은 훨씬 치명적인 사람 간 전이 표현형으로 진화할지 여부였다.

바이러스의 지리적 확산은 그러한 표현형의 출현과 밀접한 관계가 있다. 다른 병원체와 마찬가지로 H5N1도 동물보건 체계가 덜 발전되었거나 국제 채무가 많고 신자유주의적 무역 협정에 따른 구조조정 프로그램이 실패한 지역을 찾고 있을 것이었다. 종축[33], 수산 양식, 원예, 살아 있는 조류를 도축해 파는 시장, 가금류와 밀착된 생활환경도 우려되는 지점이다. 규제에서 벗어나 빈민촌을 에워싸며 압박하는 애그리비즈니스는 빈곤국 농촌지역의 특징 중 하나다. 확인되지 않은 바이러스 이동이 일어나면 H5N1이 인간 균주에 맞춰 진화할 수 있는 유전적 변이가 늘어난다. 지역별로 가장 널리 퍼진 숙주 형태가 무엇인지, 가금류 농업 방식은 어떠한지, 동물의 상태를 측정하는 방식은 무엇인지 등의 요소가 결합되어 바이러스의 특징도 바뀐다.

H5N1은 여러 곳으로 퍼지면서 진화의 선택지도 탐색한다. 다른 지역으로 옮겨 가기 적합한 변종들이 진화해 퍼진다. 칭하이형 Z타입 재조합과 푸젠형은 다른 지역에서 발생한 변종보다 우월했고, 칭하이형이 대륙을 지배했다. 넓은 지역에서 유전형과 표현형의 변형이 더 많이 생길수록 인체 감염으로 번지기까지의 시간은 더 단축된다.

왜 지금 이런 치명적인 질병이 발생한 걸까? 해결책은 무엇일까? 스타니스와프 렘Stanislaw Lem의 추리 소설 『솔라리스Solaris』는 가상의 행성 솔

33 種畜. 번식을 위해 골라낸 우량종자의 씨수컷, 씨암컷.

라리스를 무대로 한다. 이 행성에서는 바이러스의 원자 구조, 유전학, 바이러스학, 발병, 숙주 생물학, 임상 경과, 치료, 전이 형태, 계통발생학과 지리적 확산에 대한 수많은 보고서가 만들어지는데 그중 한 연구가 매우 흥미롭다. 분자의 관점에서 서술된 이 보고서는 바이러스와 면역체계와의 대립, 바이러스의 진화와 백신·항생제를 만들 수 있는 인류의 능력 사이의 갈등, 당단백질로 상징되는 '적색의 자연'과 실험실 가운으로 상징되는 '백색의 배양' 사이의 충돌 등을 가지고 질병을 묘사한다.[57)] 경쟁하는 여러 패러다임들 중에 정치적, 상업적, 제도적 이유로 한쪽에만 자원이 투자되면 다른 이론들은 어려움에 처한다.

조류독감도 비슷하다. 현미경 사진, 서열 정렬, 조류, 3차 솔루션 구조, SIR 모델[34] 항원 지도와 계통발생도 같은 것들이 이 감염증의 본질에 대한 근본적인 질문들을 묻어 버리는 것 같다. 바이러스가 보여 주는 더 큰 맥락은 무엇일까.

노엘 카스트리Noel Castree는 이런 맥락을 다루기 위한 연구를 했다.[58)] 아직은 사례 분석을 모아 놓은 정도이지만 이 연구는 세계화된 자본과 생산 방식이 어떻게 비인간적인 시스템을 구축하고 착취하는지를 추적한다. 연구는 환경 자체가 '신자유주의화' 하는 양상을 쫓는다. 카스트리는 수자원 관리, 어업, 벌목, 광업, 동식물 유전학, 온실가스 배출 등의 영역을 연구했지만 여기에 농업과 종축, 제약 영역 확장 등을 추가할 수 있겠다. 또 위에서 언급된 분야들과 평행하는 것이 아니라 수직으로 교차하는 사례도 나온다. 다국적 기업이 수익을 내기 위해 동물 종양학과 생태학을 배후 조종하려고 시도하는 경우도 있고, 나 역시 그로 인해 의도

---

34 유행병 확산 예측 모델 중 하나.

치 않게 생물학적 '낙오'가 발생한 사례로 인플루엔자를 연구한 적이 있다.[59)]

이제 고병원성 인플루엔자 H5N1의 사회적 기원을 살펴보고, 기존 연구를 바탕으로 바이러스의 진화 및 확산과 연결해 보려고 한다. 먼저 병원체가 가진 독성과 다양성의 주요 개념들을 살펴보자. 내가 생각하는 것은 인플루엔자의 독성과 다양성이 축산혁명livestock revolution에서 비롯되었다는 가설이다.

그다음에는 근본적인 질문 하나를 제기하려고 한다. 가금류가 세계화되었다는 맥락 속에서 바이러스의 특징을 찾으려던 지금까지의 수많은 노력들은 번지수를 잘못 찾은 것일 수 있음을 보여 주는 질문이다.

왜 H5N1의 병원체는 중국 남부에서 진화했는가? 왜 1997년인가? 정부가 가금류 생산을 부추긴 중국에서 조류독감 바이러스가 치명적으로 진화한 이유를 찾는 것이 하나의 문제라면, 다른 곳에서 왜 지속적으로 발병이 일어나는지는 또 다른 문제다. 또 농장 밖에서 일어나고 있는 복잡한 인플루엔자 역학에 대해서도 탐구하려고 한다. 마지막으로 발병철마다 관습처럼 행해지는 임시방편 대신에 예방책으로서 광범위한 개입 프로그램을 제안하려고 한다.

우선, 바이러스가 자손 대대로 변형을 탄생시킬 수 있는 조류독감의 치명성부터 살펴보자.

늘어나는 치명적 인플루엔자

역학적, 심리학적 충격이 크기는 했지만 홍콩의 H5N1이 최초의 조류독감이었던 것은 아니다. 고병원성 H5N1이 아직 퍼지지 않은 미국에서도 지난 10년 동안 조류독감들이 발생했다. 보통은 저병원성이었고 가금류 피해도 적었다. 그러나 2002년 텍사스에서 고병원성 H5N2가 나타났다. 캘리포니아에서는 샌디에이고 외곽의 큰 농장들을 시작으로 저병원성 H6N2가 퍼졌고 센트럴밸리로 번지면서 병독성이 커졌다. 병독성은 균주가 숙주를 손상시키는 정도를 뜻한다.

주목할 만한 또 하나는 2002년 미시간에서 발생한 저병원성 H5N1이다. 덜 치명적인 형태이고 유전체 구성이 다르다지만 미국에 H5N1이 침입해 있었다는 뜻이다. 균주의 분석만으로는 발병 위험성을 판단하는 데에 충분하지 않다는 점을 보여 준다. 어떤 메커니즘에 의해 저병원성 균주도 더 병독성이 강한 것으로 바뀔 수 있고, 그 반대가 될 수도 있다.

병원성 인플루엔자는 면역이 없고 질병에 잘 걸리는 개체군으로 옮겨가면서 피해를 일으킨다. 예를 들어 인간은 지난 세기에 H1, H2, H3 균주에 감염되면서 항체 기억[35]을 발전시켰다. 비슷한 유형의 계절적 변종을 지속적으로 만나면서 인류는 감염 속도를 늦출 수 있었다. 우리는 개인적 차원에서는 부분 면역을, 인구 전체로 보자면 집단 면역을 갖고 있다. 그러나 우리가 한꺼번에 H5에 노출된 적은 없기 때문에 개인이 감염을 늦추거나 집단적 차원에서 완충할 수단이 없다. 비슷한 일이 전에도 일어난 적 있다. 1957년과 1968년의 팬데믹이 그랬다. 다음 인플루엔자의 물결은 통상적인 인플루엔자 시즌보다 이른 올해 8월 정도에 돼지독감과 함께 지구를 덮칠 수도 있다. 또 다른 균주가 있다면 가까운 미래에 다시 발생할 수도 있다.

특정 인플루엔자의 하위유형에서 병독성이 증가하는 것은 어떻게 설

---

35 면역 기억과 비슷한 뜻으로, 감염을 경험함으로써 외부에서 침입해 온 항원에 맞서 항체를 만들어 내는 면역 능력이 생기는 것을 가리킨다.

명할 수 있을까. 미시간의 저병원성 H5N1을 예로 들자면, H5 균주 여러 종의 자연 저장소였던 무시무시한 물새 서식지에 눈길을 보낼 수도 있고, 전염률과 병독성의 관계를 중심으로 한 대규모 모델링도 연구의 한 축이 될 수 있다.[60)]

간단히 설명하면 병원균의 독성에는 일종의 모자가 씌워져 있다. 숙주가 다른 개체에게 병을 옮기지 못할 정도로 숙주를 손상시키는 것은 바이러스에게도 피해야 할 일이다. 연쇄 감염을 일으키기도 전에 숙주가 죽어 버릴 수 있기 때문이다.

그런데 만약 병원균이 다음 숙주가 존재한다는 사실을 더 빨리 알 수 있게 된다면 어떨까? 지금의 숙주를 죽이기 전에 취약한 다음 숙주를 성공적으로 찾아낼 수 있으니, 병원균 입장에선 병독성을 키워도 된다. 전염이 빠르다는 것은 바이러스가 마음 놓고 강해질 수 있다는 뜻이다. 취약한 숙주들이 주변에 많이 있다는 게 병독성 진화의 핵심이다. 취약한 숙주의 공급이 끊기면 높은 치명률도 꺾이고 면역은 상승하며 결국 인플루엔자의 유행이 멈춘다.

그렇다면 바이러스와 숙주의 관계가 어떤 환경에서 어떻게 달라졌기에 H5N1의 병독성을 그만큼 키운 것일까. 환경적 증거들은 집약적인 가금류 생산, 더 비판적인 용어를 쓰자면 '공장식 축산'을 지목하고 있다. 일라리아 카푸아Ilaria Capua와 데니스 알렉산더Dennis Alexander가 최근 세계의 인플루엔자 발생을 분석했는데, 인플루엔자 하위유형의 거의 대부분을 담고 있는 원천 격인 야생 조류들에서는 고병원성이 나타난 사례를 발견하지 못했다.[61)] 대신 다양한 저병원성 인플루엔자의 하위유형이 나타났고, 이것들이 인간에 의해 길들여진 가금류 개체군으로 들어갔을 때에만 병독성이 커졌다.

가금류는 농가 뒷마당에서 풀어 키우는 것과 산업적으로 사육되는 것으로 나뉜다. 수세기에 걸쳐 가정에서 키워 온 가금류는 새로운 병원성 인플루엔자에 걸리지 않은 반면에 산업적으로 사육된 가금류에서는 이 같은 변형이 잘 나타났다. 그레이엄Graham 등은 2004년 태국의 대규모 가금류 농장에서 뒷마당 사육장보다 H5N1이 발병할 확률이 더 크다는 것을 발견했다.[62] 비슷한 패턴이 다른 인플루엔자 혈청형에서도 반복됐다. 2004년 캐나다 브리티시콜럼비아의 대규모 농장 가운데 5%에서 고병원성 H7N3 감염이 발생한 반면 작은 농장들의 감염은 2% 정도였다.[63] 2003년 네덜란드에서도 17%의 산업형 농장에서 H7N7이 발병한 반면, 가정에서는 단 0.1%만 감염된 것으로 나타났다.

처음엔 소규모 가축들에게 변형된 바이러스가 퍼지지만, 산업형 축산이 강력한 병원균에게 이상적인 숙주를 제공해 준다. 단종생산으로 인해 거의 같은 유전형질의 가축이 많아지면서 전염을 늦출 수 있는 면역 방화벽들이 사라지고 있다. 규모와 밀집도가 커지면서 전염은 더 빨라진다. 그런 빽빽한 환경에서는 면역 반응도 떨어진다.[64]

산업형 축산에서 인플루엔자의 병독성에 영향을 끼치는 또 다른 요인이 있다. 동물이 적당한 무게가 되면 곧바로 도축된다는 사실이다. 산업형 생산에서는 어린 연령대에 도축을 하기 때문에, 병독성이 진화하는 데 연료 역할을 하는 취약한 어린 개체들이 병원균에게 지속적으로 공급된다.

예를 들자면 생산 과정의 혁신으로 닭이 도축되는 연령은 60일에서 40일로 낮아졌다.[65] 바이러스로서는 감염과 독성의 문턱에 빨리 도달해야 한다는 압박이 커진 셈이다. H5N1의 발병을 줄이기 위해 대량 살처분을 할 때에도 이와 비슷한 궤적이 나타난다. 도축을 많이 할수록 바이러스에게는 병독성을 키워야 한다는 압박이 높아지는 것이다. 인플루엔자는 점점 더 어린 동물들을 감염시키면서 병독성이 강해질 뿐만 아니라 더 건강한 면역 시스템을 가진 숙주 개체군에 대항할 수 있게 성장한다. 바이러스가 숙주를 바꾸는 간단한 변화만으로도 15~45세의 사람들을 겨냥한 치명적인 팬데믹이 나올 수 있다.

현재로선 치명적인 H5N1의 특정 균주가 어떤 축산 농장에서 나왔는지를 보여 주는 증거는 없다. 그러나 쏟아져 나오는 계통발생학 논문들은 이 가설에 힘을 실어 준다. 듀안Duan 등은 1970년대까지 거슬러 올라가 철새들에게서 고병원성 H5N1과 동족인 저병원성 균주들을 찾아냈다.[66] 그러나 H5의 고병원성 균주들은 가금류에게서만 나타나는 것으로 보인다. 비제이크리슈나Dhanasekaran Vijaykrishna 등에 따르면 1996년 광둥에서 발견된 균주는 유전체의 8개 부분이 모두 온전한 상태로 가금류에 침투했다.[67] 그런데 1999년 중반부터 2000년 사이에 중국 오리들에서는 치명적인 Z타입을 포함해 다양한 유전자형이 나타났다.

아직은 더 많은 연구가 필요하다. 학자들은 유라시아와 아프리카에서 가금류 생산이 늘어난 것 등을 포함해 여러 농업생태학적 변수를 조합, H5N1의 진화를 추적하고 있다.[68] 최근 방콕에서 열린 국제 컨퍼런스에서 과학자들은 농업생산에서의 지리적 가치사슬value-chain 분석으로 계통지리 연구를 통합하는 연구방법론을 제시했다.

특정 농장을 포함해 H5N1의 진원지로 추정되는 중국 남부 가금류 밀집지역의 혈청역학 연구도 늘고 있다. 루Lu 등에 따르면[69] 광둥에서 계절성 인플루엔자인 H1N1과 H3N2의 인체 감염이 1,214건이 발견됐다. H1N1(2.5%)과 H9N2(4.9%)의 항체는 모든 검사 대상에서 발견됐고, 특히 직업적 이유로 조류와 접한 사람들에게서는 H9N2(9.5%) 항체가 압도적인 비중을 차지했다. 왕Wang, 푸Fu, 정Zheng의 연구를 보면 광저우에서 직업상 조류를 다루는 2,191명의 감염자 가운데 H5에 감염된 케이스는 매우 드물었지만 H9는 광범위하게 나타났다.[70] 배경을 더 설명하자면, H5에 대해서는 예방접종 캠페인이 이루어졌지만 H9은 그렇지 않았다.

마지막으로 장Zhang 등은 상하이의 한 육계 공장에서 5년 넘게 H9N2의 발병을 추적했다.[71] 예방접종을 했는데도 발병한 바이러스는 모두 최초로 발병한 바이러스와 연관이 있었다. 요약하면 인간이 하는 생산활동의 여러 세부사항들이 인플루엔자의 확산, 진화와 연관되어 있음을 알 수 있다. 산업 생산은 '인간친화적' 인플루엔자가 늘어나는 것과 연결되어 있다. 지난 15년 동안 사람에게 감염될 수 있는 여러 종류의 인플루엔자가 전 세계 산업형 농장에서 출현했다. H5N1은 물론 돼지독감 H1N1, H7N1, H7N3, H7N7, H9N2가 나왔다. H5N2나 H6 혈청형이 나올 수도 있다. 조류독감을 막으려는 인간의 노력에 맞서기라도 하듯, 바이러스는 더 다양해지고 더 오래 순환하고 있다. 2006년 말 홍콩대 관이 교수팀은 당시로서는 알려지지 않았던 푸젠형 H5N1 계통을 확인하면서[72] 변종이 출현한 이유가 중국 정부의 가금류 예방접종 캠페인에 대항해 바이러스가 진화했기 때문이라고 분석했다. 앞서 설명했듯, 2009년 초 발병한 돼지독감 H1N1도 근원은 '산업'에 있었다.

공장식 생산 탓에 온갖 인플루엔자가 진화하기 쉬운 환경이 됐다. H1N1의 게놈을 구성하는 8개 부분들의 가까운 조상은 모두 세계 여러 지역의 돼지에서 나타났다. 균주의 뉴라미니다제와 기질 단백질은 유라시아에서, 다른 6개는 북미에서 왔다. 소농들에겐 가축을 그렇게 먼 곳에 수출할 능력도, 국제 거래망에 끼어들 능력도 없다.

만약 H1N1이나 그 후손들이 치명적인 것으로 판명된다면 축산업은 존재 자체를 위협받는다. 애그리비즈니스가 제품을 싸게 생산하기 위해 기꺼이 이 상황을 이어 가는 것은 스스로를 위해서도 위험한 일이다.

타이슨 모델의 수출

이스라엘에서 최근 깃털 없는 닭 혈통이 개발됐다.[73] '알몸'인 닭의 모습은 굉장히 충격적이다. 이 종은 따뜻한 기후에서만 살 수 있고 소비자가 아닌 생산자의 이익을 위해 개발됐다. 털 뽑는 과정을 생략할 수 있기 때문이다. 애그리비즈니스는 질병의 위험 때문에 자연에서는 결코 지속될 수 없는 인위적 생태학을 만들어 낸 셈이다. 닭을 더 빨리 상품으로 만들 수 있게 되었을지는 몰라도, 그로 인한 비용은 닭과 소비자와 농장 노동자와 지방정부와 야생에 전가될 것이다.

애그리비지니스가 세계의 축산업에 가져온 변화는 어마어마하다. 특히 중국 남부는 새로운 종축 방법을 실험하는 인큐베이터다. 순Sun 등의 연구를 보면 광둥에서는 거위가 알을 낳게 하기 위해서 계절과 반대로 빛에 노출시켰다.[74] 이런 '혁신'으로 거위 농가들의 수입은 두 배로 뛰었다. 거위고기 수요가 늘면서 시장도 커졌다. 시장이 커지자 상대적으로 작은 농가들은 밀려났고, 지역 농업기업들이 합병되기 시작했다. 몇몇 그룹이 시장을 장악했고 '혁신'의 결과로 가금류의 생산 규모는 어마어마하게 커졌다.

칼 마르크스Karl Marx는 『자본론』 첫 장에서 사용가치와 교환가치를 구분했다.[75] 예를 들어 망치의 가치는 못을 두드려 박는 데에 있다. 망치를 드라이버 몇 개와 바꿀 수 있느냐 하는 것은 교환가치의 문제다. 그런데 노동자들에게 주는 돈보다 그들의 노동으로 덧붙여진 가치가 더 크기 때문에, 그 차액은 자본가들의 이익으로 돌아간다. 상품의 잉여가치가 생기는 것이다.

자본가들은 상품이 사용가치를 지니기 때문에, 즉 유용해서가 아니라 잉여가치를 만들어 내기 때문에 생산한다. 소비자들의 관심을 끌기 위해 망치의 색이나 디자인을 바꾸는 것 정도는 괜찮을지 모르지만, 생산품의 사용가치가 아예 변하면서 위험한 결과를 낳을 수도 있다. 애그리비즈니스는 잉여가치를 극대화하기 위해 상품을, 살아 숨 쉬는 유기체의 속성을 바꿨다. 우리가 먹는 생물의 가치를 바꾸고, 가금류를 전염병 운반체로 바꿔 버렸다. 자연에서는 계절의 변화가 인플루엔자의 진화를 다소나마 막아 주었는데, 이제는 계절과 상관없이 거위가 번식할 수 있기 때문에 인플루엔자가 계속 생존할 수 있게 됐다. 과연 그렇게 해서 생기는 이익이 앞으로 우리가 치러야 할 비용보다 클까.

가금류의 대량 상품화는 '축산 혁명'에서 나왔다. 그전에는 대부분 뒷마당에서 가금류를 길렀다. 윌리엄 보이드William Boyd와 마이클 왓츠Michael Watts가 만든 1929년 미국 가금류 지도에는 닭 5만 마리가 점 하나로 표시되어 있다.[76] 점들은 전국에 퍼져 있고 총 3억 마리 정도이며 집단으로 키워 봤자 평균 70마리 규모다. 그러다 생산 체인이 생겨나면서 지역 부화장에서 개별 사육자와 농부들에게 알을 팔기 시작했다. 이들은 도시의 시장에 살아 있는 가금류들을 운반해 줄 개별 운송자들과 계약을 맺는다.

2차 세계대전 이후 이런 방식에 변화가 생겼다. 타이슨, 홀리팜Holly Farms, 퍼듀Perdue 같은 회사들이 육계업을 수직으로 통합해 현지 생산자들을 끌어들이고 생산의 주요 거점들을 통제하기 시작했다.[77] 보이드와 왓츠의 연구에 따르면 1992년에 이르자 미국의 가금류 생산이 대부분 남부와 그 외 다른 몇몇 주들에 집중되어 있는 것으로 나타났다. 이제 점 하나는 100만 마리를 나타내고, 총 마릿수는 60억에 달한다. 집단 사육 규모도 3만 마리로 커졌다. 그레이엄 등이 2002년에 만든 지도도 비슷한 지리적 분포를 보여 주는데 10년 뒤의 지도에서는 30억 마리가 더 생겨났다.[78] 최근 15년 동안 미국의 돼지 수도 비슷하게 늘었고 대부분 노스캐롤라이나, 아이오와, 미네소타와 중서부 주에 집중됐다. 1970년대에 이 생산 모델이 성공적으로 자리 잡았고 사람들이 통상 먹던 양보다 더 많은 가금류가 생산됐다. 식품과학과 가금류 산업의 마케팅으로 인해 치킨은 치킨 너겟, 샐러드용 치킨 스트립, 고양이 사료 같은 새 상품들로 재포장됐다. 이렇게 부가가치가 더해진 상품들을 충분히 흡수할 만큼 시장 규모도 국내외에서 모두 커졌다. 미국은 수년 동안 세계에서 가금류를 가장 많이 수출하는 국가였다.

산업형 가금류의 사육은 널리 퍼졌다. 세계의 가금류 생산량은 1960년대 1,300만 톤에서 1990년대 후반이 되면 약 6,200만 톤으로 늘었다. 아시아에서는 더 크게 성장할 것으로 예상된다.[79] 1970년대 태국의 CP 그룹 같은 아시아 기업들이 수직형 모델을 도입하기 시작했고 다른 지역에서도 비슷한 기업들이 생겨났다. CP는 덩샤오핑鄧小平의 경제 개혁 뒤 광둥에 생산시설을 둔 최초의 외국기업이었다. 그 후 중국에서는 닭과 오리의 연간 생산량이 폭증했다. 중국만큼은 아니지만 동남아시아에서도 가금류 생산이 늘었다.

정치경제학자 데이비드 버치David Burch에 따르면, 가금류 생산의 지리적 변화로 몇 가지 흥미로운 결과가 나타났다.[80] 무엇보다 애그리비즈니스는 값싼 노동력과 지대, 느슨한 규제를 활용하기 위해 글로벌 사우스[36]

36 Global South. 유럽, 북미 등 북반구의 선진국들을 대표하는 글로벌 노스Global North의 반대 개념으로 남미, 아프리카, 아시아 등의 개발도상국을 의미.

로 생산라인을 옮기고 있다. 막대한 수출보조금 때문에 국내 생산은 휘청거렸다. 기업들은 정교한 전략을 세워 세계 전역에 생산라인을 구축했다. 예를 들면 세계 4위의 가금류 생산업체인 CP그룹은 터키, 중국, 말레이시아, 인도네시아, 미국에 시설을 보유하고 있다. 인도, 중국, 인도네시아, 베트남에는 사료 생산라인이 있고 동남아에서 패스트푸드 체인들을 운영하고 있다.

규모의 경제를 이룬 다국적기업들보다 비싼 값으로 물건을 만들어 파는 지역 기업들은 결국 시장에서 쫓겨난다. 이른바 월마트 효과[37]다. 기업들이 위험을 분산시키니, 소비자들은 기업이 어리석은 실수를 저질러도 응징할 수단이 없다.

두 번째, 다국적기업들은 해외로 생산공장을 옮기겠다고 협박하면서 지역 노동시장을 통제할 수 있다. 생산 실무에서 노조는 노동자와 소비자뿐 아니라 동물들에게도 중대한 영향을 끼친다.

세 번째, 수직통합형 농업기업들은 가금류 공급자이면서 소매상이다. 예를 들면 CP는 CP의 치킨을 파는 다양한 패스트푸드 체인을 전국에 갖고 있다. 공급업체들끼리 경쟁하게 해 온 독립적인 소매상들이 이제는 거의 존재하지 않는다. 여러 국가에 걸쳐 여러 공장을 운영하면서 다국적기업은 데이비드 하비David Harvey가 말한 '공간적 조정'[38] 개념을 변형해 위험을 분산한다.[39] [81)]

농업기업들이 정치인을 후원하거나 스스로 후보자를 내기도 한다. 태

---

37 대형 할인점인 월마트가 들어서 상품을 최저가로 공급하면서 경쟁이 심화되고 해당 지역의 상품 가격을 떨어뜨리는 효과를 가져온다는 내용.

38 spatial fix. 자본의 규모가 커지면서 수요와 공급이 국경 밖으로 확대되는 것을 일컫는 개념. 자본이 쌓이면 특정한 공간에서 이를 흡수하기 어려워지고, 이를 해결하기 위해 공간적 확장이 이뤄진다는 것.

39 1부 2.「나프타 독감」참고.

국 통신업계 거물이었던 탁신 친나왓Thaksin Shinnawatra은 조류독감이 발병했을 당시 총리였다. 기업처럼 국가를 운영하겠다고 약속하고 정권을 잡은 친나왓의 정책은 애그리비즈니스를 포함한 산업계의 사업계획과 구별하기 어려울 정도였다. 친나왓 정부는 조류독감을 통제하려는 노력을 가로막았다. 마이크 데이비스가 지적하듯이 태국에서 조류독감이 발병하기 시작했을 때 닭고기 가공공장들은 오히려 생산을 가속화했다.[82] 무역노조에 따르면 닭이 병든 것이 분명했는데도 어느 공장의 하루 처리량은 9만 마리에서 13만 마리로 늘었다. 현지 언론의 보도를 보면 농림부 차관은 이 질병이 '조류 콜레라avian cholera'라고 애매하게 말했고, 친나왓과 장관들은 공개적으로 닭고기를 먹으며 자신감을 과시했다.

이후 알려진 바에 따르면 CP그룹을 비롯한 대규모 업체들은 정부 관리들과 공모해 계약직 노동자들을 매수하여 감염된 가금류에 대해 입을 다물게 만들었다. 축산당국 관리들은 기업형 농장에 몰래 백신을 내준 반면에 개별 농부들은 전염병에 대해 전혀 몰랐고,[83] 농부들과 가축이 병으로 고통 받았다. 이런 은폐 사실이 알려지자 정부는 철새에 노출되는 모든 가금류를 축사 안으로 몰아넣는 산업 현대화를 요구했다. 이를 감당할 수 있는 건 돈 많은 사육업자들뿐이었다.

1997년의 광둥

중국 농업이 미국 모델을 따라 축산업을 수직통합하자 인플루엔자 생태학의 국면 전환이 더 빨라졌다. 병독성이 더 큰 균주가 선택되고, 숙주 범위와 다양성은 넓어졌다. 수십 년 동안 다양한 형태의 인플루엔자 하위 유형이 광둥을 포함한 중국 남부에서 발현됐다. 홍콩대 미생물학자 쇼트리지가 제시한 '팬데믹 그라운드 제로'의 조건들[40]은 중국의 경제 자유화와 맞물려 더욱 심화됐다. 수십 년 동안 도시로의 대규모 인구 유입이 이루어졌고, 중국의 가금류 생산은 1985년 160만 톤에서 2000년 1,300만 톤으로 급증했다. 이런 사회생태적 조건에서 최초의 병원균인 고병원성 H5N1이 나타났다.

몇몇 인플루엔자 하위유형은 팬데믹의 잠재성을 안고 있다. 중국 남부의 산업화로 조류와 비조류 인플루엔자의 접촉면이 기하급수적으로 늘어나, 가뜩이나 복잡한 생태 시스템의 중요한 매개변수들을 바꿔 왔다. 인플루엔자의 종간 전파가 늘면서 균주의 진화도 빨라졌다.

계통지리학적 분석에 따르면 광둥 지역은 병원성 H5N1의 균주가 최초로 그리고 지속적으로 출현한 곳이다. 광둥성 화난농업대학 연구팀은 2003~2004년 광둥 서부에서 새로운 H5N1 유전자형이 나타났다고 했다.[84)] 그러나 후속 연구는 그림을 더 복잡하게 만든다. 중국 남부의 H5N1 샘플을 분석한 왕Wang 등은 태국, 베트남, 말레이시아에서 처음 발병한 바이러스가 윈난의 바이러스 분리주와 밀접한 관련이 있다고 밝혔다.[85)] 인도네시아의 발병은 후난에서 처음으로 분리된 균주가 근원일 가능성이 높다. 이는 인플루엔자의 계통지리학 지형이 복잡함을 보여 주는 중요한 연구 결과다. 그러나 H5N1의 어떤 균주가 다른 지역에서 나왔든 광둥의 사회경제적 집중도는 중국 남부의 거래망을 통해 새로운 가금류 균주를 끌어들이는 유인으로 작용했다.

무크타르Mukhtar 등은 1996년 광둥에서 발병한 바이러스의 유전체를 추적했다.[86)] 내부 단백질은 장시江西성 난창南昌에서 추출된 H3N8, H7N1

40 1부 1.「조류독감 비난 대전쟁」 참고.

분리주들과 비슷했다. 헤마글루티닌과 뉴라미니다제 같은 표면단백질은 일본에서 추출된 H5N3, H1N1 분리주들과 가까운 유형으로 드러났다. 홍콩에서 발병되기 몇 달 전에는 H9N2와 H6N1의 균주를 통해 단백질이 재조합됐다. 홍콩 발병 이듬해에 H5N1도 재조합됐다.[87] 광둥의 사회지리학적 메커니즘이 이런 결합을 만들어 냈음은 확실하다. 지금까지의 결과들은 쇼트리지 등 학자들의 예측보다 유전자 재조합이 일어나는 공간적 범위가 훨씬 더 넓다는 것을 보여 준다. 그러나 게놈의 기원만 가지고는 어떻게 국소적으로 병독성이 진화했는지를 알 수 없다. H5N1뿐 아니라 인플루엔자 A(H9N2), H6N1, 사스를 포함한 치명적인 병원체가 쉽게 퍼질 수 있게 된 지역적 조건을 더욱 분명히 밝혀내기 위해서는 광둥 지방에서 일어난 극적인 사회경제적 환경 변화를 더 살펴볼 필요가 있다. 이 지역의 질병 생태계와 관련한 주요 변수는 정확히 무엇인가? 중국 남부의 인수공통 바이러스의 변화를 부른, 그래서 중국을 비롯한 세계에 주기적으로 바이러스가 퍼지게 만든 메커니즘은 무엇인가? 왜 광둥인가? 왜 1997년부터인가?

닭 7억 마리

마오쩌둥毛澤東의 죽음과 덩샤오핑의 재건에서부터 시작해 보자. 1970년대 중국은 각 지방이 각자 쓸 식량과 상품을 대부분 자체적으로 생산하는 자급자족 문화혁명 정책에서 벗어나기 시작했다. 대신 중앙정부는 홍콩에서 가까운 광둥과 대만에 걸쳐진 푸젠, 그리고 나중에는 하이난海南 지방 전체에 걸쳐 특별경제구역을 설립하고 국제교역에 집중하는 실험을 시작했다. 1984년 광저우와 광둥의 잔장湛江을 포함해 해안도

시 14개가 경제 구역으로까지는 아니어도 세계에 개방됐다.[88)]

경제학자들이 좋아하는 거시경제 지표에 따르면 이 정책은 성공적이었다. 1978년에서 1993년 사이 중국의 총생산에서 무역이 차지하는 비중은 9.7%에서 38.2%로 커졌다.[89)] 외국과의 합작투자회사나 중앙 통제에서 벗어난 향진기업[41]이 성장을 주도했다. 1979년 0달러였던 외국의 직접투자는 1990년대 후반이 되면 450억 달러로 늘어 중국은 미국에 이어 세계에서 두 번째로 투자를 많이 받은 나라가 됐다. 외국인 직접투자의 60%는 임금이 싼 제조업으로 흘러갔고 농업으로 간 투자액은 많지 않았다.

그러나 상황은 곧 바뀌었다. 1990년대까지 가금류 생산은 매년 7%씩 급증했다.[90)] 가공된 가금류 수출액은 1992년 600만 달러에서 1996년 7억 7,400만 달러로 늘었다.[91)] 1997년 중국은 외국 투자 방향에 대한 규정을 개정했다. 새 규정에 따르면 전국에 걸쳐 투자 규모를 확장할 것을 목표로 하는 특정 산업 분야가 있는데, 여기에 농업이 포함됐다. 중국 정부의 5개년 계획은 전국의 농업 현대화에 중점을 두고 있다. 2002년 중국이 세계무역기구(WTO)에 가입한 이후 무역과 투자를 자유화해야 하는 의무가 커지면서 농업에 대한 외국인 직접투자는 두 배가 됐다.[92)] 농업에 투자할 기회가 늘자 다양한 곳에서 돈이 흘러 들어갔다. 1990년대 후반이 되자 홍콩과 대만의 중국 투자 비중은 전체의 50%로 줄었고 유럽과 일본, 미국에서 돈이 새로 유입됐다.

이는 전조에 불과했다. 2008년 8월 베이징올림픽을 며칠 앞두고 미국 투자회사 골드만삭스가 후난과 푸젠의 가금류 농장들을 3억 달러에

41 鄕鎭企業. Township and Village Enterprises, 농촌 등에서 각 지역 차원에서 사정에 맞게 설립된 소규모 기업.

인수했다.[93] 그동안 합작투자에만 참여하던 것을 뛰어넘어, 완전히 소유권을 가져간 것이다. 골드만삭스는 이미 홍콩에 상장된 중국 육고기 생산업체 위룬식품그룹雨潤食品의 소수 지분과 상하이에 상장된 또 다른 정육업체 솽후이투자개발双汇集团[42]의 지분 60%를 보유하고 있었다. 골드만삭스가 기업을 사들인다는 것은 국제 금융환경이 달라진다는 의미였다. 이 회사는 세계 식량위기가 일어나는 동안 미국 주택시장에 투자했던 돈을 빼내 중국 농업이라는 '멋진 신세계'에 집어넣었다.

2008년 10월 중국 지도부는 공식 민영화 프로그램을 마무리했다.[94] 토지 개혁이 이루어지고 지방 소득이 늘어나면서 농부들은 상거래에 제한을 받지 않게 됐다. 가장 중요한 것은 토지사용권을 매매할 수 있게 된 일이었다. 계약 기간 상한선도 30년에서 70년으로 늘어났다. 토지 소유권은 여전히 정부에 있지만 이는 정치적 상징일 뿐이었다. 헐값에 사실상 영구임대 계약을 할 수 있는 돈을 가진 것은 국내외 기업들이었고, 중국의 작은 농장들에 곧 거대한 '랜드러시'[43]가 들이닥쳤다. 그러고 나서 공산당이 관리하는 "약탈에 의한 축적"[44]이 나타났다.[95]

광둥 전체가 경제 변화의 최첨단이었다. 광둥에서 최초로 중국 정부는 농촌 경제를 국제화하려는 시도를 했다. 1978년부터 광둥의 농업 생산은 내수용 곡물에서 홍콩 시장 수출에 맞춰 방향을 틀었다. 홍콩 기업들은 채소, 과일, 어류, 화훼, 가금류, 돼지 등을 생산하려고 새로운 장비에 투자했다.

가게의 앞면이 홍콩이라면 뒤쪽은 광둥이었다. 홍콩의 마케팅 서비스

---

42 2013년 완저우그룹WH Group으로 이름이 바뀌었다.

43 Landrush. 세계자본의 대규모 농지 투자.

44 영국 학자 데이비드 하비가 고안한 개념. 금융 자본주의가 진행되면서 투기적, 약탈적 성격이 강해진다는 것을 뜻한다.

덕에 중국은 국제시장에 접근할 수 있었다. 역사에서 그간 맡아 왔던 역할이 뒤집힌 것이다. 몇 년 만에 광둥 경제는 홍콩 경제와 얽히고 홍콩 경제의 운명에 의존하게 됐다. 그 반대도 마찬가지다. 홍콩에서 발병이 일어났을 당시 홍콩 직접투자의 5분의 4가 중국 투자였다.[96] 광둥의 생산라인에 홍콩 자본이 집중되면서 홍콩의 산업 기반은 더 빈약해졌다.

1990년대 중국으로 유입된 농업 관련 외국인 직접투자의 85%가 광둥을 비롯한 연안 지방에 유입됐다.[97] 광둥은 더 많은 자본을 끌어들이기 위해 운송인프라 확충에 투자를 늘렸다. 지역 기업들은 관세를 거의 전액 돌려받을 수 있었다. 광둥은 또 화교 기업들과 무역협정을 맺었고 200년 가까이 외국에 살아온 인도네시아, 태국, 베트남, 필리핀, 말레이시아, 싱가포르 등지의 화교들이 광둥 자본의 상당 부분을 통제하게 됐다. H5N1이 발병했을 때 해외 화교들은 중국 본토에 투자할 대규모 투자그룹을 구성하고 있었다.[98]

자유화의 결과 광둥은 1997년 중국 전체 수출의 42%를 창출했고, GDP도 가장 높았다.[99] 연안 지방들 중에서도 광둥은 수출지향형 합작회사가 가장 많이 몰려 있는 곳이었다. 수출에 비해 국내 매출 비율이 가장 낮은 곳이기도 했다. 전국 각 지방에서 수출이 차지하는 비중은 평균 17%였는데 광동의 3개 경제자유구역인 선전과 산터우, 주하이珠海는 수출이 총생산에서 차지하는 비중이 67%에 달했다.

1997년 홍콩에서 H5N1이 발병하기 전까지 광둥은 중국 내에서 가금류 생산 3등 안에 들었다. 닭 7억 마리가 광둥에 있었고 1만 마리 이상을 키우는 대농장의 14%가 광둥에 있었다.[100] 종축-사육-도축-가공에 이르는 생산 과정이 현대화되고 사료 분쇄에서 가공공장까지 수직적으로 통합된 상태였다. 유전적 조부모가 될 개체를 수입해 국내에서 번식시키고 영양성분을 조정한 사료를 분쇄하고 배합하는 기술 모두에 외국인 직접투자가 유입됐다. 지역들 간 곡물거래 때문에 사료 생산이 제한되거나 국내 시장에서 토종 가금류의 인기가 높아지자 비효율이 발생했다. 부적절한 동물 위생도 문제였다.

산업과 인구가 광둥에 쏠리고 가금류 생산이 늘자 이 지역 습지는 심한 압박을 받게 됐다. 다양한 인플루엔자 혈청형이 재조합되어 연중 떠돌게 된 것이 이 시기였다. 1997년 H5N1 바이러스의 확산 경로를 보면 이런 상황 속에서 나타난 감염된 상품이 화교 자본에 의해 촉진된 국제 무역을 통해 수출됐다.

활황이 전염병을 불렀다?

광둥의 경기 활황이 결국 전염병을 불렀다고 비판하는 이들이 없지는 않았다. 홍콩의 생산자들은 수출면허를 두고 홍콩-광둥 합작회사들과 경쟁해야 했다. 연안이 아닌 본토의 내륙지방도 중앙정부의 연안 자유화에 불만을 품고 있었다. 자본을 손에 쥔 연안지역들은 내륙의 향진기업들이 생산하는 가축이나 곡물과의 경쟁에서 앞서나갔다. 연안지방은 값싼 곡물을 더 수익성 있는 가금류로 바꾸거나 내륙의 상품을 재수출하면서 경쟁력을 더 높이며 선순환을 누릴 수 있었다. 금융 자본이 연안에 축적됐다. 어느 시점이 되자 경쟁이 심해지면서 후난성과 광시성이 지역 간 무역장벽을 쌓기 시작했다. 중앙정부는 갈등을 줄이기 위해 내륙에도 자유무역을 확산시키는 방안을 발표했다.[101] 연안 도시들보다 규모는 작았지만, 광둥과 푸젠 이외의 지방도 농업시장에 편입되기 시작했다. 재수출과 내륙의 발전을 통해 가금류 산업은 더 성장했고, H5N1 출현 범위 역시 넓어졌다. 이는 윈난과 후난이 H5N1을 해외로 퍼뜨리는 데 어떤 영향을 미쳤는지를 설명해 준다.

모순적인 거시경제 지표들에 묻혀 버린 갈등의 요인들이 분명 있었고 중국인들 스스로가 이를 잘 알고 있었다. 중국의 국가자본주의는 성장을 위협할 만큼 부의 양극화를 초래했고 수억 명의 중국인을 더 빈곤하게 만들었다. 국내적으로 구조조정이 진행되는 동안 중국은 실제로도, 또 이데올로기적으로도 보건·복지에 관한 투자를 외면했다. 산업노동자 수천만 명이 해고되었으며 GDP 대비 노동소득은 1980년대의 50%에서 2000년에는 40% 미만으로 떨어졌다.[102] 최저임금과 기본수당과 고용보장 등에 익숙해 있던 중국 노동자들은 주택이나 건강보험, 퇴직수당을 제공할 의무가 없는 외국인 직접투자와 민간기업 밑에서 혹독한 훈련기간을 보내야 했다.

그러나 훈련이 늘 성과로 이어지지는 않는다. 수만 명이 모인 시위가 벌어졌고 가뜩이나 부패, 토지 몰수, 국유지 수용, 임금 횡령과 환경오염 등으로 비판을 받아 온 지방정부도 난타를 당했다. 몇몇 시위는 군인들을 배치할 정도의 폭동으로 비화했다. 중국 공산당 지도부는 아이러니하게도 1949년 자신들이 무찔렀던 '매판계급'의 대변인이 되어 자국민의 이익 대신 외국자본을 편들었다.

정부가 자본주의로 돌아서면서 특히 농민들이 큰 타격을 받았다. 정부의 가격보조금을 바탕으로 농토의 탈집단화가 진행되고, 농민들이 토지 통제권을 갖자 1984년까지 지방의 소득은 두 배로 늘었다. 그러나 지방의 인프라와 그에 수반되는 사회적 지원은 줄었다.[103] 1980년대 후반에 이르자 인플레이션이 심해지고 정부의 가격보조금이 줄면서 농민들의 소득은 쪼그라들었다. 농업을 포기한 농민들은 도시로 옮겨 가 통계에

잡히지 않는 비공식 부문의 노동자가 됐다. 이런 지방 출신들은 허가를 받은 이주냐 아니냐에 따라 합법적인 차별을 받았으며 소득은 낮았다. 중국 경제가 아무리 성장했다 해도 1억 명을 흡수하지는 못했다.

도시화는 지방으로 번져 농지를 집어삼켰다. 100만 헥타르가 농지에서 도시로 전환됐다.[104] 1990~1996년 광둥성 주장珠江 삼각주의 10개 현에서 농토 13%가 비농업용으로 전환됐다. 아마 중국에서도 가장 빠른 속도의 변화였을 것이다. 지방 도시는 산업도시로 변모했으며 100만 명 넘는 이주민들을 지탱해야 하는 곳들도 있었다.

공동체가 무너지자 농민 수억 명은 의료 혜택이나 건강보험에 접근할 수 없게 됐다. 국민 의료 보장제는 지방 인구의 21%만을 보장하는 정도로 후퇴했다. 적당한 가격으로 진료를 해 줄 수 있는 의사의 수는 급격히 줄었다. 지역 공중 보건은 붕괴했고 곳곳에서 영아사망률이 높아졌다. 광둥을 포함한 남동부에서는 HIV의 발병률이 높아졌다.[105] 성매개 감염병(STI) 발생도 늘었다. 가족과 떨어져 지방에서 올라온 남성이 늘어난 것과 연관되어 있다. 영양실조에 면역력도 떨어진 공장노동자들이 인플루엔자의 발원지가 될 수 있는 곳들을 이동해 다녔고, 신종 감염증을 막아 보려는 WHO의 계획에는 금이 갔다.

아시아의 금융 독감

지정학적으로 중요한 두 가지 사건을 언급하지 않고 1997년을 논하기는 어렵다. 그해 7월 1일 영국 식민지였던 홍콩이 특별행정구로서 공식적으로 중국으로 반환됐다. 2047년까지 완전한 통합을 하기 위한 첫 단계였다. 그다음 날인 7월 2일 태국 중앙은행이 바트화의 달러에 대한 고정환율제를 변동환율제로 바꿨다. 태국의 대외부채가 늘어난 데다 환투기가 겹쳐 바트화가 타격을 입던 상황이었다. 외국 자본들은 바트를 팔기 시작했다. 주변국들에서도 같은 일이 일어났다. 필리핀, 말레이시아, 인도네시아, 대만, 한국 등 외국인 직접투자에 의존해 온 나라들로 통화평가절하의 고통이 번졌다. 세계의 다른 지역에서도 전염성 강한 '아시아 독감'의 영향을 느낄 수 있었다. 위기가 다가왔고 전 세계 주식시장이 자유낙하하기 시작했다. 홍콩이 중국으로 반환되고 아시아 금융위기가 일어나고 이듬해 3월에 조류독감이 처음 발생했다. 일련의 사건들은 지역의 정치경제에 일어난 변화들을 보여 줌과 동시에, 바이러스의 진화와 확산에도 명백히 영향을 끼쳤다.

중국 내부의 구조조정에서 홍콩이 맡았던 역할은 위에서 살펴본 바와 같다. 광둥의 가금류 집중 생산은 홍콩 쪽 국경의 변형과 함께 일어났다. 그러나 가금류가 한 방향으로만 이동한 것은 아니었다. 홍콩도 본토에 상당한 양의 가금류, 과일, 채소, 견과류, 오일씨드, 면화를 수출했다. 불법거래도 많았다. 발병 당시에 홍콩에서 생산된 닭의 부위가 중국으로 밀반입된 사례는 1년에 3억 달러 어치에 달한다.[106] 자주 묘사되는 것처럼 홍콩을 광둥에서 발생한 조류독감 생태학의 희생자라고 보기는 어렵다. 오히려 홍콩은 자발적인 참여자다.

한편으로 금융위기는 중국 경제를 둔화시켰다. 그러나 중국은 최악의 금융 독감은 피했다.[107] 수출이 줄자 중앙정부는 수십억 달러를 공공부문에 투입하고 기업에 대출해 줌으로써 국가경제의 엔진이 돌 수 있게 했다. 이와 같은 위기 4년 전에 중국 정부는 인플레와 경기 과열을 피하기 위해 긴축재정을 도입한 적이 있었다. 단기 투기를 통제할 규제 패키지가 시작되고 이는 중국 주변국들에게는 부담이 됐다. 경제의 일상적인 운용은 지방당국에 넘겼지만 여전히 중앙정부가 거시경제와 자본 흐름, 기업구조 등을 엄격히 통제하고 있었다. 즉 중국 경제는 단순한 수출주도형이 아니었다. 긴축정책 때문에 수백만 명이 계속 극빈층으로 남겨졌지만 세계적 침체 속에도 중국 경제는 사치품과 부동산 투기에 더 많이 의존하며 계속 성장했다. 동아시아와 동남아시아로 향했던 중국의 수출은 1997년 위기를 거치며 유럽과 북미, 아프리카, 라틴아메리카, 오세아니아 등으로 다변화했다. 당국은 무역수지 흑자를 유지하고 외국투자를 유치하면서 외부로부터의 재정적 타격에 맞서 위안화를 떠받쳤다.

그렇다고 해도 중국이 아시아 금융위기의 방관자였던 것만은 아니다. 경제 규모가 커져 남반구 전체에 영향을 미칠 수준이 되면서 중국은 이웃나라들을 신자유주의 모델에 과잉노출시켰다. 외국인 직접투자 덕에 중국은 섬유·의류, 생활용품, TV, 데스크탑 컴퓨터와 수많은 고급 전자제품들을 생산하는 주요 수출국이 됐다. 경제 규모가 작은 나라들은 중국이 상품 생산을 점점 다양화하자 틈새를 메우느라 역내 분업 방식으로 생산 구조를 재편해야 했다. 중국이 초국가적 공급을 맡고, 조립으로 최종 생산품을 만들 수 있도록 주변국들이 부품을 소량 생산하는 구조가 된 것이다. 이런 나라들은 힘겹게 유치한 몇몇 다국적기업에 경제를 의존하게 됐다. 예전엔 도시 차원에서 기업에 의존했다면 이제는 '기업 국가'로 확장된 것이다. 이런 경제는 더더욱 불안정하다. 의존도가 높은 단일 산업의 경기가 침체되거나 경제의 방향이 바뀌면 이런 구조로는 버틸 수 없다. 미국의 '최후의 수입국' 역할을 하지 못하기 시작하면 특히 문제가 심각해진다. 투기자본이 횡행하면 각국은 환율조작의 유혹에 빠지기 쉽다. 금융기구들은 이런 투기에 크게 당한 적이 있는 나라들을 향해 '투자를 유치하려면 자본과 상품 이동에 방해가 되는 장벽을 모두 없애라'고 주장한다. 국내 생산을 보호하지 못한 것이 1997년 위기를 초래한 원인이었음을 간과한 채 말이다.

조류독감과 금융독감의 관련성은 흥미로운 일화 수준을 넘어선다. 농산품은 상하기 쉽고, 점점 약해지고 있다고는 해도 아직은 보호무역이 남아 있기 때문에[108] 제조업보다 수출 의존도가 낮다. 그러나 이미 역학적으로는 파급 효과가 많이 나타나고 있다. 가금류 생산은 더 넓은 지역으로 퍼졌고, 국경을 넘어 거래되는 가금류에 노출되는 사람이 많아졌다. 불법 무역도 이루어진다. 국제 구제금융을 받는 대가로 각국은 긴축재정을 강요받았으며, 재정적인 이유 등으로 동물보건 인프라는 축소됐다. 무엇보다, 아시아 금융독감의 틈새를 비집고 중국의 각 지역이 가금류 수출을 늘렸다. 여기서 생각해 볼 가설 중의 하나는 이런 수출을 통해 조류독감이 중국 밖으로 퍼졌을 수 있다는 것이다.

이 모델을 어떻게 검증할 수 있을까. 다국적기업이 인플루엔자를 번식시키고 퍼뜨리는지 어떻게 판단할 수 있을까. 한 지역에서 다른 지역으로 H5N1을 실어 나르는 '가금류 상자'들을 식별해 내는 것은 어렵지만 중요한 과제다. 상품 체인을 따라 병원체를 추적하는 것이 주제이자 방법이다. 병원체의 독성이 진화할 수 있는 조건을 알아내는 것도 문제이지만, 가축의 생산시설을 조사할 정부 규제기관의 의지가 있는지도 문제다. 그런 문제를 해결한 뒤에는 인플루엔자의 진화에 영향을 주는 더 거대한 정치생태계의 방해에 직면할 위험이 있다. 세계의 시장경제 시스템을 보호하기 위해 몇몇 운 없는 계약직 농부나 트럭 운전사가 희생될 수도 있다. 의도하지는 않았지만 예상은 되었던, 중국의 농산물을 사고팔려는 다국적 노력이 조류독감의 공범이 되었을 가능성을 앞서서 살펴봤다. 인플루엔자의 문제는 구조적이며 정치 체제에 깊숙이 박혀 있다. 바이러스는 공장 문을 넘어서 확장되는 인과관계 때문에 더욱더 복잡해진다.

포양 호수의 오리들

광둥에서 대규모 축산이 중단되면 변화가 일어날 수 있다. 어떤 작업들은 정치적으로 보호를 받는 까닭에, 병원체의 병독성을 높이고 확산을 부추긴다. 그레이엄 등은 병원균이 밀폐된 대형 동물 사육장 안팎으로 퍼지는 경로들을 살펴봤다. 폐기물을 처리하거나, 양식을 하거나, 작업자가 노출되거나, 농장과 가공공장 사이를 오갈 때 노출되거나, 운송 컨테이너가 오염되었거나, 쥐나 파리 같은 동물에 의해서나, 동물성 물질이 환기 시스템을 통해 퍼지는 것 등이다. '생물학적으로 안전하다'는 작업들이 실상은 그렇지 않다.

복잡한 문제가 더 있다. 여러 공간적 규모를 살펴볼 때 가금류 밀도가 높다고 발병이 일어나지는 않는다. 아시아의 어떤 발병 지역에는 상대적으로 가금류가 적다. 반면 닭 수백만 마리가 있는데도 발병하지 않은 곳도 있다. 질병의 확산에는 확률적인 요소가 있다. 이번엔 중국 남부가 문제가 되었으나 전염병은 한 지역에서 시작해 다른 지역들로 이동하기도 한다. 이동 거리에는 이유가 있지만 어느 정도는 우연도 작용한다. 분명한 것은, 가금류 산업 내부가 아닌 외부에도 원인이 있다는 점이다.

태국이 그런 예다. 생태학자 마리우스 길버트Marius Gilbert와 동료들이 그린 지도를 보면 태국 육계와 뒷마당 가금류의 분포는 H5N1 발생과는 무관해 보인다.[109] 오히려 지역적 발병은 밖에서 풀어 키운 오리의 밀도와 더 잘 맞아떨어진다. 이 오리들은 추수 뒤에 논바닥에 떨어진 볍씨를 먹고 자랐다. 위성사진을 보면 쌀 수확 지점과 오리의 밀도가 일치한다.

쌀 수확량이 늘면 오리가 늘어나고, H5N1 발생과 연관성도 커진다. 방목한 오리가 철새에 노출되었고, 더 넓은 범위의 인플루엔자에 내성이 생겨 주변 가금류를 전염시킨 것으로 보인다. 떨어진 낟알을 먹이며 오리를 키우는 지역 농업의 관습 때문에 전염병이라는 비용을 치르게 된 셈이다. 쉰장潯江과 시장西江이 합류해 바다로 빠져나가는 중국 남동부, 인도 갠지스강의 범람원, 인도네시아 자바섬 등 조류독감 발생 지역 중에는 이모작, 삼모작을 하는 곳도 있다.[110]

바이러스의 생태학은 이렇게 매우 복잡한 상호의존성을 지니고 있음을 볼 수 있다. 다양한 농업 관행은 몇 가지 손쉬운 이분법으로 묘사할 수 있다. 거칠고 극단적으로 말하자면 '크다'와 '작다'가 있겠지만, 그 이상의 여러 농장 유형이 있다. 태국만 보더라도 참새목의 새들, 자유롭게 방목하는 오리들, 뒷마당에서 그물을 치고 키우는 가금류 따위가 있다. 현장에서는 구획화라는 게 잘 이루어지지 않는다는 뜻이다.

국제 연구팀이 중국 장시의 포양 호수를 찾아가 보니 길들여 키우는 오리들이 들판에서 먹이를 먹고, 지역 강어귀에서 목욕을 하고, 호수에서 수영하며 야생 물새들과 섞여 있었다. 섞여서 번식을 할 가능성도 있었다. 어떤 무리는 둑을 가로질러 개방된 수역으로 매일 '출퇴근'했다. 역학적 의미는 분명하다. 병원체가 퍼지고 진화할 수 있는 시설들에서 자란 조류는 호수 주변에서 키울 수 없다는 규정이 있었지만, 몇몇 가금류에게는 이 지역이 역학적 진앙지인 셈이었다.

세계 농업에 대한 경제적 압력이 커지면서 발생한 중대한 구조 변화도 이분법으로는 설명되지 않는다. 지난 30년 동안 국제통화기금과 세계은행은 빈곤국들에게 돈을 빌려주면서 자국 내 식품산업에 대한 통제를 없애라는 조건을 달았다. 소농들은 글로벌 노스[45]의 지원을 받는 기업들이 파는 값싼 상품과 경쟁할 수 없었다. 많은 농민들이 농사를 포기하고 도시로 옮겨 가거나, 다국적 축산기업들에게 땅과 노동력을 내주는 계약을 맺었다. WTO는 외국 기업이 생산비용을 줄이기 위해 빈국의 소규모 생산단위를 사들이고 통합하는 것을 허용하고 있다. 소농들은 국제적으로 승인된 공급품을 구매해야 하는 비공식 계약을 강요받지만, 공정한 값에 다국적 파트너들에게 가금류를 팔 수 있다는 보장은 받지 못한다. 심지어 전혀 팔지 못하는 경우도 있다.

이런 재편 과정에서, 생물안전biosecurity을 주장하는 기업형 농장들과 전염병에 노출된 채 가축을 키우는 소농들 사이의 피상적인 구분은 허위일 뿐이다. 공장식 농장은 계약농부들에게 햇병아리들을 실어다 주고 사육을 맡긴다. 다 자란, 그리고 철새들에게 노출된 새들이 다시 가공을 위해 공장으로 옮겨진다. 생물안전에 저해되는 요소들은 산업형 모델에도 내재해 있다.

세 번째 복잡성은 자연과 농업의 관계가 역사적으로 변화했다는 것이다. 파수크 퐁파이칫Pasuk Phongpaichit과 크리스 베이커Chris Baker의 자료를 보면 태국은 1840년 이후로 황야지대에서 진정한 곡창지대라 할 수 있는 농업국가로 변모했다.[111)] 새로 농업지대가 생겨나면서 야생습지는 속속 파괴되고, 오염되고, 개간되는 등 희생됐다. 이는 애그리비즈니스와 소농들 사이의 갈등의 근원이 되기도 했다. 짜오프라야Chao Phraya 강 유역을 두고 벌어진 계층 간의 권력 투쟁이 수백 년 동안 태국을 괴롭혔다.[112)]

습지는 전통적으로 오리과 철새의 정류장이었다. 많은 문헌에 따르면

45 Global North. 앞서 언급된 글로벌 사우스와 반대되는 의미로 선진국들을 의미.

철새들도 변화를 알아차리고 자연 서식지 파괴에 반응해 왔다. 예를 들어 거위는 완전히 다른 이주 패턴을 취하고 월동지역에서 집을 짓는 방식을 바꿨으며 오염된 습지에서 음식이 있는 농장으로 옮겨 가는 등의 놀라운 행위 탄력성을 보였다. 이런 변화를 통해 일부 물새 개체군의 수가 크게 늘었다.[113] 이는 파괴적인 피드백으로 이어졌다. 농장 주변에 살던 철새가 북극 툰드라의 진흙땅이 시작되는 곳까지 번식지를 확장한 것이다.

세계에서 사용 가능한 토지의 40%는 농지로 쓰이고 있다. 자연의 조류 서식지를 식민지로 만드는 과정에서 우리는 철새와 가금류의 접촉 지점을 의도하지 않게 확대해 왔다. 애그리비즈니스와 구조조정, 글로벌 금융환경의 변화와 기후변화, 병원성 인플루엔자의 출현은 분명 이전보다 더 밀접하게 통합되어 있다. 이런 의존성을 더 많이 연구하는 것도 필요하지만, 지금 상황으로 볼 때 우리가 만들어 온 이런 연결에 대해 즉시 조치를 취하는 게 더 필요하다.

누구의 죄인가

광둥은 중국 남부와 세계에 퍼진 사회생태학적 변화의 전면에 서 있다. 고병원성 H5N1의 출발점에는 여러 국가와 기업과 실책 들이 엮여 있다. 그렇다면 H5N1의 사람 간 전염이 처음 시작된 인도네시아나 베트남, 나이지리아 같은 나라를 비판할 수 있을까. 지역과 세계에서 거듭 발생하는 전염병을 놓고 중국에 책임을 지울 수 있을까. 홍콩이 광둥에서 역외농업을 한다고 비난할 수 있을까. 아니면 가금류 생산 공정을 수직통합한 산업모델을 처음 만들고 지금도 수천만 마리의 가축을 포장해 파는 미국을 비난해야 할까. 전반적으로 이 질문들에 대한 대답은 '그렇다'라고 볼 수 있다. 문제와 마찬가지로 책임도 다양한 층위의 사회적, 생태학적 주체들에게 분산되어야 한다.

산업형 인플루엔자를 몰아내거나 혹은 최소한 역학적 '중재'라도 지속할 수 있으려면 정치경제, 신자유주의, 국가자본주의와 같은 핵심 전제에 도전하는 급진적이고 공격적인 변화가 필요하다. 변화에 대한 정치적 의지가 있는지에 대해서는 아직 알 수 없다. 현재로선 부인과 다툼, 혼란이 지배적인 정서다. 중국 관리들은 조류독감의 책임을 부인하려 애썼다. 책임은 인정하지 않은 채 피해 농가들을 매수하는 미국과 똑같이, 감염증의 영향을 받은 국가에게 푼돈을 쥐어 주는 방식을 썼다. 나이지리아에는 중국 남부에서 시작된 칭하이형 변종 바이러스가 출현했고 2007년 중국은 나이지리아의 조류독감 퇴치를 돕는다며 50만 달러를 기부했다. 애당초 중국이 간접적으로라도 조류독감 감염이 일어나게끔 촉진하지 않았다면 나이지리아는 그런 도움이 필요하지 않았을 것이다. 미국과 유럽연합은 인도네시아가 H5N1 시료를 공유하지 않는다고 비난했지만, 인도네시아가 공유를 거부한 것은 극빈층을 희생시키고 제약회사와 부유층을 보호하는 세계 백신 시스템 개혁을 부국들이 막았기 때문이다.[114)]

만약 각국 정부가 정치적 의지를 가지고 강제적으로 동물성 인플루엔자를 막으려면 무엇을 해야 할까? 단기적으로는 소농들에게 살처분에 따른 정당한 보상을 해 주어야 한다. 국경을 넘나드는 가축 무역 규제도 잘 정비해야 한다. 지금은 자율적으로 이루어지는 가축 질병 감시를 의무화하고, 재정이 충분한 정부 기관이 이를 맡아야 한다. 농장 노동자들과 세계 빈민들에게는 백신이나 항생제를 무상으로 지원해야 한다. 빈국의 동물보건 인프라를 망치는 구조조정 프로그램은 중단해야 한다.

장기적으로는 다 알고 있듯이 산업적 가축 생산을 끝내야 한다. 인플루엔자는 변종이 처음 진화한 곳이 어디든 간에 세계화된 기업의 사육장과 무역 네트워크를 타고 돌아다닌다. 동물들이 지역을 이동하게 되자 공간적 거리는 전염병의 적시생산(JIT) 시스템[46]으로 바뀌어 버렸다.[115)] 다양한 인플루엔자 변종이 감수성 높은 동물 개체가 가득한 지역으로 계속 유입되고 있다. 이런 도미노 노출은 바이러스 병독성이 진화하는 데 연료가 되고 있다. 애그리비즈니스의 다국적 공급망들은 서로 겹치고, 인플루엔자 변종은 게놈 부품들을 맞바꾸며 팬데믹 가능성을 끌어올린다. 석유를 낭비하고 지역들이 식량주권을 잃을 뿐 아니라 '푸드 마일'[47]도 기하학적으로 증가한다.

이렇게 전염병의 비용을 부풀리는 대신에, 생산의 대부분을 일정한 규제 속에서 지역농장들의 네트워크로 넘기는 것을 생각해 볼 수 있다.

기업들이 만들어 내는 식료품이 극빈층에겐 가장 저렴한 단백질 공급원이라고 주장하는 이들도 있다. 그러나 자급자족을 하던 수백만 명의 소농이 자기 땅에서 밀려나지 않았다면 그런 공급 자체가 필요 없었을 것이다. 세계무역을 끝내자거나 소농으로 회귀하자는 것이 아니다. 여러 층위에서 국내 농업을 보호할 수 있다면 전환은 일어날 수 있다. 땅 소유권과 인프라, 노동조건과 동물들의 건강은 불가분의 관계다. 일하는 사람들이 소유권을 갖거나 이익 분배와 식품 분배에서 지분을 갖게 되면 인간의 복지와 동물의 건강을 존중하는 방식으로 생산을 바꿀 수 있다.

특히 지역특화 농업의 경우에 병독성의 진화를 촉진하는 단일품종 가축 생산을 재래의 다양한 가축 생산으로 변화시켜 면역의 방화벽을 높

---

46 수요에 맞춰 즉시 생산라인을 변화시키는 다품종 소량 생산을 특징으로 한 일본 도요타의 적시생산Just-In-Time에 빗댄 표현.

47 음식이 생산되어 소비자의 식탁까지 오르는 데 이동하는 거리.

일 수 있다. 간섭을 줄이고 바이러스 퇴치 캠페인을 하고 가격을 조절하고 긴급 예방접종을 하고 생산규모를 재배치하면 가축 인플루엔자로 인한 경제적 손실도 줄일 수 있다. 지역 농장들에는 가축의 이동을 제한하는 능력이 자연스럽게 배어 있다. 발병 때마다 임시방편으로 대처하기보다는 이런 모델을 활용해야 한다.

악마는 디테일에 있다. 수십 년 동안 지역 학자, 의사 들과 함께 쿠바의 농업과 보건을 생태학적 접근법으로 연구해 온 리처드 레빈스Richard Levins는 새로운 농업에 필요한 몇몇 요소를 이렇게 요약했다.

"대규모 산업형 생산을 할지, 무턱대고 '작은 것이 아름답다'라는 접근을 선택할지 결정하는 대신에 우리는 계획 단계에서 농업 규모를 결정하는 자연적, 사회적 요인들을 살펴야 한다. 농업의 규모는 유역, 기후 지역과 지형, 인구 밀도, 사용 가능한 자원의 배분, 해충과 그 천적의 이동성 등을 고려해 정해져야 한다.

지금은 토지 소유에 제한을 받고 산업형 농업에 자리를 빼앗겨 소규모 농업이 조각보처럼 흩어져 있지만, 서로 다른 조각들이 스스로 생산하며 다른 조각을 돕는 잘 계획된 모자이크 방식으로 바뀔 수 있다. 예를 들면 숲은 목재와 연료, 과일, 견과류, 꿀을 생산할 뿐만 아니라 물의 흐름을 조절하고 나무 높이의 약 10배 범위까지 기후를 조절한다. 숲 가장자리에는 바람을 타고 소기후가 만들어진다. 또 숲은 가축과 노동자 들에게 그늘을 내주고 해충의 천적이나 곡식의 꽃가루를 매개하는 곤충들에게 집이 되어 준다. 단 한 가지만을 생산하는 전문화된 농장은 이제 더 이상 없을 것이다. 여러 가지가 섞인 기업이야말로 재순환과 다채로운 식단을 제공해 줄 것이며 뜻밖의 기후변화에 대한 대비책도 되어 줄 것이다. 이렇게 되면 일자리도 한철에 몰리지 않고 연중 내내 생길 것이다."[116)]

지역의 물리적, 사회적, 역학적 범위를 고려해 농업 규모와 관습을 유연하게 맞춰 가야 한다. 이렇게 바뀌면 모든 구획이 늘 수익을 내지는 못할 수도 있다는 것 또한 인정해야 한다. 레빈스가 지적했듯이 지역의 다른 농장을 보호하려다 수익이 크게 줄어든다면 얼마가 되었든 정기적인 재분배 메커니즘을 만들어 손해를 상쇄해 주어야 한다.

여기 언급한 방식, 혹은 다른 방식으로 광범위하게 농업 산업의 변화를 꾀하는 것은 인플루엔자와 다른 병원체들의 확산을 멈추는 여러 단계들 중의 하나에 불과하다. 또 다른 단계로, 가금류의 교차감염이 일어나는 농지에서 인플루엔자 변종의 원천인 철새들을 떼어 내야 한다. 그러려면 세계의 습지와 야생의 물새 서식지를 되살려야 한다. 세계 공중 보건 역량도 다시 세워야 한다. 빈곤과 영양실조, 인플루엔자를 포함한 감염병 등으로부터 빈곤층을 구하기 위해, 당장 필요한 반창고라도 만들어 두자는 이야기다. 유행성 인플루엔자이든 팬데믹이든 독감은 가장 가난한 사람들에게 가장 큰 영향을 미친다. 특히 전염성이 강한 바이러스의 경우 한 명에게 위협이 된다면 그것은 또한 모두에 대한 위협이 될 수 있다.

심각해지는 산업 오염을 개선하려면 현미경 밑에서부터 시작되는 바이러스학이 아닌 다른 상상이 필요하다. 몇 가지 긍정적인 예외가 있을 수는 있겠지만, 개인적 차원에서나 전체적 차원에서 질병에 개입하는 방법은 유동적일 수밖에 없다. 백신이나 치료제, 침대의 방충망이나 정수 필터처럼 특별한 기술이 필요하지 않은 방법이 많이 있다. 그러나 이런 방법들이 한 가지 목표물에 집중함으로써 치료할 수 있는 질병들에는 효과적일지 몰라도, 생물문화적인 수준에서 병원체를 억제하지는 못한다. 시공간의 변화를 아우르는 관점에서 보자면 질병은 매년 수백만 명을 감염시키고 죽인다. 인플루엔자와 HIV, 결핵, 말라리아는 온갖 노력을 모두 무력화했다.

생물학, 진화, 과학적 관습에 대한 새로운 사고방식이 필요하다. 바이러스와 박테리아는 농업 운송수단, 제약, 공중 보건, 과학, 정치학 등등 인간이 만들어 낸 다면적인 인프라에 반응하며 진화하고 있다. 이런 세상에서 우리가 처한 인식론적, 역학적 난관은 근본적인 위기라고 볼 수 있다. 어떤 병원체는 우리가 생각할 수 없거나 생각하기를 거부하는 규모로 진화할 것이다. 실험을 자동화해 현미경 아래 더 많은 배양 접시를 놓고 산업적 규모로 컴퓨터 연산을 할 수는 있겠지만, 인플루엔자의 진화와 약물 반응을 구성하는 깊은 원인은 현미경만으로는 발견할 수 없다. 규모와 영역을 막론하고 생물과 인간 생산 간의 관계를 잇는 지리학이 우리의 방어에 필요한 심리적 전환을 도울 수 있다. 그렇게 될 때에만 우리는 냉정한 모략가처럼 보이는 병원체들을 통제할 수 있을 것이다.

5

병원균의 시간여행?

빚쟁이들에게서 온 편지에 답장을 쓸 때에는 외계와 관련된 내용을 50줄 써라. 그러면 구원을 받을 수 있다.
-샤를 보들레르(1856)

진화는 실패를 먹고 자란다. 자연선택은 실패한 유기체들이 모여 있는 광범위하고 다양한 개체군 속에서 이뤄진다. 우연한 파괴는 모든 시공간 범위에서 일어날 수 있다. 모든 종은 결국 사라진다. 부적응 때문이든 우연에 의해서든 혹은 거대한 운석에 의해서건.

그럼에도 어쨌든 생명체는 지구에서 생겨났고 40억 년이 지나도록 존재하고 있다. 현재의 기후 상태가 붕괴되거나 사람들이 핵무기로 서로를 공격한 뒤에도 생명체는 존재할 것이다. 다음 세대가 태어나 생식할 만큼 자랄 때까지 유기체는 자기 세대의 직면과제를 해결해 가며 반복적으로 개체 발생을 한다. 바통을 넘길 때까지 충분히 팔을 뻗어 밀어 주는 릴레이 선수처럼. 하나의 유기체는 지금의 환경에서 생존하고 재생산하며 의미를 지닌다.

멸종의 운명 속에서도 우리의 상상 속에 남겨진 것은 무엇일까. 그것들은 무엇을 말하는 걸까. 계통 발생과 발달의 제약, 분자에서 생태학으로 규모가 바뀔 때 나타나는 특이점들, 확률적 우연의 위험성 따위가 모든 분류군을 특정하는 문법이 된다. 이 문법이 개체의 물리적, 생화학적, 행동학적 특징의 조합인 표현형의 틀을 정한다.

모든 표현형이 진화를 하지는 않지만 어떤 종은 생물학적인 불확실성을 이겨 낸다. 높은 돌연변이율, 규모가 큰 개체군과 역시 규모가 큰 숙주들, 유전자의 재조합, 폭넓은 친화성, 짧은 생애주기, 상호주의적 공생관계 덕에 인플루엔자와 HIV는 생존의 적합도를 최대치로 끌어올리는 특권을 누린다. 바꿔 말해 병원균은 표현형의 많은 부분을 포기함으로써 전문화를 이루고, 성공을 거둔다.

결과적으로 어떤 병원균들은 진화의 막다른 골목에서 직면하는 모든 문제들의 해법을 찾아낸다. 가장 효과적으로 변이를 이루어 낸 것들은 숙주를 따라, 오늘날에는 사람들의 글로벌 이동망을 타고서 세계로 흩어져 나간다.

병원균은 이렇게 사회문화적 메커니즘과 합쳐짐으로써 강력한 진화의 연료를 얻는다. 인플루엔자와 HIV는 특징적인 증상을 진단하는 방법이 알려지기 전에 사람들에게 퍼졌고 치료법이 도입되기도 전에 약물 저항성을 진화시켰다.

원인이 있어야 결과가 있는 법인데, 이렇게 시간 순서가 뒤바뀐다는 것은 인과관계에 간단하지 않은 균열이 있다는 뜻이다. 시월 라이트Sewall Wright의 적응지형도[48]에 나타난 언덕들의 숨겨진 차원들을 탐색해 보면

48 1930년대에 인구유전학자인 시월 라이트는 생물종들의 유전자를 적응도에 따라 높이로 표현한 지도를 제안했다. 이렇게 만들어진 적응지형도fitness landscape는 예를 들면 인플루엔자 바이러스들이 다가올 겨울에 어떻게 진화된 모습으로 나타날 것인가를 예측하는 개념적인 도구가 될 수 있다.

자연선택이 이루어지기도 전에 그 선택의 결과로 나타나는 표현형이 생성되는 걸 볼 수 있다.

이토록 이상한 방식으로, 병원균은 우리가 우리 자신의 의도를 알아차리기도 전에 우리의 방역 의도를 읽어 버린다. 병원균은 시간 순서를 엄격히 따르지 않는다는 그 이유 때문에 오히려 더 완전하다. 그들은 언제든 우리의 의도를 뒤집어엎으며 진화할 수 있다. 이 바이러스들은 너무나도 다양한 변이를 통해, 다윈의 자연선택 개념이 한계에 부딪히는 모습을 우리에게 보여 준다.

2부

왕이 여왕을 방문하는 밤이면 빈대는 훨씬 늦은 시간에 매트리스를 찢고 나온다. 평화롭고 조용한 것을 좋아하는 이 벌레들은 희생자들이 잠들기를 기다리기 때문이다. 국왕의 침대에도 피의 몫을 기다리는 빈대가 있다. 폐하의 피의 맛은 도시의 다른 주민들보다 나을 것도 나쁠 것도 없다.

– 주제 사라마구(1982)

1

—

우리가 역병이라면

마음의 힘을 강조하는 것은 뉴에이지 흐름의 특징이다. 하지만 실제로 식은땀을 흘리지 않고서 마음의 자유를 누리는 게 가능할까? 여기서 이 이야기를 하는 게 좀 우습기는 하지만 유물론자라면 '그럴 수 있다'고 대답할 것이다. 비행기를 상상하다 보면 스마트폰 충전기와 커피메이커가 설치된 개인용 제트기로까지 생각이 뻗어 갈 때도 있다. 그럴 때에 변증법적 유물론자는 잉여가치를 생산하기 위해선 몇 세대의 노력이 필요하다며 과학계의 자기만족에 일침을 놓고 싶을 것이다. 독창성은 그 자체가 사회의 산물이다. 그럼에도, 아니 어쩌면 바로 그렇기 때문에, 우리는 시대의 덫에 빠져 버렸다. 그 덫 중에는 동식물의 질병도 있다. 신들이 우리에게 내려준 이 질병들은 우리를 괴롭히는데, 우리가 이해할 수 없어 더 좌절스럽다 "문제는 기업들이 거액의 기부금을 던져 주며 대학들을 통제하고 있다는 것만이 아니다." 철학자 슬라보이 지젝Slavoj Žižek은 "대학들이 할 일은 문제가 무엇인지를 규정할 권력을 가진 이들에게 전문적인 능력을 제공하는 것이 아니다. 우리 스스로 문제를 재정의하고, 질문을 제기해야 한다. 지금 이것이 문제를 제대로 보고 있는 것인지, 진짜 문제가 이것인지, 근본적인 물음을 던져야 한다"고 지적한다.[1)]

자본은 해법보다 문제를 규정하는 데에 더 큰 힘을 발휘한다. 과학자들부터가 우리를 괴롭히는 그런 문제들 중의 하나다. 새로 등장하고 재발하는 병원체의 특성을 고려하면, 학제 간 연구가 전면적으로 이루어져야 한다. 학제를 넘나들며 연구하지 않으면 물류 시스템의 값싼 진보를 질병에 맞선 전략적 승리와 혼동할 수 있다. 그러나 학제 간 연구를 진지하게 추진하는 것은 자본주의의 요구와 배치될 수 있다. 병원체의 퍼즐은 그러지 않아도 자본이 과학을 훈육하는 방식인 펀딩과 명성의 메커니즘에 가려져 있는 상황이다.

자본은 병원균도 훈육하려고 시도하지만, 이 작은 녀석들은 늘 믿음을 저버린다. 백신과 의약품과 현대의 공중 보건 정책은 여러 질병에 맞서 성공을 거뒀다. 천연두는 사라졌고 소아마비도 거의 없어졌다. 콜레라균은 깨끗한 물 때문에 변두리로 내몰렸다. 지금의 표준적인 보건관행은 병원균 하나하나에 대응하면 방역을 할 수 있다는 식의 환원주의에 휩싸여 있다. 바이러스의 분자 특성과 전파 수단을 이해함으로써, 과거에는 '전문가들'이 인간과 가축을 대상으로 방역의 승리를 거둘 수 있었다. 하지만 모든 병원균이 고분고분한 것은 아니다. HIV, 결핵, 말라리아, 인플루엔자 등등은 지금도 숱한 퇴치 노력을 무위로 돌리며 수백만 명의 목숨을 앗아 가고 있다. 컴퓨터도, 모델링 기술도, 실험실도, 현장의 수고도 이 질병들을 없애지 못했으며 방역 작업은 혼란의 연속이다.

일시적인 질병이라 해도 그 본질은 병원균의 존재 전체와 맞물려 있다. 생물문화적 조직[1] 속에서 상호작용을 하면서 그들은 방역을 피해 가며 진화한다. 광범위한 숙주들과 시공간적 범위를 가로지르며 말이다. 그러니 백신이나 치료약만 쳐다봐서는 안 된다. 어떤 상황에서는 오히려 백신이나 치료제가 전염병을 악화시킬 수도 있다. 그럴 때에는 한 걸음 물러서서 과학의 인식론과 모델들을 폭넓게 생각해 보는 편이 질병 전체를 이해하는 데에 도움이 된다. 상상력이 없는 것도 때로는 죄가 된다. 어떤 병원균이 새로 생겨나는 데에 우리가 모종의 역할을 했을 수도 있는 것이다.

예를 들어 보자. 나는 할 스턴Hal Stern과 함께 한 미공개 연구에서 분자를 조작해 인간에게 독특한 조류독감이 출연하는 것을 예측할 수 있는지 알아봤다.[2)] 우리는 인체를 인지하고 감염시키는 인플루엔자 A(H5N1) 균주가 어디에 자리를 잡는지 알고 싶었다. 이미 파악된 다양한 인플루엔자의 폴리머라제[2] 위치 가운데 유라실[3]을 선호하는 뉴클레오타이드[4]를 골라 연구해 보니 유라실이 많을수록 인체 특이도[5]가 커졌다. 유라실이 풍부한 H5N1 폴리머라제가 있는 곳이 인간을 찾아다니는 바이러스 균주들의 생산지가 될 수 있다는 뜻이다. 자세한 방법론은 생략하겠지만, 더 큰 맥락에서 볼 때 이 결과는 아주 중요한 의미를 갖는다.

유라실의 함량이 공간과 시간에 스스로 적응해 가며 달라진다면 통계

---

1 환경·생태 분야에서 생물다양성biological diversity이라는 말이 흔히 쓰이지만, 언어와 문화, 환경 간의 연계를 포함하는 개념으로 근래에는 생물문화 다양성biocultural diversity이라는 용어를 쓰는 이들이 늘고 있다. 이 책의 저자도 숙주가 되는 생명체뿐 아니라 그 숙주가 살아가는 전체 환경, 그것에 영향을 미치는 인간의 작용까지를 모두 포함해 '생물문화적 조직biocultural organization'이라는 표현을 쓰고 있다.

2 polymerase. DNA 중합효소. DNA 복제를 돕는 효소다.

3 uracil(U). 아데닌(A), 사이토신(C), 구아닌(G)과 함께 RNA를 구성하는 4가지 염기 중 하나.

4 nucleotide. 핵산을 구성하는 분자.

5 질병이 없고 검사상 이상도 없는 사람의 비율. 질병이 있는 사람 중에 검사상 이상이 있는 것으로 나온 사람의 비율을 가리키는 민감도sensitivity와 대비되는 개념이다.

적으로 의미가 있을 수 있다. 경제적인 문제 때문에 사람과 가금류에게서 불균형한 데이터가 나올 수도 있다. 우리는 병원균이 우리에게 미치는 영향 가운데 가장 중요하다고 생각하는 것에 초점을 맞추었지만, 편향된 샘플이 어쩌면 전염병의 본질에서 비롯된 것일 수도 있다.

동물종을 아우르는 전염병의 역학을 살피려면 공장식 과학연구 설계에서 벗어나야 한다. 연구자들은 보통 자신들이 연구하는 현상에 영향을 미치는 것으로 보이는 다양한 요소들을 조합해 가며 시료를 모은다. 그러나 H5N1을 비롯한 많은 병원균들은 서로 다른 종들 사이를 오가며 여러 지역에서 멋대로 퍼져 나간다. 방향에 따라 값이 변하는 이방성anisotropic 분포일 경우, 군데군데에서 시료를 채취해 조사하는 것으로는 바이러스가 여기저기 장소를 바꾸며 터져 나오는 이유를 분석하기 어렵다. 2006년 왜 중국 광시성에서 거위들이 대거 바이러스에 감염되었는지 알아낼 수가 없는 것이다.

시료를 채취한 지역들이 불규칙한 간격으로 떨어져 있다는 점에서도 통계적 의미가 줄어든다. 특정 지역에서 밀접하게 연결된 시료들의 비중이 줄어들기 때문이다. 시료의 간격이 불규칙해지는 것은, H5N1 자체가 불규칙한 경로로 확산되기 때문이다.

병원균은 불규칙한 시공간에서 움직이며 성공적으로 진화하고 퍼져 나간다. 그렇기 때문에 확산 과정의 본질을 알아내려는 우리의 노력을 피해 갈 수 있다는 점을 인정해야 한다. 감염증을 막고 병원균을 박멸하는 것은 쉽지 않다. 달리 말하면, 과학을 비롯해 인간이 만들어 놓은 다각적인 인프라에 맞춰서 바이러스와 박테리아는 진화를 한다. 그렇기 때문에 인식에서나 방역에서나 우리가 부딪친 난관은 근본적인 것일 수 있다. 어떤 병원균들은 우리가 상상할 수 없는 개체군으로 진화를 하기 때문이다.

하지만 변화는 가능하다. 동물과 인간을 괴롭히고 죽게 만드는 병원균의 역학에 초점을 더 잘 맞추려는 관점을 갖는다면, 병원균이 작동하는 바로 그 방식과 규모에 맞춰, 모델링도 일대 도약을 해야 한다. 생태경관과 문화바이러스학의 개념을 집어넣어 연구를 확장해야 한다. '규모의 경제'가 바이러스의 이주와 진화를 촉진하지는 않았는지, 특정 개체군의 변화만 추적하는 전통적인 모델링 방식 때문에 병원균의 밀도에만 초점을 맞춤으로써 그들의 진화에 영향을 미치는 인간의 역할을 지나치게 단순화해 온 것은 아닌지 물어야 한다.

이런 질문들은 '모델에 포함되는 변수들이 사회적으로 결정되고는 한다'는 리처드 레빈스의 지적이 중요하다는 것을 보여 준다.[3] 어떤 데이터들을 연결할 것인지를 포함해, 우리가 모델링을 하면서 선택하는 요소들이 모델링의 성공 여부를 결정짓는다. 시장에서 상품을 사고팔듯 아이디어를 파는 학문 관행에서 벗어나야 보건 분야에서 진정한 학제 간 연구가 이루어질 수 있다.

2

인플루엔자의 역사적 현재•

저는 이 워크숍에서 두 번에 걸쳐 이야기를 하면서 핵심 이슈들에 대해 언급하려 합니다. 우리는 어떻게 함께 일해 나갈 수 있을까요? 분명 우리는 협력을 해야 합니다. 인플루엔자는 분자 수준, 병원균 측면, 임상적인 측면 등등 생물문화적 조직의 여러 층위에서 작동합니다. 다양한 야생동물의 생물학과 역학, 전염병학, 지리학, 농업생태학을 넘나들며 문화적, 재정적인 측면에서도 작용합니다.

하지만 이 이야기는 생각보다 훨씬 더 복잡합니다. 인플루엔자의 인과관계 자체가 바이러스에는 이점으로 작용합니다. 인플루엔자는 한 영역이나 규모에서 찾아낸 기회를 다음 단계나 영역에서도 문제해결법으로 활용합니다. 그러니 세부적인 난제들이 있다 하더라도 협력을 하는

• 이 글은 2010년 6월 베이징에서 미국 국립보건원(NIH)과 식량농업기구(FAO)가 후원한 아시아 조류독감 관련 워크숍을 할 때 경제지리학자 루크 버그먼Luke Bergmann과 했던 대담을 정리한 것이다.[4)]

것이 너무나 중요합니다. 인플루엔자의 전체 차원을 다루기 위해 우리는 어떤 방법으로 서로 소통하고 각기 다른 분야의 연구에 접근할 수 있을까요.

학문 분야 간 장벽으로 나뉘어 있던 자료들을 단순히 줄지어 잇는다고 성공할 수 있는 게 아니라는 사실을 명심합시다. 공통점이 아예 없지는 않지만 학문들은 분야에 따라 생각하는 방식이 다릅니다. 문제를 상상하는 방식이 다른 겁니다.

그러므로 서로의 말을 듣는 것만으로는 충분하지 않습니다. 인플루엔자의 매듭을 풀려면, 각자 모험을 좀 하면서 다른 이들이 가진 전문적인 상상력을 받아들일 수 있어야 합니다. 그렇게 해서 인플루엔자에 대해 알아내기 위해 우리가 지금 여기 모인 것입니다.

나는 진화생물학자로 훈련을 받았지만 이번에는 인간지리학의, 더 세부적으로는 경제지리학의 상상력을 받아들이기 위해 이 자리에서 이야기하고 있습니다.

먼저 흥미로운 연구결과를 가지고 이야기를 시작해 봅시다. 레니 호거베르프Lenny Hogerwerf와 그 동료들은 농업생태학적 적소[6]를 기준으로 세계 각국을 분류했습니다.[5)] 연구팀은 농업문화적 인구의 밀도, 오리의 밀도, 닭 생산량, 1인당 구매력이라는 4개의 변수를 가지고 농업생태학 지도에 5개의 적소를 표시했습니다. 어떤 적소에서는 다른 적소와 비교해 오리 숫자가 늘어난다는 식으로요.

왜 어떤 적소에서는 H5N1이 늘어나는지에 대한 의문은 오늘은 접어둡시다. 여기서 주목해야 할 것은, 드문 예외를 제외하면, H5N1에 취약

6 niches. 생물종이나 생명체가 환경 속에서 차지하고 있는 공간. 모든 생물종이나 생명체는 환경생태 안에서 서식하기 적절한 위치를 찾으며, 이를 생태적 적소라 부른다.

한 적소들이 중국 저지대에서 인도차이나의 강변 분지와 남쪽 인도네시아로 이어지는 남동부 아시아라는 지리적 영역과 분명한 관계를 맺고 있다는 점입니다. 이 농업생태적 적소에 속한 나라들이 왜 지리적으로 이어져 있을까요? 간단히 설명해 보겠습니다.

첫째, 환경과 기후 조건이 같다는 점은 적소의 지리학에 당연히 영향을 주었을 겁니다. 하지만 다른 가능성도 있습니다. 이 지역에서 농업혁신이 일어났고, 그것이 연쇄적으로 이 지역에 영향을 미쳤을 가능성입니다.

중국에서 쌀 재배가 시작된 뒤에 중석기 시대의 약탈경제는 신석기의 잉여식량 생산경제로 바뀌었습니다. 500년 전부터는 중국에서는 해충을 막기 위해 집오리들을 논에 풀었습니다. 마지막으로 서구식 가금류 집중생산이 지난 30여 년의 경제자유화 과정에서 대규모로 도입됐습니다.

우리는 고대로부터 제국 말기와 현재에 이르기까지 농업 관행이 변화해 온 일련의 과정 속에서 아시아의 '오리-쌀-가금류 집중생산'이라는 적소가 만들어졌다는 가설을 세웠습니다. 이런 변화들이 뒤섞여 여러 종류의 인플루엔자가 계속해서 진화할 길을 텄다는 겁니다.

중국 농업의 역사 전체를 훑지는 않겠습니다만, 아시아 인플루엔자를 분석할 방법들을 알려주는 몇 가지 핵심적인 일들은 짚어 봐야겠습니다.

먼저, 중국에서 짐승의 가축화는 농업과 합쳐져 오랫동안 통합적으로 이루어져 왔습니다. 오리 사육은 적어도 3000년 전에 시작됐습니다. 한나라 때의 묘지 그림 중에 연못의 물고기와 오리, 논을 함께 묘사한 것이 있습니다.

뒷마당에서든 논에서든 수확이 끝난 뒤에 오리 떼를 방목하는 벼-오리 생산 시스템은 오래전부터 이어져 왔습니다. 약 500년 전 명나라 시절부터 주장 삼각주의 논에서는 해충을 잡아먹는 오리를 논에 풀어놓는 방식이 아주 많이 쓰였습니다. 명·청 왕조는 푸젠성 등에서 벼에 해를 끼치는 메뚜기를 막기 위해 이런 방식을 장려했고, 이 방법은 오늘날에도 쓰입니다.[6] 가금류 집약화의 초기 모습을 담은 문헌들을 검토한 프레드릭 시문스Fredrick Simoons는 이렇게 적었습니다.

"16세기의 외국 문헌들에는 중국의 오리 사육 시스템이 정교하게 묘사되어 있다. 밤이면 오리 수만 마리가 배에 설치된 우리 안으로 들어간다. 아침이면 오리들은 우리를 나와 대나무 다리를 건너 논으로 들어가 벼를 먹고, 저녁이면 주인에게 돌아가는 것이다."[7]

지금도 농업 방식은 비슷합니다. 여기 오신 몇 분들을 비롯해 국제 연구팀이 몇 해 전 장시성 포양호에서 아침저녁으로 야생 조류와 섞여 이동하는 오리들을 보신 적 있지요. 시문스는 19세기 말 문헌을 인용해 부화장에서부터 시작되는 상업용 생산망의 초기 형태를 이렇게 묘사했습니다.

"어린 오리 새끼들은 상인에게 팔려가 농장에서 키워진다. 다 자라면 순회 상인들이 그것들을 사다가 물에서 키우는데, 많게는 사육 규모가 배 2,000척에 이를 때도 있다. 순회 상인은 하루 두 번 오리를 풀어 강이나 주변 논에서 먹이를 찾아 먹게 해 비용을 줄인다. 상인들은 강을 따라 옮겨 다니며 오리고기를 판다. 지역 소매상들에게 넘길 때도 있지만, 대개는 오리고기를 염장하거나 말려 파는 전문적인 상인들이 사 간다."

20세기 초반의 조사에 따르면 오리와 닭은 쌀 재배지 어디에서든 함께 자랐지만 특히 이모작이 가능한 지역에서의 밀도가 세계 어느 곳에서보다 높았습니다.

두 번째, 중국의 통합적인 농경 방식에는 오리-벼 생산뿐 아니라 다양한 양상이 있었습니다. 예를 들어 쌀과 물고기를 함께 키우는 방식은

1700년 넘게 이어져 왔습니다. 2000년 전의 기록에는 수생식물과 어류를 함께 키우는 방법이 설명되어 있습니다. 가축과 잉어를 함께 키우는 방식은 명나라로 거슬러 올라갑니다. 약 400년 전의 문헌에는 과일나무와 물고기, 뽕나무와 누에와 물고기를 함께 키우는 방식이 적혀 있습니다. 오리 사육은 이 시스템에 1860년대에 합쳐졌습니다. 뽕나무와 누에와 물고기를 함께 키우는 방식은 두 가지 면에서 그 자체로 눈길을 끕니다.

먼저, 통합 농업의 역학은 지역마다 다릅니다. 현대에 여러 인플루엔자의 진원지가 된 중국 남부 광둥성이 그 예입니다. 우리는 광저우, 선전, 홍콩 같은 현대 산업생산과 인구 중심지가 형성된 주장 삼각주에서 인간과 가축과 야생 조류가 한데 모이게 된 과정에 초점을 맞출 것입니다. 지역 내 다른 지점들도 중요하지만 일단은 시작점을 정해야 하니까요.

주장 삼각주는 의도적인 매립, 숲이 베어져 나가 흙이 흘러내려온 것 같은 인위적 요인들에 영향을 받아 2000년에 걸쳐 형성됐습니다. 약 1000년 전 송 왕조 때 제방에 둘러싸인 연못들이 생겨나면서부터 삼각주에는 제방-연못 시스템이라 할 수 있는 것들이 누적되기 시작했습니다. 연못에는 물고기를 키우고 둑에는 과일나무와 작물을 심으면서 닭·오리 사육이 농업에 합쳐질 토대가 만들어졌습니다.

16세기 후반 명나라 중기에는 과실수 대신 누에를 먹이기 위해 제방에 뽕나무를 점점 더 많이 심었습니다. 둑과 연못 사이에 효율적인 영양 순환이 이루어지게 된 겁니다. 1581년이 되자 뽕나무 둑과 연못 시스템은 삼각주 주요 지역 면적의 약 30%를 차지했습니다. 20세기 초반에는 더 넓은 지역에서 여러 곳의 토지가 이런 비단 생산 시스템으로 전환됐습니다.

주장 삼각주의 변화는 이 지역뿐 아니라 세계적 맥락과도 닿아 있었습니다. 다시 말해, 통합 농업의 종류는 오랜 시간에 걸쳐 세계 및 지역

경제와 관련을 맺으며 변해 왔습니다. 특히 광둥은 대외 무역의 요충지였기에 장거리 국제 비단무역이 토지 이용이나 제방 시스템에 뚜렷한 영향을 미쳤습니다. 세계화의 영향은 여러 방향으로 진행됐습니다. 제방-연못 생태계는 폐쇄된 지역에서는 지속될 수 없는 것이었습니다. 뽕나무-제방 시스템은 기능적으로 열려 있었고 여러 흐름의 중심에 있었으며, 국제적 수출품이나 다른 지역에서 들어오는 상당 규모의 식량 같은 투입물 덕에 유지될 수 있었습니다.

18세기 중반이 되자 삼각주와 주변의 광대한 배후지가 하나의 농업생태계로 통합되었습니다만 지역에 따라 기능은 달랐습니다. 전체적으로 이 지역은 세계 비단시장의 확장이나 먼 나라에서 일어나는 자본주의의 위기에 영향을 받는 신흥 글로벌 정치경제의 역학에 더 직접적으로 연결되었을 겁니다. 인구와 자원의 중심지에서 멀리 떨어진 곳에서는 다른 형태의 농업생태계가 우세했습니다. 이를 테면 벼 재배 사이사이에 다른 작물을 키우는 간작間作은 노동력과 자원의 투입을 줄일 수 있었기 때문에 삼각주 외곽에서 널리 퍼졌습니다.

오리를 풀어 논의 벌레를 잡아먹게 하고 추수 뒤 들판에 남은 볏짚을 재활용하는 방식도 널리 쓰였습니다. 1950년대 사회주의 초반기에 물관리 정책을 정부가 주도하면서 간작이 사라지기 전까지, 명·청 시대를 거치며 이런 생산 방식이 제방-연못 시스템과 함께 확대됐습니다.

중국의 공산주의 혁명은 또 다른 영향을 미쳤습니다. 사회 전반에서 농업생태학의 광범위한 변화가 일어난 겁니다.

마오쩌둥 시대에 농업 시스템, 토지 보유기간, 노동조건, 사회관계와 지역 외부 경제와의 연계 등에서 여러 가지 개혁이 이뤄졌습니다. 이론적으로 당국의 개발 목표는 세계 핵심 수출시장에 대한 의존도와 양극화를 줄이며 지역적, 사회적 평등을 높이는 것이었습니다. 주장 삼각주가 이전에 맺어 온 국제무역과의 연계나 상품, 자금의 흐름은 근본적으로 달라졌습니다. 인구가 두 배로 늘자 곡물 산출량을 늘리는 것에 중점을 두어야 했습니다. 하지만 어려움이 많았고, 1970년대의 비료산업 투자가 성과를 거둔 1980년대에 이르러서야 목표를 달성할 수 있었습니다.

이 기간 주장 삼각주의 통합 농업은 흔들렸습니다. 뽕나무 경제와 비단 무역은 이미 세계 대공황 때 붕괴되고, 간작 시스템도 사라졌습니다. 쌀과 물고기를 같이 키우는 방식은 사회주의 초기에는 널리 권장되어 1950년대 말 전국 70만 헥타르로 퍼졌으나 정책이나 살충제 문제 등과 무관하게 1960~1970년대에는 급감했습니다. 문화대혁명이 시작된 1966년 이후 광둥에서 쌀-어류 농업을 하는 지역은 4만 헥타르에서 320헥타르로 줄었습니다.

1970년대 중후반이 되자 생태적으로 통합된 농업에 대한 관심이 다시 생겨났습니다. 지역단위 농장이 만들어지고 쌀, 누에, 닭, 오리, 물고기, 돼지 따위를 어떻게 조합할지에 대한 연구가 활발해졌습니다. 그러나 같은 시기에 다른 지역에서는 산업형 축산을 도입하는 움직임이 벌어지고 있었습니다.

이제 최근의 일을 돌아봅시다. 경제 자유화는 중국의 농업생태학적 풍경을 다시 한 번 변화시켰습니다.[7] 늘어난 외국인 직접투자(FDI)는 결과적으로 중국 남부의 종축을 부추겼고, 수익성 높은 산업형 생산에 맞춰 새 품종들이 유입됐습니다. 오늘날 광둥성에서는 해마다 10억 마리의 육계가 생산됩니다.

---

7 1부 4. 「역외 농업의 바이러스 정치학」 참고.

광둥의 경제적 성장에는 장차 인플루엔자를 불러올 역동적인 연쇄 작용이 있었습니다. 당초 중앙정부의 경제자유화는 해안 지역에 국한됐습니다. 돈이 몰린 해안 지대는 축산과 농업에서도 내륙을 능가하게 되었습니다. 광둥과 푸젠도 농업시장에 뛰어들었고, 농업혁명의 전초전이 벌어졌습니다. 중국 내부의 교역이 증가하고 내륙 개발이 늘면서 산업형 가금류 생산이 퍼졌습니다. 시장에서 비롯된 인플루엔자가 출현할 수 있는 지리적 범위가 넓어진 겁니다. 계통발생학적 증거에서 볼 수 있듯이 중국 밖에 H5N1이 출몰하게 만드는 과정에는 윈난성과 후난성이 일정한 역할을 했습니다.[8)]

그럼에도 중국 농업의 다양성은 남아 있습니다. 여러 형태의 소유권과 조직, 생산 방식이 공존합니다. 외국인 직접투자와 생산 집중화 속에서도 뒷마당 가축들이 모두 사라지지는 않았습니다. 그러나 모든 소농이 독립적인 것은 아닙니다. 계약으로 이루어진 거미줄이 다양한 경제행위자들의 다원적인 생태계를 둘러싸고 있습니다. 예를 들어 광둥 최대 육계업체인 원스식품그룹广东温氏食品集团有限公司은 2000년 16억 위안의 매출을 기록했고 직원이 4,400명에 이르렀습니다. 이 회사는 소농 1만 2,000가구와 생산계약을 맺고 있고, 광저우의 화난농업대학과도 긴밀한 관계를 유지하고 있습니다.

1990년대가 되자 마을 단위 협동농장이나 합작회사, 민간 자본 등이 다양한 방식으로 지역 사료공장들을 운영하게 됐습니다. 주장 삼각주 안팎에서 일어난 가금류 산업의 이런 발전은 고립된 채 일어난 게 아니며 급속한 도시화와 국내 이주, 산업 확대와 지역 간 통합, 경제적 차별화, 수출주도 성장과 맞물려 이루어졌습니다.

주장 삼각주 안팎의 농업생태학적 지형은 이처럼 역사적이고 역동적인 과정을 통해 만들어졌습니다. 개발로 인해 역사적 전례가 없을 만큼 지역의 밀도가 높아졌고 여러 경제활동이 공존하게 되었으며, 이는 인플루엔자가 진화할 잠재적 조건을 근본부터 변화시켰습니다. 다시 말해, 인플루엔자의 지역적 역학은 과거와 현재의 복잡한 상호작용 속에서 떠오른 것입니다.

과거와 현재가 뒤섞인 모습은 지리적으로도 확인됩니다. 주장 삼각주의 토지 사용에 대한 연구 지도를 보면 1989년까지도 광대한 땅이 여전히 농지였습니다. 광저우를 비롯한 도시 공간은 조밀한 반면에, 인구 밀집지대에서 떨어진 곳에는 제방-연못 시스템이 남아 있었습니다. 그러나 도시화가 광범위하게 이루어진 1997년 지도에서는 핵심 도시들이 늘어났을 뿐 아니라 도시축을 따라 교외 지역도 농촌 깊숙이까지 확장되었음을 볼 수 있습니다.

연구에 따르면 주장 삼각주의 토지 이용은 파편화되었고 이는 외국인 직접투자와 관련이 있었습니다.[9] 그러나 축산업 투자가 이런 패턴과 구체적으로 어떤 관계가 있는지에 대한 의문은 여전히 남습니다. 생태학적 지표들은 이 기간 개발된 삼각주 주요 도시 외곽 '변두리의 밀도'가 크게 높아졌음을 시사합니다. 이 시기의 후반부에 농경지들은 도시로 개발되거나 원예 재배지, 연못 들로 바뀌었습니다.

수생식물 재배가 늘어난 것도 지도에 분명히 드러납니다. 두 지도 사이에 낀 기간 동안 양식업의 수익성은 농지의 2~3배였습니다. 토지 용도를 바꾼 마을 협동조합이 많았던 것도 이 때문이었습니다.

지도들에 '제방-연못 지대'로 나타났던 토지들은 양식업이 늘자 '연못'으로 많이 바뀌었습니다. 그런데 일부 관찰자들은 양식업용 연못들이 가금류 생산에도 쓰일 수 있다는 점을 지적합니다. 이전 '제방-연못 지대'의 핵심 지대에서 연못이 늘자 남은 땅은 집적도가 높아지고, 밀집된 인구가 수생 서식지와 가까워지는 결과를 낳았습니다.

이런 식으로 이전 시대의 풍경에 수출주도형 경제의 풍경이 겹쳐집니다. 하지만 삼각주의 수출주도 경제가 발전하고 산업이 다양화되고 더 비싼 기술이 도입되고 도시화가 이루어지면서, 축산업을 도시에서 먼 곳으로 옮겨야 한다는 압박도 생겼습니다. 대규모 교외 시스템의 변두리에 있는 소도시들 주변으로 가금류 생산자들이 옮겨 가 자리를 잡았습니다.

최근 산업화된 동남아시아 국가들의 교외지역을 가리키는 데사코타[8], 혹은 즈비셴슈타트[9]가 이런 곳들이라 할 수 있을 것 같습니다. 호거베르프와 동료들이 설명한 도시와 교외의 농업생태학적 결합이 곳곳에서 나타나며, 우리의 논의도 거기에서 출발했습니다.

주장 삼각주와 그 주변 내륙 농업지대에 가금류 산업이 집중화되고 습지대에 새들이 몰리면서 인플루엔자 혈청형이 더 다양해지고 연중 내내 순환하게 되었을 수 있습니다. 그리고 1997년의 H5N1 같은 바이러스가 홍콩 자본과 화교 자본이 주도하는 국제교역망을 타고 연쇄적으로 옮겨 갈 수 있었던 것이겠지요.

이렇듯 병원균 연구에서는 누가 감염되었느냐 하는 문제 못지않게 역사와 맥락이 중요합니다. 병원균은 그들만의 발생기와 이동기와 고전기와 암흑기와 산업혁명기를 갖습니다. 사람을 감염시키는 병원균은 우리 인간이 만들어 낸 세상 속에 진화하고 퍼져 나갑니다.

---

8 desakota. 인도네시아어로 '마을'을 뜻하는 'desa'와 '도시'를 뜻하는 'kota'가 합쳐진 말로, 대도시 외곽을 가리킨다.

9 Zwishenstadt. 독일 도시계획가 토마스 지베르츠Thomas Sieverts가 만든 개념이자 저서 제목으로, '도시 사이'를 가리킨다. 오래된 도시들은 공동화되고 새 도시들이 생겨나는 유럽의 도시 구조를 설명하기 위해 만든 용어다.

중국 남부의 인플루엔자는 역사와 동떨어져 생겨난 것도 아니고, 정지된 과거에서 온 것도 아닙니다. 이 지역은 세계와 이어져 있으며 '유전자의 세계화'라는 최근의 흐름 속에 있으면서도 특이성 또한 갖고 있습니다. 인플루엔자들이 진화해 온 사회생태적인 환경은 복잡할 뿐 아니라 과거와 현재, 세계와 지역의 층위들이 겹겹이 쌓여 형성된 것입니다. 중국 남부에서 인플루엔자가 생겨나는 원인들에는 여러 장소와 사람들과 시간이 결합되어 있으나, 그럼에도 불구하고 그 지역의 특수성과 이어져 있습니다.

다시 말해, 중국 남부가 인플루엔자의 1차적 진원지가 된 이유는 지역적-세계적 요인의 결합에서 찾아야 합니다. 인플루엔자의 다이내믹한 역학은 여전히 미스터리입니다. 지역만 놓고 보더라도 축산업이 집중된 지역과 작업 관행은 어떤지, 오리-물고기 시스템을 유지하는 소농들은 대규모 생산자들과 얼마나 접촉하는지, 지금의 산업적 입지가 미치는 효과는 무엇인지, 30년 전과 비교해 오늘날의 형태가 가져온 시너지 효과가 있는지 등등 알아낼 것이 많습니다. 역사적 환경과 인플루엔자의 진화를 통계적으로 확인하려면 문제는 한층 더 복잡해질 겁니다.

이런 뒤섞임 속에 전염병에 특별히 취약한 지점들이 생겨나는 것일까요? 인플루엔자의 특정 표현형들이 특정의 생태적 적소에서 반복해서 선택적으로 진화하는 걸까요? 인플루엔자의 진화가 반복되는 것은 바이러스가 과거와 현재의 경관에 맞춰 거듭 진화하기 때문일까요?

우리의 협력 작업으로 돌아가서, 중국의 경제지리학을 농업생태학의 역사와 비교하며 인플루엔자의 진화에 대해 새로운 질문을 던질 수 있습니다. 시작이 반입니다. 지금까지 아무도 신경 쓰지 않았던 질문을 던지는 일이 우리 전투의 절반이 될 것입니다.

3

인플루엔자는 여러 시제에서 진화한다•

과거는 생각보다 힘이 세다. 윌리엄 포크너William Faulkner는 "과거는 결코 죽지 않는다. 그것은 심지어 과거도 아니다"라고 했다. 인플루엔자는 '시간 여행'을 주식으로 먹고산다. 곤충들은 지나간 시대의 분자적 특징을 진화시키고, 전략적으로 이용할 수 있다.

이토 야스시伊藤靖와 동료들은 1918년 팬데믹까지 거슬러 올라가, H1N1에 노출된 경험이 새로운 최악의 인플루엔자로부터 인간을 보호할 수 있을지를 알아보는 실험을 했다.[10)] 다양한 연령층의 실험군에 신종 바이러스를 투입했더니, 1920년 이전에 출생한 환자들에게서만 항체가 형성됐다. 새로운 H1N1과 1918년의 H1N1이 비슷한 항원결정기[10]

• 이 글은 『인플루엔자와 공중보건: 과거 팬데믹으로부터의 교훈Influenza and Public Health: Learning from Past Pandemics』(이스드스캔, 2010)에서 발췌한 것이다.

10 epitope. 항원의 한 부분으로 항체, B세포, T세포 등의 면역계가 항원을 식별할 수 있게 한다.

를 갖고 있었고, 항체는 대유행 전에 태어난 사람들에게서만 나타난다.

고작 며칠만 살 수 있다 해도 인플루엔자는 감염을 통해 진화한다. 이 경우엔 거의 100년을 거슬러 인플루엔자가 진화할 기회가 나타나고 있는 셈이다. 100년은 바이러스에게는 100억 년에 해당한다. 인플루엔자의 진화 역사에서는 따로 떨어진 계통들이 우연이라고 보기에는 너무나 비슷하게 작동하는 사례들로 가득하다. 돌연변이 같은 행운이 이런 유사성을 부르기도 한다.

자연선택 외에 또 어떤 것이 이 과정에 영향을 미칠까. 바이러스들이 사람처럼 인지를 할 수 있다고 가정해 보자. 인플루엔자는 주위 사정을 봐 가며 다양한 게놈 반응 중에서 하나를 선택한다. 바이러스가 무작위 돌연변이와 원시 선택을 통해 비슷한 표현형으로 진화한다면, '맥락과 경로에 의존한 수렴'이라는 가설을 세울 수 있다.[11]

이는 과거가 현재의 모습으로 나타나 가축 전염병의 진화에 영향을 준다는 이야기다. '과거'는 병원체들의 갈고리 역할을 한다. 어떻게? 콘래드 와딩턴Conrad Waddington은 환경에 대한 유기체의 반응이 수세대에 걸쳐 게놈에 길을 만든다면서 이를 '유전적 동화genetic assimilation'라 불렀다.[11)] 새로운 유전자형은 환경이 바뀌는 것에 따라 다양한 모습으로 존재하며 숨어 있다가, 몇 세대 후에 나타날 수도 있다.

어떤 메커니즘에 의해 그런 다양한 모습으로 존재할 수 있는 걸까? 지역의 환경이 바뀌면 바이러스들은 커다란 암호 저장소에 저장되어 있는 유전자 조합을 꺼내어 선택을 한다. 저장소가 텅 비면 재조합이 필요해질 시점에 대비해 다시 잠재적 유전자조합을 모아 둔다.

---

11 생물학에서 '수렴 진화'한다는 것은 계통적으로 독립된 둘 이상의 생물이 적응의 결과로 유사한 형태를 나타내는 것을 말한다.

바이러스의 적응은 수백 년에 걸친 숙주의 변화와 연관이 있다. 닭에서 인간으로 숙주가 바뀌는 식이다. 게놈에 새로운 길이 만들어지고 단백질 생산을 결정짓는 생화학의 조건이 바뀌면 바이러스는 적응을 해야 한다. 그런 적응은 아미노산 잔류물, 유전자 위치loci를 결정짓는 생화학 통로, 하나의 아미노산이 다른 아미노산으로 변할 때 나타나는 보상체계 등의 입체적인 관계 속에서 일어난다.

오래전에 접했던 농업생태학적 특징을 다시 접하게 되면 바이러스는 과거에 유용했던 아미노산 조합을 발판 삼아 진화를 한다. 다양한 표현형을 여러 형태로 짜 맞추면서 바이러스가 그리는 진화의 궤적은 현재의 농업생태학과 어떻게 섞이느냐에 따라 달라진다. 새로운 농업생태학의 문을 열 수 있을 때에만 바이러스는 성공한다.

여기서 우리는 바이러스의 분자 알고리즘을 분석하는 것만으로는 파악할 수 없는 무언가를 알게 된다. 바이러스는 짧은 시간에 돌연변이 선택을 넘어서며 '아래로부터' 진화하고, 유전적인 '인지'를 통해 저장소에 저장되어 있던 재조합을 꺼내 '위로부터' 적소들을 선택한다고 볼 수도 있겠다.

옛 농법과 현재의 농법이 모자이크를 만들 때, 그 틈새에서 인플루엔자는 진화해 왔다. 물론 환경의 변화를 바이러스가 분자 수준에서 어떻게 인지하는지는 아직 더 알아낼 필요가 있다. 하지만 인플루엔자에게 과거와 현재를 넘나드는 능력이 있는 것은 확실하다.

4

바이러스 덤핑

그곳은 잃어버린 식민지였다고, 소수의 지각 있는 사람들은 거래를 원했다고 그녀가 말했다. 그녀는 많이 알았고, 나는 거의 알지 못했다. 그러나 지금 나는 그녀를 묻어 주었고 무덤에 침을 뱉었으며 진실을 알았다. 그들이 노예였다면 틀림없이 나쁜 노예였을 것이다. 주인을 지옥으로 몰아넣었기 때문이다. 역병의 별의 잔인한 불빛 아래.

-조지 R. R. 마틴(1986)

경제 전쟁에서 다른 나라로 곡물을 덤핑하는 것은 전형적인 수법이다. 강제적이든, 선택이든, 구조조정에 의해서든, 신자유주의 무역협정에 따라서든 한 나라의 국경이 열린다는 것은 관세를 비롯한 보호무역이 종말을 맞는다는 의미다. 그리고 애그리비즈니스 기업들의 상품이 시장으로 쏟아져 들어온다. 정부 보조금 덕에 그들은 생산비용보다도 싼 값에 상품을 팔 수 있다. 목적은 그동안 무역장벽의 보호를 받아 온 한 나라의 국내 농업이 가격경쟁력을 잃게 만드는 것이다. 서로 경쟁하던 구멍가게들이 사라지면 월마트풍 다국적 기업 간 경쟁이 시작되고, 그들이 지배하는 시장에서 그들이 원하는 가격이 매겨진다.

터프츠대학Tufts University의 팀 와이즈Tim Wise는 나프타 협정으로 국경이 열리자 농업법Farm Bill에 따라 보조금을 받는 미국 농식품회사들이 옥수수, 콩, 밀, 쌀, 면화, 소고기, 돼지고기, 가금류 등 8개 품목을 멕시코에 덤핑으로 팔았다고 밝혔다.[12] 멕시코 생산자들은 울며 겨자 먹기로 상품 값을 낮춰야 했고, 가격은 생산비보다 12~38%나 낮은 수준으로 떨어졌다. 특히 옥수수 생산업자의 타격이 심했다. 와이즈에 따르면 1990년대 초반부터 2005년까지 미국 기업들은 생산가보다 평균 19%나 싼 가격으로 멕시코에 농축산물을 팔았다. 그래서 멕시코로의 수출은 4.1배로 뛰었다. 이 기간 멕시코 농축산물의 생산자 가격은 66%가 떨어졌다. 미국산 덤핑 작물들과 경쟁하려면 멕시코 생산자들은 9년 동안 옥수수 가격을 톤당 38달러로 맞춰야 했다.

앞서 '나프타 독감'에서 설명했듯이, H1N1을 부른 양돈업을 포함한 멕시코의 육류 산업도 값싼 수입품에 밀려났다. 와이즈는 이렇게 설명했다.

"미국산 고기는 원가보다 싸게 수출됐다. 미국 생산자들은 콩과 옥수수 사료를 원가 이하에 살 수 있었다. 이는 드러나지 않은 보조금이었다. 미국의 육류 생산자들은 그 덕에 수출하는 육류 가격을 생산비용보다 5~10%나 낮췄다. 수입 사료를 쓰지 않던 멕시코 축산농들은 1997~2005년 사이 약 32억 달러를 손해 봤다. 소고기 생산농의 손실이 16억 달러로 가장 많았다."[13]

덤핑을 통해 미국 기업들은 시장경쟁에서의 우위를 넘어 외국에서도 산업적 발판을 마련했다. 멕시코에서 2009년 H1N1 바이러스가 출현하게 만든 주범으로 의심받는 스미스필드도 멕시코 기업들을 사들이거나 수입장벽이 무너져 취약해진 멕시코 농부들과 계약해 온 회사 중 하나였다. 간신히 '학살'을 모면한 지역 생산자들은 주변의 버려진 땅들을 합쳐 중간 규모로 통합해 근근이 버텼다.

미국에서는 불법인 행위가 다른 나라에선 합법이라면, 기업들은 그

나라로 옮겨 가면 된다. 저개발국 중에는 노동법이나 환경 규제가 미흡한 나라가 적지 않다. 법 집행은 느슨하고, 뇌물이 통할 때도 많다. 반대로 미국에서는 합법인 것이 외국에서 금지되어 있다면, 미국의 규칙을 '수출'하면 된다. 기업들이 평소 전염병만큼이나 미워하던 '보이지 않는 손'이라는 규제를 다른 나라의 국내법에 강요하는 것이다. 무슨 일이든 되게 하라. 법도 만들어라.

로베르토 사비아노Roberto Saviano[12]는 나폴리 마피아인 카모라Camorra 조직의 이중성에 대해 비슷한 이야기를 했다.

"일단 상당한 자본을 축적한 파벌은 범죄 행위를 탈피해 합법 행위로 전환하려 한다. 금주령 밑에서 엄청난 양의 밀주를 팔았지만 훗날 모든 범죄와의 관련성을 끊어 버린 케네디 가문처럼 말이다. 그런데 이탈리아 범죄사업의 강점은 자신들의 기원을 절대 포기하지 않으면서 두 가지 노선을 모두 유지하는 데 있다. 나폴리에서 마피아를 수사해 온 검찰의 조사기록들을 보면, 마피아들은 합법적 노선이 위기에 처했을 때 범죄 노선을 즉시 가동한다. 현금이 모자라면 위조지폐를 찍어 낸다. 가혹 행위와 면세 수입품으로 경쟁을 없앤다. 합법적 경제란 상품가격이 일정하게 유지되고, 은행 신용이 지켜지고, 돈이 계속 돌고, 상품이 계속 소비되는 것이다. 또 법과 경제법칙 사이의 간극을 줄이고, 규제가 금지하는 것과 돈을 벌기 위해 필요한 것 사이의 분리를 막는 것이다."[14)]

이 싸움에서는 애그리비즈니스에서 시작된 치명적 인플루엔자 변종 중 소규모가 경쟁자들에게 퍼져 나가는 것조차 대기업들에 유리한 요인이 된다. 음모론 따위가 아니다. 어떤 바이러스도 실험실에서 만들어진

---

12 프리랜서 저널리스트로 활동하며 카모라에 대해 밀착 취재를 통해 실체를 파헤친 『고모라』라는 책을 펴냈다. 이 책으로 인해 살해 위협을 받기도 했다.

것이 아니고, 산업스파이가 의심스러운 짓을 하고 다니는 것도 아니다. 그저 집약적 축산에 따른 손실을 쉽사리 외부로 떠넘길 수 있는 대기업들의 도덕적 해이 문제라고 보면 된다. 전염병에 따른 재정 부담은 각국의 정부와 납세자들이 진다. 그러니 거듭 경제를 망치고 사람들을 죽이는 바이러스를 초래할지도 모를 생산 관행을 기업들이 중단할 이유가 없다. 등 떠밀려 가축용 백신 같은 생물안전 분야에 투자를 해야 할 때도 있기는 하지만, 만약 발병에 따른 비용을 정말로 기업들이 내야 했다면 그들은 존재하지도 못했을 것이다.

농축산 대기업들은 감염증이 생겨도 세계의 수평적인 생산망을 통해 손실을 피해 갈 수 있다. 태국 CP그룹이 중국 가금류 조류독감 때 태국 농장들을 발판으로 손실을 벌충한 것이 그런 예다.[13] 대조적으로 소농들은 '바이러스 덤핑'의 재앙을 겪는다. 정부가 일부 지원을 해 준다 해도 이들은 감염증을 막아 낼 방법이 없고, 보건 환경의 변화를 감당할 여유도 없다. 대규모 살처분에도 속수무책이다. 하루하루 먹고살기 힘든 이들은 정부의 검역과 대규모 살처분이 겹치면 가뜩이나 줄어든 마진 속에 추가 손실까지 감당할 여력이 없어진다.

이것만으로도 끔찍하지만, 애그리비즈니스가 뒤늦게 정의로운 척하며 상처에 소금을 뿌린다. 대규모 기업만 지킬 수 있는 새로운 생물안전 기준을 추진하는 것이다. 앞서 마이크 데이비스의 책에서 인용한 것처럼, 2004년 태국에서 H5N1이 발병한 뒤 그런 일이 벌어졌다. 정부 관리들과 CP그룹의 결탁이 폭로되자 정부는 산업의 현대화를 주장하고 나섰다. 철새에 노출된 방목 가축들을 생물안전이 보장되는 건물 안에서 생산

13 1부 2. 「나프타 독감」 참고.

하라는 것으로, 이는 자본이 풍부한 생산자에게만 가능한 일이었다.[14] 문제를 일으킨 자에게는 상을 주고 가장 고통을 당하는 이들에게는 벌을 주는 짓이었다.

다른 예도 있다. 미국 농무부는 동물 전염병 발병을 추적한다며 모든 가축에 생체 인식표를 부착하라고 했다. 새로운 질병의 원인을 며칠 만에 추적할 수 있다면 좋은 일이다. 하지만 이는 미국의 축산업 현황과 가축의 이동을 고려하지 않은 결정이다. 섀넌 헤이즈Shannon Hayes는 "이 동물 식별 시스템은 질병을 만들어 내는 공장형 농업에는 상을 주고, 소농들과 지역 먹거리 운동에는 타격을 줄 것"이라고 말한다.

"공장형 농업기업에게 시스템 구축에 드는 비용은 푼돈이다. 컴퓨터 기술을 활용해 생산체인을 통과한 공장의 돼지나 가금류는 한꺼번에 동일한 번호를 부여받을 수 있다. 반면 우리 같은 전통식 가정농은 동물 한 마리, 한 마리에 고유번호를 받아야 한다. 소농들이 1마리를 추적하는 데 드는 비용이 공장에서 1,000마리를 추적하는 것과 대략 비슷하다는 뜻이다."[15)]

질병은 거대 기업의 소규모 경쟁자들을 휩쓸고, 잠잠해진 뒤에도 이들을 괴롭힐 구실이 된다.

---

14 1부 4.「역외 농업의 바이러스 정치학」 참고.

5

티키는 떨어졌지만

마이클 폴란Michael Pollan[15], 웬델 베리Wendell Berry[16], 혹은 프레드 맥도프Fred Magdoff[17]가 농무부 장관으로 임명되었다고 하더라도 미국에서 정의롭고, 공평하며, 건강한 농업 물류는 여전히 과제로 남아 있을 것이다.

농업의 패러다임과 인프라를 되돌려보기 위한 수십 년간의 노력이 성공적이었다고는 하나, 또 다른 프로그램이 같이 진행되어야 할 것 같다. 현재의 지형을 무엇으로 대체할 것인가?

---

15 미국 작가, 저널리스트, 환경운동가. 『세컨드 네이처Second Nature』, 『잡식동물의 딜레마The Omnivore's Dilemma』 등의 저서가 유명하다.

16 미국 작가, 농부, 문명비평가. 『온 삶을 먹다Bringing It to the Table』, 『지식의 역습The Way of Ignorance』, 『생활의 조건Home Economics』 등의 책을 썼다. 켄터키주에서 수십 년간 농사를 지으며 살아 온 1세대 환경운동가이기도 하다.

17 미국 버몬트 대학의 식물토양학 교수. 『환경주의자가 알아야 할 자본주의의 모든 것What Every Environmentalist Needs to Know About Capitalism』, 『이윤에 굶주린 자들Hungry for Profit』 등의 저서를 썼다. 진보 잡지인 《먼슬리 리뷰》의 재단 이사다.

상상력의 빈곤이야말로 그 질문 주변을 맴도는 블랙홀이다. 유럽은 오랫동안 낙농업에 우호적이었고 규제를 간소화해 왔다. 미국은 여기에 서투른 반대 논리를 들이댔고 갑자기 치즈 덩어리들이 리스테리아균[18]으로 가득 찬 폭탄 취급을 받기 시작했다. 60년간 산업적 대규모 생산을 해 온 미국은 '진짜 음식'에 대해선 까맣게 잊은 것이다.

그럼에도 규모는 작지만 먹거리 운동이 성장하고 있다. 이 운동에는 세 가지 대안이 있다. 첫 번째는 가족 농장으로 되돌아가는 것이다. 하지만 이는 인류가 타락하기 이전 시대에 대한 판타지처럼 들리기도 한다. 두 번째로, 애그리비즈니스에 대한 사람들의 기대가 식고 계급적 인식이 싹트면서 그동안 희생되어 온 지역성에 대한 관심이 높아지고 있다. 데이비드 하비가 최근 라디오 인터뷰에서 지적했듯이, 두 가지 옵션 모두 산업발전 이전 시기에는 기근의 원인일 수 있었다.[16)]

국내외의 선지자들이 글로벌 경제의 틀에 매여 있느라 그동안 생각하지 못했던 더 넓은 가능성이 있다. 이 세 번째 옵션은 아직은 예비적인 수준이지만 실생활 경험에 바탕을 둔 매우 흥미 있는 실험이다. 이를테면 아이오와주 농업장관 선거에 출마한 낙농업자 겸 지속가능 농업 전문가 프랜시스 티키Francis Thicke는 무역 정책, 에너지, 농업 구조와 환경 규제를 포괄하는 지역화를 주장한다. 그는 농부들이 불안정한 시장에 대응하려면 식품 가공 수단을 스스로 개발해야 한다고 말한다. 래디언스Radiance는 농장에서 직접 우유를 가공해 유제품을 만드는 곳 중 하나다. 티키는 래디언스 덕에 대형 가공업자와 유통업자 들을 거치지 않을 수 있었다. 지난해 유제품 원료 값이 떨어져 가공업자들은 막대한 이익을 봤지만 낙

---

18 가축, 육류, 채소, 어패류 등에 널리 분포하며, 식중독을 일으킨다.

농업자들은 기록적인 손해를 입었다. 이때에도 래디언스는 기존 가격으로 계속 유제품을 만들어 팔았고, 충성도 높은 고객들은 상품을 계속 구매했다. 티키는 "우리는 가격을 바꾸지 않았다. 전혀 영향이 없었다"고 했다. 농장 내에서 또는 지역 농장들 간에 이동식 처리 장비를 이용할 수 있게 되면서 "독점 중계 기업에 이윤을 빼앗기지 않고 농부들이 더 많은 수익을 유지할 수 있다"고 티키는 말한다.

"우리가 먹는 음식의 80~90%가 수입된다. 아이오와에서 더 많이 생산한다면 더 신선하고, 건강하고, 안전한 음식을 먹을 수 있다. 농업 지형도 더 다양해질 것이고, 식품으로 번 돈이 지역에서 돌게 되면 경제도 커질 것이다."[17)]

앞서도 설명했지만 멕시코에서는 사포텍Zapotec 인디언들이 정부 지원을 받아 지역사회가 주체가 된 지속가능한 임업을 발전시켰다. 소나무 판재는 주정부에 팔고, 가구 같은 완제품은 티키처럼 현지 공장에서 만든다. 지금도 활동하고 있는 오아하카Oaxaca 협동조합은 수익의 3분의 1을 사업에, 3분의 1은 삼림 보호에 투자한다. 나머지는 연금, 신용조합, 대학생을 위한 주택사업 등 지역사회와 노동자를 위해 쓴다. 리처드 레빈스가 쿠바 동료들과 함께 지역 농업과 공중 보건에 대한 생태학적 접근 방법을 연구·정리한 것도 참고할 만하다.[19]

농업의 규모와 관습은 신자유주의 생산모델이 아니라 지역의 물리적, 사회적, 역학적 조건에 유연하게 맞춰야 한다. 그래야 생태와 경제가 서로 이어질 수 있다. 물론 지역의 모든 생산자들이 수익을 낼 수는 없다. 레빈스가 지적하듯, 특정 농장의 손해는 재분배 시스템을 통해 보상해야

---

19 1부 4. 『역외 농업의 바이러스 정치학』 참고.

한다. 레빈스의 급진적이고 실용적인 실험은 현재 진행형이며 몇몇 실험은 수십 년째 이어지고 있다.

줄스 프레티Jules Pretty는 "지속가능한 강화"를 포함한 지속가능한 농업 시스템을 제안했다. 이렇게 하면 화학약품을 쓰는 애그리비즈니스보다 더 많은 면적당 생산량을 얻어 낼 수도 있다.

1. 통합 해충 관리. 해충·질병·잡초를 없애기 위해 생태계의 탄력성과 다양성을 높인다. 살충제는 다른 방법이 효과를 내지 못할 때만 쓴다.
2. 통합 영양 관리. 무기·유기 비료의 필요성과 질소고정의 필요성 사이에 균형을 맞추고,[20] 영양소가 흘러나가거나 땅이 침식되지 않게 해 손실을 줄인다.
3. 경작량을 때로는 '0'으로 만드는 보존경작지를 두라. 이렇게 하면 침식을 줄여 토양을 보전할 수 있고 흙 속의 수분을 효율적으로 사용할 수 있다.
4. 지피작물[21]을 키워라. 주재배 작물과 함께 비수기에 지피작물을 키우면 토양 침식을 막고, 영양과 해충을 관리하며, 건강한 토양을 유지하고, 수분이 흙에 스며들게 하기가 쉬워진다.
5. 농업과 임업을 혼합하라. 여러 기능을 가진 수목을 농업에 통합하면 산림자원도 함께 관리할 수 있다.
6. 양식을 하라. 논과 연못에 물을 대 물고기와 새우 등을 키우면 단백질

---

20 질소는 농작물 생산에 필수적인 원소다. 대규모 농업에서는 질소 비료를 뿌려 농작물 수확량을 늘리는데, 질소가 과잉공급되면서 지하수를 오염시키고, 야생동물에 피해를 주며 지구온난화를 야기하는 것으로 알려져 있다. 콩과 식물은 토양 속 질소를 식물이 흡수할 수 있게 해 주는 뿌리혹박테리아를 함유하고 있어, '질소고정식물'이라 불린다.

21 地被作物. 흙 표면을 보호하기 위해 주력 농산물을 재배하지 않는 시기에 심어 두는 작물.

생산을 늘릴 수 있다.

7. 건조한 땅에 물 모으기. 버려졌거나 못 쓰게 된 땅에도 재배를 할 수 있게 되고, 빗물을 보존함으로써 작은 땅에 물을 대 추가로 작물을 키울 수도 있다.
8. 가축을 농경 시스템 안으로 다시 통합한다. 젖소, 돼지, 가금류를 방목하거나 풀을 베어 먹이는 것도 포함된다. 작물과 가축을 함께 키우면 생산성이 높아지고 농장의 영양순환 사이클도 개선되는 등 시너지 효과를 얻을 수 있다.[18]

역외 농업으로 이익을 키우는 것보다 사람들의 필요에 맞추는 생태 농업은 늘어나는 세계 인구를 먹여 살릴 대안이다. 최근 출판된 여러 책들은 이런 먹거리 운동이 더 정교해지고, 더 자신감을 얻고 있음을 보여준다. 이른바 '빅 애그'[22]는 말만 번지르르할 뿐 사람들을 위해 일하지 않는다는 걸 깨닫는 이들이 서서히 늘고 있다. 그들의 제국은 인간과 동물을 희생시키더라도 돈만 벌면 된다는 탐욕, 그리고 뒤에서 밀어주는 정치권력으로 지탱된다. 지금의 농식품업은 이미 자기 존재의 기반까지 무너져 가고 있다.

음식이 잉여가치로만 취급될 때 인류의 생존은 위협받는다. 음식을 먹는 본질적인 즐거움도 사라진다. 닭고기 살점이 분홍색으로 보이게 하려고 사료에 유독물질인 비소를 첨가하는 것은 반사회적인 행태다.[19] 미국에서 가축들은 오직 무게를 늘리기 위해 매년 1만 2,700톤의 항생제를 투여받는다. 그러나 가축들을 이렇게 보호하는 것은 오직 도축할 때까지

22 Big Ag. 거대 농축산업체들을 중심으로 한 애그리비즈니스 업계를 가리킴.

만이다. 독점기업들은 농부들이 동시에 가축을 팔도록 강요함으로써 소농들의 협상력을 없앤다. 이미 보조금을 받아 한 차례 가격을 조작해 놓고는, 다시 한 번 가격을 왜곡하는 것이다. 이런 범죄가 합법의 탈을 쓰고 이뤄진다.

최근 시에나 크리스먼Siena Chrisman이 법무부와 농무부가 공동 개최한 농식품업 기업합병 공청회에 참가한 뒤 쓴 글을 보면 직업과 지역, 인종, 종교, 정치, 농업 분야에 걸쳐 사람들이 기업들의 행태에 점점 더 많이 반발하고 있다는 것을 알 수 있다.[20)]

"아이오와에서 빛바랜 청바지를 입은 50대 백인 농부들이 모여 '빅 애그를 폭파하라'고 외쳤다. 콜로라도에서는 카우보이모자를 쓰고 벨트를 찬 목장주들이 변화를 요구하며 발을 굴렀다. 올해 전국에서 법무부와 농무부에 거대기업들의 행위를 조사해 달라며 청원한 사람이 25만 명에 이른다. 뉴욕에서 지난달 열린 '제1회 흑인 농부 및 도시 정원사 컨퍼런스'에는 지역 농민과 도시농부 수백 명이 모여 전략과 조직을 논의했다. 다양한 인종, 나이, 경험을 가진 지역민들이 더 공정하고 정의로운 먹거리 시스템을 만들기 위해 힘을 합쳤다."

애그리비즈니스가 이들을 뭉치게 한 것이다. 크리스먼이 말한 대로, 거대 농식품업계의 과도한 지배에 농민의 저항도 커지고 있다. 우리는 역사적 갈림길에 서 있다. 한쪽에는 두려움과 착취가, 다른 한쪽에는 가능성이라는 경이로움 속에 새로운 지형을 만들 기회가 있다.

프랜시스 티키는 결국 농업장관에 당선되지 못했지만 37%라는 높은 득표율을 기록했다. 불만이 심화되고 있음을 보여 주는 지표다. 이제부터가 흥미로운 시기가 될 것이다. 먹거리 패러다임의 지진은 서류가 아니라 광활한 미국의 땅에서 일어나고 있다.

3부

소위 우월한 사람 또는 우주에서 진보한 기술을 가진 사람과 소통하는 것만큼 무시무시한 악몽은 없다.

– 조지 월드(1972)

호랑이가 놀랍고도 무서운 것은 추상적 사고라고밖에 표현할 수 없는 그들의 능력 때문이다. 호랑이는 아주 빠르게 새로운 정보를 흡수해 원인과 심지어 동기까지 찾아내며 그에 따라 반응할 수 있다. 나는 호랑이 고기를 먹어 봤다. 매우 특별하고 조금은 달콤했지만 이제는 관심 없다. 2000년에 호랑이가 썩은 소를 먹는 것을 본 뒤로는. 호랑이는 벌레와 벌레가 있는 고기를 비롯해 모든 것을 먹어 버렸다.

– 존 베일런트(2010)

1

—

에일리언 대 프레데터[1]

댈러스: (에일리언의 체액에 의해 녹아 버린 펜을 보며) 이런 것은 정말 본 적이 없어. 분자 산을 제외하곤 말이야.
브렛: 틀림없이 혈액을 위한 용도였을 거야.
파커: 훌륭한 방어 메커니즘을 갖고 있어. 감히 죽이지 못할 거야.

-댄 오배넌(영화 〈에일리언〉, 1979)

이달 초 미국 항공우주국(NASA) 연구팀은 캘리포니아 모노Mono 호수 바닥에서 '외계생물체' 같은 박테리아를 발견했다고 발표했다.[1)] 이 박테리아는 진짜 다른 행성에서 온 것은 아니지만, 비소(As)를 세포에 흡수하며 다른 행성에나 있을 법한 가혹한 환경조건 속에서 생존하고 있었다. 지금까지는 박테리아에게 인(P)이 필요하다고만 알려져 있었다. 비소와 인은 전하電荷와 원자 반지름이 비슷하다. 비소와 산소 분자 4개가 결합한 비산염은 생물학적으로 유용한 인산염을 모방한다. 자칫 비산염을 흡수하면 지구에 사는 생물종 대부분에게는 치명적이다. 펠리사 울프-사이먼 Felisa Wolfe-Simon이 이끄는 연구팀은 감마프로테오박테리아Gammaproteobacteria에 모노 호수에서 채취한 고알칼리성 퇴적물을 접종한 뒤, 인산염이 아닌

1 SF소설과 영화 등에 나타난 에일리언은 인간을 숙주로 자라는 외계 생명체다. 또 다른 외계 종족인 프레데터도 에일리언을 사냥하는 외계 종족이며, 인간도 사냥 대상으로 한다.

비소를 넣었다. 분석해 보니 이 비소는 GFAJ-1[2] 박테리아 균주의 단백질, 대사물, 지질, 핵산 등과 연관되어 있는 것으로 나타났다. 비소결합물이 새롭게 진화된 종의 단백질, DNA와 일치한다는 것도 발견했다.

《사이언스》에 실린 이 연구에는 찬사와 공격이 겹쳐졌다.[2)] 하지만 비판론자들의 주장에는 '기존 모델과 다르기 때문에 진화가 그렇게 이루어질 수 없다'고 주장하는 식의 순환논리도 적지 않았다. 인이 없는 박테리아가 설혹 비소를 흡수하며 살아가는 것이 아니라 해도, 바다 깊은 곳 지각에서 고온과 높은 압력 속에서 메탄과 벤젠을 먹으며 번성하는 생물체들이 있는 걸 보면, 우리 행성의 미생물이 가진 적응 능력이 대단하다는 건 분명하다.

생물안전시설 4등급[3] 수준으로 방어를 한다 해도, 밀폐된 사육장에서 모든 병원균을 막아 낼 '완벽한 생체안전' 같은 것은 없다. 박테리아가 비소나 벤젠을 만나도 살아남을 수 있다면 축산업은 전염병을 막기 위해 뭘 할 수 있을까? 산업적 축산 모델에서 생체안전이나 생화학적 봉쇄를 위한 메커니즘이 제대로 작동하지 않는 것은 무시한다 쳐도, 인플루엔자를 포함한 미생물이 번식하는 조건을 없애려 애써 봤자 새롭고 이상한 변종들이 파고들 틈새가 만들어질 뿐임을 알아야 한다. 선진국의 병원 무균실마저 항생제 내성이 있는 병원균의 공격을 늘 받고 있을 정도라면 약탈적인 애그리비즈니스들이 운영하는 지저분한 사육장들은 더더욱 위

---

2 NASA연구팀이 발견한 GFAJ-1은 감마프로테오박테리아에 속하는 미생물로 비소가 많은 환경에서 살 수 있다. GFAJ는 "Give Felisa a Job"의 첫 알파벳을 따 만든 것으로 알려졌다.

3 감염병 병원균이 퍼져 나가는 걸 막기 위해 세계의 의료시설이나 연구시설 등은 4단계의 '생물안전시설 보호등급'을 따르고 있다. '레벨 4 보호'는 방역 수준이 가장 높은 단계로, 에볼라바이러스나 라사바이러스처럼 사람에게 치명적인 질병을 일으키며 전염성이 높고 예방·치료제가 존재하지 않는 병원균을 다룰 때 사용되는 실험시설이다. 기본 안전설비에 더해 헤파필터 정화 단계, 화학물질 샤워 시스템, 공기 공급 시스템, 폐수 처리 설비 등의 강화된 설비를 갖추어야 한다.

험하고, 종국엔 수익성도 줄어들 것이다.

가축 병원균을 많이 죽일수록 살아남은 병원균은 더 강해지고, 이들의 생존을 돕는 돌연변이가 번성한다. 어느 것이 원인이고 어느 것이 결과인지 구분하는 것도 점점 어려워진다. 인간이 어떤 예방책을 내놓든 병원균은 그에 맞서 진화해 왔다. 놀라운 돌연변이율로 생성되는 인플루엔자의 표현형 변이를 살펴보면, 바이러스들이 온갖 문제에 대해 해결책을 찾아내고 있다는 것을 알 수 있다. 바이러스가 아직 직면하지도 않은 문제들까지 포함해서. 분자의 선택적 진화와 함께, 돌연변이는 바이러스가 과거의 정보를 기억하는 숙주의 면역반응을 피해 갈 수 있게 도와준다.

유전자 재조합을 통해 변이는 게놈 수준에서 증폭된다. H5N1과 H1N1은 많은 혈청형에서 여러 가지 재조합을 통해 나타났다. 그 외에도 인플루엔자가 쓸 수 있는 술책은 많다.3)

- 부분적, 전체적 결손이나 삽입 유전자의 결실[4]을 포함해 점돌연변이[5] 또는 이중 점돌연변이를 넘는 변형이 일어나면 바이러스의 단백질 형태가 달라질 수 있다.
- 바이러스의 헤마글루티닌 당단백질의 다염기 부위에 변이가 일어나면 숙주의 프로테아제 효소들이 헤마글루티닌 전구체를 분열시킬 수 있는 범위가 넓어진다.[6] 숙주의 신체 안에서 감염될 수 있는

---

4 염색체의 일부(하나 이상의 유전자 포함)가 제거되어 염색체 길이가 짧아지는 현상.

5 Point mutation. 하나의 뉴클레오타이드가 변환되어 나타나는 돌연변이로 DNA 전사 단계에서 특정 단백질의 생성을 막거나 변형시킨다.

6 바이러스는 세포를 감염시킬 때 헤마글루티닌 전구체(다른 화합물을 생성하는 과정에 관여하는 화합물)를 만든다. 이 전구체가 숙주세포 안의 효소에 의해 둘로 나뉘어야만 바이러스가 증식할 수 있다. 전구체를 분열시키는 효소는 인간의 폐에만 있는 것으로 알려져 있었다. 그러나 1918년의 스페인 독감을 연구한 학자들은 바이러스에 돌연변이가 일어나, 폐가 아닌 곳의 세포에서도 바이러스의 헤마글루티닌 전구

영역이 늘어나고 감염 경로도 다양해지는 것이다. 최악의 H5N1에 감염된 가금류는 내장이 문드러지고 피가 섞인 기침을 하며 설사를 앓게 된다.

- 포유류의 중합효소인 PB2 단백질의 아미노산이 E627K로 대체되면 바이러스가 더 쉽게 복제된다.[7] 가금류에서는 SR 다형성[8]이 그런 기능을 한다. 돌연변이를 통해 바이러스가 포유류로 옮겨 갈 수 있게 해 주는 다른 중합효소들로는 PB1, P13, PAR615 등이 있다.
- 몇몇 인플루엔자 단백질은 면역 반응을 막거나 억제한다. 여러 팬데믹 변종에서 발견되는 대체 판독 프레임[9] PB1-F2 단백질은 외부 병원체나 독성물질을 잡아먹는 대식세포를 사멸시킨다. 92번 위치에 글루타민산을 함유한 H5N1의 NS1 단백질은 면역반응을 돕는 인터페론을 방해한다. 아미노산 사슬의 끝에 EPEV라는 펩타이드 서열이 있는 NS1은 인간의 유전자 조절 경로를 방해할 수도 있다.
- 과거엔 동물종의 다양성이 감염을 막아 주는 장벽으로 여겨졌다.

체가 분열되었을 수 있다는 가설을 세웠다. 그래서 바이러스가 인체의 다른 조직과 기관들에도 침투해 치명적인 증상을 일으킬 수 있게 되었다는 것이다.

7 인플루엔자 바이러스의 중합효소 복합체polymerase complex는 PB1, PB2, PA의 세 종류 단백질로 구성된다. 이 단백질들은 바이러스가 숙주에 적응하는 데에 결정적인 역할을 한다. 그중 PB2 단백질은 조류 인플루엔자 바이러스가 포유동물의 세포에서는 증식하지 못하도록 제한하는 것으로 알려져 있다. 그런데 PB2 단백질의 아미노산 서열에서 627번째 위치에 있는 글루탐산이 라이신lysine으로 치환되면 종간 장벽을 넘어 포유동물 세포에서도 복제될 수 있게 된다.

8 같은 종의 개체들 사이에서 RNA 접합에 관여하는 'SR 단백질'의 대립형질들이 동시에 나타나는 것.

9 DNA나 RNA 안의 염기서열이 판독되는 방식을 '판독 프레임'이라고 부른다. 예를 들면 DNA에는 아데닌(A), 티민(T), 구아닌(G), 시토신(C)의 네 염기가 AGGTGACACCGCAAG 식으로 늘어서 있을 때 이를 AGG·TGA·CAC·CGC·AAG로 읽을 수도 있고, A·GGT·GAC·ACC·GCA·AG로 읽을 수도 있으며 AG·GTG·ACA·CCG·CAA·G로 판독할 수도 있다. 이 판독 방식에 따라 유전자가 발현되는 양상도 달라진다.

그러나 H5N1은 균주들을 넘나들며 생존하는 것이 입증됐다.

- 바이러스학자 로버트 웹스터Robert Webster는 H5N1 시료들이 당초 생존하기 힘들 것으로 예상되었던 따뜻한 온도에서도 점점 더 오래 생존할 수 있게 되어 가고 있다고 밝혔다. 적도의 강어귀나 심지어는 하수도에서도 바이러스가 살 수 있다는 뜻이다.

수백만의 숙주를 감염시킴으로써 바이러스는 분자 수준에서 장애물을 극복하고, 다양한 유전자 재조합이 가져다주는 차이점들을 배워 나간다. 우리는 지구 전체에 분산된 지능을 마주하고 있는 셈이다. 외계행성에나 있을 법한 일이 이 지구에서 벌어지고 있다.

절망할 것도 아니고, 파멸이 다가온다며 회한에 빠질 일도 아니다. 생물문화적 조직 차원에서 질병을 통제하고, 나아가 농업을 다시 구성해 병원균을 막아야 한다. 병원균을 가두려면 더 나은 상상력을 가져야 한다.

축산과 자연생태의 시스템을 아우르는 통합관리를 하려면 단기적으로는 잉여가치가 줄어들 수 있다. 솔직히 그리 나쁜 일도 아니지만. 하지만 가금류와 돼지들과 사람들이 한데 섞여 살아가는 이 지구에서, 녹색지킴이들이 풀어야 할 문제는 한층 복합적이다. 거시경제 지표에만 신경쓰는 경제학자들조차 이 문제를 중시할 필요가 있다. 악성 전염병은 세계경제도 무너뜨릴 것이기 때문이다.

다음 번 분기 순익이 줄어들지는 몰라도, 병원균의 통합관리를 전면 도입하면 치명적인 전염병으로부터 수십억 명의 생명을 구하는 데에는 도움이 될 것이다. 그런데 현재의 농업모델은 단종사육으로 치명적인 병원균을 오히려 키우고 있다. 겉보기엔 인플루엔자가 농식품기업들의 적인 것 같지만, 지금의 인플루엔자가 그들에게는 사실 큰 해가 되지 않는다. '빅 애그'는 이익을 위해 새로운 질병을 활용하고 보건기준을 충족시키기 힘든 소규모 경쟁자들을 뭉개왔다.

리들리 스콧Ridley Scott의 영화에 비유하자면, 치명적 변종과 다양한 병원균은 축산혁명의 뱃속에서 괴성을 지르며 터져나오고 있다.[10] 에일리언을 통제하려면 괴물을 키우는 사육자들, 프레데터를 죽여야만 한다.

◇

2011년 미국 뉴욕 빙엄턴Binghamton 대학 연구팀은 캘리포니아의 샐라인밸리Saline Valley에 있는 15만 년 된 암염에서 박테리아와 해조류를 발견했다.[4)] 4년 뒤 리 커크호프Lee Kerkhof 팀은 콜로라도의 오염된 광석 공장에서 우라늄을 흡수하는 박테리아를 찾아냈다.[5)] 우라늄으로 호흡하는 박테리아라니! 커크호프는 이 박테리아가 "우라늄의 독성을 없애고 우라늄에서 자랄 수 있도록 하는 유전 요소를 채택했다"고 설명했다.[6)]

---

10 리들리 스콧의 영화 〈에일리언〉에는 인간에 기생하던 에일리언이 배를 찢고 태어나는 장면이 나오는데, 이에 비유한 표현이다.

2

—

사이언티픽 아메리칸[11]

과학은 비즈니스다. 과학이 작동하면 비즈니스도 작동하고, 비즈니스가 작동하면 과학도 작동한다.

-크레이그 벤터 (2010)

"인플루엔자 소스에 재운 닭고기. 주문만 하면 병든 닭고기가 식탁 위로 배달됨." 상상만 해도 불길하다. 육계와 산란계는 새다. 동시에 '상품'이다. 살아 있는 유기체를 상품으로 다룰 때에는 기술적인 문제가 생기기 마련이다. 기업들은 해법을 찾겠다며 연구개발(R&D)에 나선다.

남아시아와 동남아시아의 정글에 살던 붉은색과 회색의 야생 조류가 곳곳에서 거듭 가축화될 수 있었던 것은, 이 새의 형태발생 과정과 행동 방식이 유연했기 때문이다. 그 덕에 마당에서 키울 수 있도록 품종개량을 할 수 있었고, 이제는 공장식 생산모델에 맞춰 양계 규모가 커졌다.

시장과 산업의 요구에 따라 가슴근육이 6주 만에 비대하게 자란 홑볏의 레그혼 닭들은 다리가 제대로 자라지 못해 비틀거린다. 짧은 기간에

11 The Scientific American. 미국의 유명 과학잡지 이름이기도 하다.

무게만 많이 나가도록 키워진 탓이다. 애그리비즈니스가 키워 낸 닭들은 운동량이 적어 조류독감을 부르기 십상이다. 정글의 조상에게서 이젠 너무 멀어져 버렸다.

인플루엔자는 대량생산 체제 자체에서 비롯된 산업적 문제다. 접종을 자주 해 바이러스를 걸러 낼 수는 있지만 실시간 수요에 맞춰 집중 생산을 하면서 수익성도 높이려면 방역에 구멍이 뚫릴 수밖에 없다. 자칫 방역이 되레 바이러스의 저항력을 키울 수도 있다. 당장 돈이 들더라도 생산 전반에서 방역을 정비해야 문제를 시작부터 차단할 수 있다.

영국 감염병학자 로런스 틸리Laurence Tiley의 연구팀은 미국 타이슨푸드의 지원을 받아 최근 이런 방향으로 가기 위한 첫걸음을 내딛었다.[7)] 연구팀은 닭의 유전자를 조작하지 않고서, 닭들이 감염되더라도 다른 닭들에게 바이러스를 옮기지 않게 만들었다. 유전자가 이식된 닭들은 감염되면 RNA에 달린 짧은 머리핀 모양의 유인체가 인플루엔자의 폴리머라제를 잡아채, 다른 닭에게 바이러스가 퍼지는 걸 막을 수 있다.

빈국들에게는 이런 프랑켄치킨[12]을 생산할 능력이 없다. 더 큰 문제는 인플루엔자가 산업계의 저런 초강력 대책마저 이겨 낼 수 있다는 점이다. 실패를 부르는 한 요인은 바이러스를 1차원적으로 바라본다는 것이다. 그러나 병원균은 한 단계에서 직면한 문제를 풀기 위해 마련한 해법을 분자 속에 흡수해 다른 단계에서도 활용한다. 아직 학문 간 장벽을 넘어 해법을 찾겠다고 나서는 정도는 아니지만, 주류 학자들도 근래 들어서 인플루엔자에는 바이러스 입자나 개별 감염증을 넘어서는 뭔가가 있다

---

12 Frankenchicken. 유전자변형 등으로 상품성을 높인 닭들을 가리키는 말. 치킨너겟 따위로 가공되는 가슴살이 많아지도록 유전자를 조작하거나 성장호르몬을 과다투입해 키운 닭들을 이렇게 부른다. 미국 저널리스트 폴 로버츠Paul Roberts는 『식량의 종말The End Of Food』에서 이런 닭들을 '스모 선수 체형을 한 괴물들Sumo-breasted monsters'이라 표현했다.

는 걸 깨달아 가고 있다.

세계적인 감염증 전문기자 중의 한 명인 캐나다의 헬렌 브랜스웰은 얼마 전《사이언티픽 아메리칸》에 실은 글에서 거대 양돈·양계업체들이 인플루엔자 팬데믹 발생에 어떤 역할을 했는지 명료하게 지적했다.[8] 브랜스웰은 미디어의 레이더망에서 벗어나 있었던 가축 인플루엔자를 주제로 삼았다. 이 기사는 기자와 학자 들이 전염병의 위험과 기업의 이익 속에서 어떤 모순에 빠지는지를 보여 주는 것이기도 하다. 산업계가 정한 틀에 머물 것인가, 거부할 것인가에 따라 기자들은 전염병에 대한 기본적인 팩트마저 윤색해야 하는 처지에 놓이게 된다.

브랜스웰은 먼저 돼지인플루엔자의 진화 역사를 깔끔하게 정리했다. 현대의 균주는 1918년 인류를 습격한 H1N1이라는 괴물에서 시작되고 이후 수십 년 동안 숙주에 따라 돌연변이들이 누적됐다. 그러다가 돼지인플루엔자 바이러스는 1990년대에 "엄청난 수의 돼지가 자라는 북미에서, 알 수 없는 이유로, 어지러울 만큼 빨리" 진화하기 시작했다.

'이유를 알 수 없는' 일은 아니었다. 양돈산업이 구조조정을 겪는 와중에 바이러스들이 다양하게 재조합되고 인플루엔자 균주들을 넘나들며 유전자가 교환된 것이다. 2009년 신종 H1N1 감염증이 퍼지기 3년 전에 그레고리 그레이Gregory Gray의 연구팀은 돼지 사육자들과 수의사들, 육류 가공업자들을 조사해 사육자들 사이에 널리 퍼진 바이러스 혈청형이 상품 판매망을 타고 확산했음을 알아냈다.[9] 연구팀에 따르면 "지난 60여 년 동안 미국 양돈산업은 몇 마리 돼지를 키우는 가족농장에서 대규모 산업시설로 바뀌었으며 미국 양돈산업은 2002년 기준으로 연간 110억 달러 규모에 고용 인원은 57만 5,000명인 거대산업으로 성장했다." 양돈시설의 숫자는 줄었지만 규모는 커졌다. 효율성이 높아진 만큼 고용 인원은 줄었다. 연구팀은 "미국 전역의 양돈장에서 돼지와 함께 사는 노동자가 최소 10만 명"이라고 추정했다.

"양돈업 중심지인 아이오와의 경우 2004년 현재 9,300여 곳의 농장에서 연간 2,500만 마리의 돼지를 키우고 있다. 인구 1명당 8.6마리 꼴이다. 오늘날의 양돈장에서는 짧은 간격으로 젊은 돼지들을 시설에 투입한다. 바이러스에 감염되기 쉬운 개체들이 계속 유입되기 때문에 돼지 병원균을 근절하기가 어렵다. 예전에는 계절에 따라 돼지인플루엔자가 돌았지만 지금은 연중 내내 도는 풍토병처럼 되어 버렸다."

연구팀은 "돼지를 다루는 이들은 동물원성 인플루엔자 바이러스에 감염될 수 있는 환경에 계속 노출된다"며 "또한 돼지 무리에 계속 인플루엔자가 돌면서, 조류인플루엔자 바이러스와 혼합해 신종이 만들어질 조건이 형성된다"고 지적했다.

"돼지가 밀집해 자라기 때문에 전통적인 농장에서보다 바이러스가 훨씬 잘 퍼진다. 바이러스에 오염된 돼지 분료가 대량으로 쌓이는 데다 양돈시설은 환기도 잘 되지 않는다. 돼지들은 햇볕도 잘 못 받으니 바이러스의 생존력이 더 커진다. 이런 시설에서 일하는 사람은 인플루엔자에 걸릴 확률이 전통 농장 일꾼들보다 높다. 바이러스가 돼지 숙주를 죽일 만큼 치명적이지 않고, 감염되기 쉬운 (어린) 동물이 자주 유입돼 전염이 끊이지 않는 경우에 인체 감염 위험은 더 커진다."

그레이 팀은 양돈 노동자들 몸 안에서 바이러스 균주들이 재조합되어 팬데믹 위험이 큰 감염증이 발생할 수도 있다며 "돼지에게서 사람으로, 사람에게서 돼지로 신종 바이러스를 옮기는 파이프가 될 수 있다"고 했다. 신종 바이러스가 밀집된 돼지 사육장에 한번 들어가면 기존에 사람들이 가지고 있던 면역 능력은 무력해지고, 결국엔 감염된 노동자들이 가족과 이웃들에게 바이러스를 퍼뜨리게 될 것이라고 우려했다.

앞서 언급했듯이 1990년대 나프타와 함께 시작된 축산혁명 뒤 멕시코에서 2009년 H1N1 인플루엔자가 발생했고, 이 바이러스는 교역장벽 없는 저비용 수송망을 타고 세계로 퍼졌다. 양돈업과 인플루엔자의 이런 관계를 우리는 이미 알고 있다. 하지만 잘못된 전제부터 깨뜨리지 않으면 진전하기가 쉽지 않다.

일례로 브랜스웰은 미국 CDC나 농무부, 대학 들이 양돈산업의 규제 실패를 제대로 짚지 못했다고 주장한다.

"농민들은 국립수의학실험실네트워크(NAHLN) 산하의 연구소들을 통해 돼지들의 인플루엔자 감염 진단을 받아 왔다. 그런데 수집된 정보가 보건관리들과 연구자들에게 공유되는 일은 적다."

기사에 따르면 2009년 인플루엔자 발발 와중에 돼지 농장의 바이러스 감염 진단은 오히려 중단됐다. 관련 규제가 부패한 양돈업계의 자율에 맡겨짐으로써 벌어진 일이지만 브랜스웰은 이를 "기업과 연구소의 우선순위는 돼지와 농장주들에게 무엇이 좋은지에 따라 결정된다"는 식으로 모호하게만 설명한다.

그의 말을 빌리면 NAHLN 연구소들은 미네소타대학이나 아이오와주립대 같은 대학들에 자리 잡고 있을 때도 많은데, 이들은 축산업자나 고객들의 의뢰를 받아 진단검사를 한다. 미네소타대에서 돼지 보건과 생산성 분야를 담당하는 몬츠 토레모렐Montse Torremorell은 검사 결과가 긍정적이든 부정적이든 간에 비밀을 유지한다고 설명했다고 브랜스웰은 적었다. "유전자 검사 결과에 관한 자료는 많이 갖고 있지만, 원할 경우 시료를 제출한 사람에게만 정보를 준다"고 했다는 것이다.

정작 가축과 인간을 지키는 데에 필요한 과학적 전문지식을 갖춘 바이러스 학자, 역학자, 물리학자 들에게는 정보를 주지 않는다. 시스템 수준에서 나타나는 동물과 인간 보건의 문제가 근시안적인 지역 상거래에 묶이는 것이다. 완전히 무너진 보고 시스템을 바꿔야 한다. 그러나 CDC와 농무부가 하는 일은 완전히 엉터리는 아니더라도 돌이킬 수 없는 수준으로 잘못되어 있다고 브랜스웰은 지적했다.

"그 프로그램은 돈육 생산업체가 협조하지 않으면 작동하지 못한다. 업체들은 정부가 자기네 일에 개입할 것 같으면 정부 프로그램에 참여하기를 꺼렸다. 전국돈육협회 기술담당 부회장인 폴 선드버그Paul Sundberg는 돼지들은 농부들의 것이고 전국적 위협이 되는 감염병만 아니라면 돼지에게 무슨 일이 생기든 정부가 아닌 농부들의 일이라고 했다."

이제 우리는 시스템의 실패를 일으킨 근본에 이르렀다. 업계의 협력을 얻어 내기 위해 CDC와 농무부는 익명성을 보장해 주었다. 어느 농장, 심지어 어느 카운티에서 발생했는지를 비롯해 바이러스에 대한 정보는 생산자가 허락할 때에만 과학자들에게 제공된다. 연구자들이 얻을 수 있는 정보는 기껏해야 바이러스가 발견된 상황이나 어처구니없이 사소한 것들뿐이다. 이 거대한 산업국가의 연방정부는 유행성 독감이 어디서 시작되었는지 확인할 정보를 스스로 포기했다. 사람이 돼지에게서 감염이 되어도 정부는 그 돼지를 검사하려면 소유자의 허락을 받아야 한다.

양돈산업이 산업화된 생산 방식을 선호하는 건 이 시스템 덕에 위험 비용을 농민들에게 떠넘길 수 있어서다. 브랜스웰이 인용한 전국돈육협회 선드버그의 말을 다시 들어보자.

"매일 돼지 수백만 마리가 사람들과 접촉하지만 사람이 돼지에게 감염되는 경우는 매우 드물다. 캐나다의 한 양돈농의 돼지들이 맨 먼저 H1N1에 감염되었는데, 그는 돼지들의 전염병이 나왔는데도 땅에 파묻어야 했다. 아무도 사려고 하지 않았기 때문이다. 축산농들은 이 과정을 지켜봤다."

이렇게 논리적 오류가 반복된다. 첫째, 2년 전 도저히 일어날 성싶지 않았던 인플루엔자가 대유행한 것 같은 일이 반드시 다시 일어날 것이다. 둘째, 팬데믹을 초래한 경제논리들은 다음번에는 아마도 치명적인 표현형을 가진, 경제논리를 아무리 들이대도 용서하기 힘든 바이러스를 불러들일 것이다. 축산업계는 오랫동안 질병과 오염과 노동법 위반에 따른 비용을 외부로 떠넘기면서 생존해 왔다. 세계 각국 정부와 소비자들은 진작에 그들에게서 비용을 돌려받았어야 했다. 이제 그 비용이 드러나기 시작했다. 양돈농들이 비난해야 할 대상은 바이러스를 만들어 낸 그 산업 자체다. 그러니 가서 고소하라. 그러지 않을 거라면 축산농들은 제대로 된 보고 시스템을 만들어서 돼지들을 지켜 달라고 정부에 요구해야 한다.

브랜스웰은 관료주의의 늪에 대해 묘사하고 있으나, 그 자신이 이 망할 시스템의 기반이 무너지는 걸 보며 혼란에 빠진 것처럼 보인다. 농업 분야만 보조금을 받는 게 아니다. 대학들도 토지보조금 형태로 연방기금 수백만 달러를 받는다.[10] 연방정부는 보조금의 근거인 법률과 정치적 정당성을 활용해서 저들 모두가 감시 시스템에 들어오게 해야 한다. 정부가 운영하고 업계가 지원하는 감시 시스템의 신뢰를 복원해야 한다. 뭔가 대단한 맥락이라도 있는 듯 떠들어 대고들 있지만, 이것은 논리가 아니라 힘의 문제다.

브랜스웰을 비롯한 이들이 선량한 의도를 갖고 있으며 부지런하고 전문성도 있다는 점을 부인하지 않는다. 그들에게서 배울 것도 많다. 그러나 지금은 자유롭고 비판적인 조사의 한계를 자본이 결정하고 있다. 인류의 존재 자체를 위협할 수 있는 연구에서마저.

철학자 이스트반 메사로슈István Mészáros는 "자본주의 시대의 지식인들은 기존 사회 질서를 떠받치는 기반을 당연한 것으로 받아들인다"고 지적한다. 그렇게 집단의 모든 결정은 자본의 포트폴리오에 맞춰진다. 사람과 자연을 잇는 일이 자본주의의 역학 속으로 포섭되고, 자본주의 국가의 권력은 지적 작업의 틀까지 결정한다. 자본에 의존함으로써 지적인 활동들은 당대의 사회 조직들을 보편적이고 자연적인 존재로 격상시키기 위한 곡예로 전락한다. 자본주의의 기둥들은 언제까지나 존재할 것이며 너무나도 자명하고 확실한 진리이니 검증할 필요도 없고 비판할 필요도 없다고 저들은 주장한다. 이런 상황에서 인플루엔자의 경제적 뿌리를 찾아내는 일은 어려울 수밖에 없고, 앞으로는 더 힘들어질 수도 있다.

자신을 너무나 많이 속여야 할 때, 우리는 공동선이라는 핑계를 대고 합리화를 하게 된다. 거짓말을 잘하는 가장 좋은 방법은, 그것이 사실이라고 스스로 믿는 것이다. 기업에 고용되었거나 기업의 후원을 받으며 일하는 과학자들, 기업에 의존하는 정부에 지금 그런 일이 일어나고 있다. 연구자들이 점점 더 고용 노동자처럼 되어 가고 연구의 목적이 자본의 목표와 뒤섞임에 따라, '과학적인 미국인'[13]은 자신이 연구하는 변종 닭들처럼 인위적 선택에 종속된다. 연구비 몇 푼을 구걸하며 꼬꼬댁거리는, 볏 잘린 닭들처럼.

---

13 잡지 제목 '사이언티픽 아메리칸'을 빌려 미국의 과학자들을 빗댄 말.

3

바이러스의 '악의 축'[14]

적의 적은 내 친구다. 바이러스와 박테리아 들은 그런 동맹의 본질을 가장 잘 활용하는 무리들이다. 한 종이 성공해 다른 종들이 지나갈 길을 닦는다. 카포시 육종[15]을 일으키는 인체헤르페스바이러스 8(KSHV)과 에이즈의 원인이 되는 인체면역결핍바이러스(HIV)가 그런 협력을 한다. 실제 카포시 육종은 에이즈를 신종 질병으로 분류할 수 있게 도와준 중요한 표지이기도 했다.[11)] 카포시 육종 바이러스는 HIV와 마찬가지로 면역 반응이 무너질 때를 골라 감염을 일으킨다. 그러나 이 바이러스를 기회주의자라고만 볼 수는 없다. 이 바이러스와 HIV가 관련된 정황, 그리고 두 병원체가 어떻게 서로를 활성화하는지를 보여 주는 최근의 연구들을 보

---

14 The Axis of Viral. 2002년 1월 조지 W. 부시 당시 미국 대통령이 연두 국정연설에서 이라크, 이란, 북한을 거명해 '악의 축Axis of Evil'이라 부른 것에 빗댄 표현이다.

15 Kaposi's sarcoma. 혈관벽에 나타나는 악성 종양. 에이즈 환자나 장기이식 환자와 같이 면역력이 떨어진 사람에게서 매우 드물게 나타난다.

면 두 병원균들이 예상보다 기능적으로 훨씬 결합되어 있을 가능성이 높다. 인체헤르페스바이러스와 HIV의 기원과 병인은 두 병원균의 상호 관련성을 알아내야 이해할 수 있을 것으로 보인다.

두 바이러스가 나타난 생태적, 역학적 환경에는 공통점이 있다. 모두 침팬지에게서 기원했고, 사하라 이남 아프리카에서 진화한 것으로 추정된다. 면역세포의 만성 감염을 일으킨다는 점도 같다. HIV는 인체헤르페스바이러스가 전형적으로 감염시키는 B세포[16]를 역시 감염시킨다. 반대로 인체헤르페스바이러스는 HIV가 감염시키는 수지상樹枝狀 세포[17]와 대식세포를 감염시킬 수 있다. 두 바이러스는 성관계를 통한 전파를 비롯해 감염 통로를 공유한다.

안-주느비에브 마르셀랭Anne-Genevieve Marcelin 팀의 연구를 보면, 환자가 HIV에 감염되어 있고 인체헤르페스바이러스가 활성화되어 있을 경우에 순환 혈액세포에서 인체헤르페스바이러스의 검출량이 늘어난다.[12)] 공동감염의 바탕을 까는 것이다. 둘의 음모는 분자 단계에서부터 시작된다. 황리민黃立民의 연구팀은 인체헤르페스바이러스와 HIV가 서로의 발현을 조절한다는 증거들을 검토했다.[13)] HIV-1 감염으로 유도된 사이토카인[18]은 인체헤르페스바이러스가 생성되는 초반기에 세포를 용해시킨다. HIV-1의 Tat 단백질은 인체헤르페스바이러스에 감염된 내피세포에서 성장인자인 KDR을 활성화시켜 카포시 육종이 자라게 할 수 있다.

---

16 림프구에서 항체를 생산하는 면역 세포. 외부로부터 침입하는 항원에 맞서 항체를 만들어 낸다.

17 포유류의 면역계를 구성하는 세포. 선천성 면역반응과 후천성 면역반응 사이의 매개체로 기능한다.

18 cytokine. 면역 세포가 분비하는 단백질을 통틀어 일컫는 말. 체내에 병원균이 들어오면 손상 부위에 열과 통증, 부기 같은 염증반응이 일어난다. 사이토카인은 면역반응을 제어하고 바이러스를 억제하는 역할을 한다. 종양괴사인자(TNF), 인터루킨-1(IL-1), 인터루킨-6(IL-6) 같은 것들이 사이토카인에 속한다. 면역반응은 인간의 신체를 지켜 주지만, 사이토카인이 과다생성되면 류마티스관절염, 갑상선질환 같은 자가면역질환이 나타날 수 있다.

황리민 팀은 인체헤르페스바이러스와 HIV가 서로의 유전정보 전사[19]를 활성화시킨다는 것도 보여 주었다. 인체헤르페스바이러스의 ORF45 KIE2 단백질은 HIV 유전자의 긴말단반복(LTR)[20]을 활성화한다. HIV는 인체헤르페스바이러스가 세포 안에서 발현되는 걸 돕는다. 그런가 하면, 순루이훙Ruihong Sun과 동료들은 인체헤르페스바이러스의 K13 단백질 vFLIP이 HIV 발현을 조절해 준다는 것을 보여 주었다.[14)] 두 바이러스의 단백질들이 시너지 효과를 내는 것이다. 또 궈Guo Y의 연구팀은 인체헤르페스바이러스의 케모카인[21] 수용체가 HIV의 Tat 단백질과 함께 카포시 육종을 만든다는 걸 보여 주었다.[15)]

둘이 서로 돕는 방식은 더 있다. 몇몇 연구에 따르면 인체헤르페스바이러스의 유전부호가 담긴 인터루킨-6[22]는 HIV의 복제를 증폭시킨다.[16)] 더불어 HIV에 감염된 세포는 인체헤르페스바이러스의 활성화를 돕는 면역세포 단백질을 만들어 낸다. Fc 감마 수용체는 병원균을 잡아먹는 대식세포의 식균작용과 '항체의존성 세포매개성 세포독성(ADCC)'[23], 사이토카인 경로 활성화 등에 관여한다. 토마스 레른베허Thomas Lehrnbecher 등의 연구를 보면 HIV에 감염된 사람에게서 카포시 육종이 다르게 나타나는 것은 Fc 감마 수용체의 여러 형태와 관련되어 있다.[17)] 연구팀은 그중 한 유형이 카포시 육종을 일으키는 염증반응의 종류에 관계되어 있다는

19 DNA의 유전 정보가 RNA로 옮겨지는 것. 반대로 RNA의 유전 정보가 DNA로 전달되는 것을 역전사라고 하며, 역전사 효소를 가진 바이러스를 일반적인 유전 정보 전달 방향과 반대라는 의미에서 '레트로바이러스'라고 부른다.

20 유전자의 끝부분에 있는 수백~1,000여 쌍의 염기서열. 바이러스 유전자의 전사와 역전사, 숙주로의 침투에 관여하는 영역들로 구성된다.

21 chemokine. 면역세포가 분비하는 단백질의 일종으로, 상처 부위에 백혈구들을 끌어들인다.

22 interleukin-6. 면역반응을 제어하는 사이토카인의 일종.

23 특정한 림프구의 세포를 죽이는 독성.

것을 알아냈다.

모니카 간디Monica Gandhi의 연구팀은 두 바이러스에 모두 감염된 사람의 백혈구를 분석했다.[18)] HIV는 인체를 감염시킨 뒤 두 달 동안 빠르게 증식하는데, 인체헤르페스바이러스는 이 기간을 활용했다. 이 단계에서는 감염 사실을 환자들이 알아차리기 힘들다.

유행병으로 가는 초기 단계에서 병원균에게는 손쉬운 먹잇감이 될 숙주가 많이 필요하다. 이 단계에서 HIV는 조숙한 일회산란 유기체[24]처럼 굴며 많은 숙주들을 빠르게 감염시킨다. 유행병 단계가 되면 활용할 숙주가 상대적으로 줄어든다. 이때에는 다회산란 생물처럼 행동한다. 숙주들에게 증상이 발현되지 않게 해, 감염에 계속 노출되게 만들면서 새 숙주들을 기다리는 것이다.

급성과 만성 사이를 오갈 수 있는 HIV의 능력은 인체헤르페스바이러스와 생애 일부분을 공유할 수 있다는 사실에서 나온다. HIV는 친구 바이러스를 위해 '준비작업'을 해 주기도 한다. HIV 감염 후 인체헤르페스바이러스에 감염되면 카포시 육종의 발병 가능성이 더 높고, 카포시 육종은 다시 인체헤르페스바이러스의 감염을 증폭시킨다는 연구도 있다.

마이런 코언Myron S. Cohen은 HIV의 여러 유형 중에서도 C유형[25]이 최근 넓은 지역에 퍼진 이유에 대해 염증반응과 유전자 복제 등을 기준으로 몇 가지 가설을 제시했다.[19)] 하지만 이런 연구에서 빠진 것이 있다. C유형 바이러스가 널리 퍼진 나라들의 사회경제적 조건이다. 중부 아프리카는 전쟁과 구조조정 프로그램으로 황폐화되었다. 정부가 하는 일들 중에는 HIV를 확산시키는 행위들도 들어 있다. 사회가 취약해지면서 감

24 일생 동안 한 번 번식활동을 하고 산란 후 죽는 생명체.
25 아프리카 남부와 동부, 인도, 네팔, 중국 일부 지역에서 발견되는 HIV의 하위유형.

염 위험군이 늘어났기 때문에 더욱 감염성 높은 바이러스 변종들이 진화하고 번식할 수 있었을 것이다. 인체헤르페스바이러스와 HIV의 상호작용도 영향을 미쳤을 수 있다. 인체헤르페스바이러스가 HIV를 활성화하는 정도는 HIV의 유형에 따라 다르다. 아프리카의 일부 인구집단에서는 인체헤르페스바이러스 감염율이 87%에 이르기도 하는데, 이런 상황이 HIV 중 어떤 유형이 늘어나느냐에 영향을 미칠 수 있다. C유형 HIV가 중부와 동부 아프리카에서 인체헤르페스바이러스를 '증폭기'로 삼을 수도 있다는 이야기다. 유전자들이 지리적으로 어떻게 달라지는지를 추적하면 두 바이러스가 어떻게 협력하는지를 알아내는 데에도 도움이 될 것이다.

이런 작은 상호작용들이 보기보다 흔할 수도 있다. 예를 들면 HIV와 결핵 박테리아는 오랫동안 서로의 전파를 도왔다. 스티브 론Steve Lawn은 아프리카에서 HIV가 말라리아, 조현병, 그리고 여러 성매개 질병과 관련이 있다는 점을 알아냈다.[20] 또한 인체T림프영양성바이러스 1유형(HTLV-1)이나 단순포진 바이러스 2유형(HSV-2), 사이토메갈로 바이러스는 HIV를 활성화시키는 단백질을 만들어 낸다. 만성 바이러스가 HIV의 번식 도구가 되는 것이다.

이름도 생소한 바이러스들의 결합을 상상하면 머릿속이 어지럽다. 그러나 우리는 늘 시스템의 복잡성을 놓치는 실수를 범한다. 그러면서 우리 눈에 보이지 않는 것은 존재하지 않는다고 믿어 버린다. 하지만 병원균들은 오래된 도구를 가지고 늘 새로운 속임수를 찾아낸다. 그중에는 충격적인 것들도 있을 수 있다. 공통점이라고는 없는 바이러스들과 박테리아들이, 마치 사람들이 소와 옥수수를 같이 경작하는 것처럼, 사람이 만들어 낸 틀 속에서 섞이고 짝을 이룰 수도 있는 것이다.

4

미생물은 인종주의자?

모든 사람들의 신체가 똑같이 생겼고 성격만 다르며, 신체의 모양이 거주지역에 따라서만 달라진다고 상상해 보자. 온화한 사람들, 목소리 톤이 높은 사람들, 움직임이 느린 사람들, 화를 잘 내는 사람들, 목소리가 낮은 사람들, 변덕스럽게 움직이는 사람들 같은 특성을 가진 사람들이 한 지역에 모여 있다고 가정하는 것이다. 그런 환경에서는 개인에게 이름을 붙이는 게 의미가 없어진다. 마치 식당의 똑같은 식탁과 의자 세트에 하나하나 이름을 붙이는 게 의미가 없는 것처럼. 그보다는 특징들의 '세트'에 이름을 붙이는 게 더 유용할 것이다.

– 루드비히 비트겐슈타인(1933~1934)

우리 몸 안에 있어도 우리의 세포들은 온전한 우리 것이 아니다. 우리 몸과 상호작용을 하는 미생물들의 '의지'를 무시하는 건 그들을 모욕하는 짓이다. 그들의 상호작용을 무의식적인 것이라고만 치부해 버릴 수는 없다. 어쩌면 그들이 섬뜩하게 우리를 지켜보고 있는데도 우리가 깨닫지 못하는 것일 수도 있다.

우리가 느끼든 느끼지 못하든, 우리는 늘 무언가에 점령당해 있다. 병균에 감염되어 아플 때가 되어서야 우리는 몸 안의 낯선 존재들의 움직임을 느끼기 시작한다. 하지만 이 못된 방문자들은 우리 몸 안에서 우리와 함께 살아간다. 우리가 태어날 때 몸에 들어와 번식을 하고, 우리 몸의 면역 여부에 따라 번성하거나 사라지고, 우리와 함께 죽는다. 어떤 병원균은 우리가 죽으면 다른 숙주로 옮겨 가고 또 어떤 숙주는 아예 우리를 죽이기도 하지만.

서로 다른 병원균들이 한 지역 안에서 서로 다른 숙주들을 오가며 길드(동업자조합)를 꾸리기도 한다. 일례로 학자들은 HIV와 인체헤르페스바이러스(KSHV)[26], 결핵균이 사하라 이남에서 서로를 돕는 현상을 발견했다.[21)] 두 바이러스는 각자 자신의 단백질로 상대를 위한 감염 통로를 만든다. 어떤 미생물들은 우리 몸 안에서 소화를 돕고 비타민들을 만들어 낸다.[22)]

피어 보르크Peer Bork의 연구팀은 우리가 가지고 태어나는 내장 등의 신체 내 미생물들이 우리에게 어떤 영향을 미치는지를 조사했다. 연구팀은 사람들의 분변에서 22종류의 메타게놈[27]을 찾아냈다. 연구팀은 유전자 분석 뒤 미생물들을 분류해 사람을 세 가지 '장腸 유형'으로 나눴다.[28] 1유형은 박테로이데스 박테리아Bacteroides bacteria, 2유형은 프레보텔라Prevotella, 3유형은 루미노코쿠스Ruminococcus가 많았다. 세 유형의 장 안에서 미생물군들은 서로 독특한 관계를 맺고 있다. A 바이러스는 B 바이러스를 좋아하지만 C 바이러스는 꺼리는 식이다. 전분을 분해하는 글리코시다제glycosidase나 글루칸 포스포릴라제glucan phosphorylase 같은 몸 안의 효소들은 나이가 들면서 더 늘어난다. 하지만 세 종류의 장 유형은 그 사람의 출신지나 성별이나 건강 상태, 나이, 몸무게 등과는 별로 관련이 없었다.[23)] 그보다는 체내 효소의 구성에 따라 달라졌다. 이 연구는 산업화된 나라들에

---

26 3부 3.「바이러스의 악의 축」 참고.

27 metagenome. 동물의 장기나 갱도 등에 고립되어 존재하는 유전체를 총칭하는 말. '군群유전체'라고도 한다.

28 독일 학자 피어 보르크가 이끄는 국제 연구팀이 2011년《네이처》에 발표한 연구. 이 연구팀은 장내 미생물들이 일종의 패턴을 이루면서 어울려 산다는 사실을 보고하면서 '장 유형enterotype'이라는 용어를 만들었다. 유럽인 22명, 일본인 9명, 미국인 2명으로 이루어진 연구 대상자 33명의 장내 미생물 중에는 박테로이데스속屬이 가장 많았다. 유형 1로 분류된 사람들의 분변에서 박테로이데스속과 친한 미생물은 상대적으로 많이 나온 반면 서먹서먹한 미생물은 적었다. 장 유형 2인 사람들에게는 프레보텔라속 미생물이, 장 유형 3인 사람들에게는 루미노코쿠스속 미생물이 많았다.

사는 사람들만을 대상으로 했기 때문에 완전하다고 볼 수는 없다. 식단과 지역에 따라 다른 종류의 장 유형이 발견될 수도 있다.

에릭 알름Eric Alm 등의 최근 연구를 보면 미생물들은 대개 숙주의 유전자형과 거주 지역보다는 생태학적 적소를 찾아 그룹을 형성한다.[24] 그 적소를 찾아 숙주의 종들 사이를 넘나들기도 한다. 연구팀은 사람과 가축 모두에게서 발견되는 박테리아가 놀랍게도 무려 42종류의 항생제에 대해 내성을 공유하고 있다는 사실을 알아냈다. 박테리아를 통해 양돈농장의 돼지들과 사람들은 점점 더 가까운 사이가 되어 가고 있다.

보르크 팀의 연구 결과를 보면, 아직 확인되지는 않았지만, 숙주들과 환경적인 차이가 뒤섞여 장 유형이 바뀔 가능성도 있다. 꼬리가 몸통을 흔드는 것이다. 장 유형은 우리가 먹는 음식이나 약 등등의 생태적 조합이 우리 몸의 요구에 따라서만 이루어지지는 않는다는 걸 보여 준다. 부모에게서 물려받는지도 분명치 않다. 장 유형에 영향을 미치는 유전자 자체를 부모에게서 물려받기는 하지만, 인구집단 내에서 어느 유형이 많이 나타나는지는 무작위적인 것처럼 보인다. 직계가족 안에서 특정한 장 유형만 나타나는 것도 아니다. 가족 안에서조차 유전자보다는 환경적인 근접성에 달려 있는 것 같다.

다른 한편으로, 장 내부 미생물군의 조합에는 기능적인 측면이 있다. 어떤 사람의 내장에 그가 태어날 때 특정 박테리아군이 자리를 잡으면, 이들은 그때부터 숙주의 장 안에서 후예들을 위한 준비를 한다. 우리에겐 그들이 손님이지만 그들에겐 우리가 우연히 만난 나그네다. 태어나는 순간부터 우리가 만나게 되는 이 단세포 연합체는 미생물과 인간이 서로 조우해 온 역사적 궤적을 통해 생겨난 것들이다.

인간미생물프로젝트[29]를 통해 좀 더 규모가 큰 인구집단과 여러 신체 부위의 미생물 연구가 이루어졌다. 장 유형과 마찬가지로, 체내 미생물의 종류에 따라 인간을 유형별로 분류할 수 있음을 보여 주는 것이 많았다.[25)] 프로젝트에 참여한 연구팀은 건강한 미국인 242명에게서 5,000개에 가까운 미생물 표본을 얻어 냈다. 구강과 타액, 뺨 안쪽, 잇몸, 콧구멍, 혀 등 18개 신체 부위에서 채취한 표본들이다. 여성의 질에서 얻어 낸 표본도 있었다. 연구팀은 각각의 미생물 샘플에서 리보솜 RNA[30]를 분리해 염기서열을 분석했다. 구강과 배설물의 미생물 군집은 특히 다양했다. 모든 개인, 혹은 모든 신체 부위에서 미생물 분류군이 관찰되지는 않았다. 항목에 따라 미생물들의 '적소'가 있다는 뜻이다. 그렇지만 몇몇 대사경로는 보편적으로 존재했다. 다양한 미생물 군집이 핵심 업무에서는 하나로 뭉친다는 뜻이다. 그중에는 장 속의 스페르미딘[31] 생합성이나 메티오닌[32] 저하, 황화수소 생산 같은 기능도 포함된다.

통일된 분류체계를 만들기는 힘들어도, 신체 부위마다 대표 선수들이 있었다. 연쇄상 구균은 여러 부위에서 관찰되었고, 헤모필루스균은 뺨 안쪽에 많았다. 악티노미세스속屬의 방선균은 잇몸 위의 얇은 막에서 발견됐다. 그럼에도 불구하고 미생물군은 개인에 따라 많이 달랐다. 창시자 효과[33]나 우연성과 겹치면서 나타난 결과로 보인다. 콜레라, 결핵, 살모넬

---

29 Human Microbiome Project. 2007년 미 국립보건원(NIH)이 수행한 연구 프로젝트.

30 리보솜ribosome은 아미노산을 연결해 단백질을 합성하는 세포소기관으로 리보솜 RNA(rRNA)와 단백질로 이루어져 있다.

31 spermidine. RNA에 들어 있는 폴리아민(유기화합물)의 일종. 정액sperm에서 처음 발견되어 이런 이름이 붙었다. 노화를 부르는 체내 활성산소를 제거하는 것으로 알려졌다.

32 methionine. 단백질의 생합성에 필요한 알파-아미노산α-amino acid 중의 하나.

33 몇몇 개체가 새로운 곳으로 이주했을 때, 이 소수의 개체들의 특성에 따라 이전 서식지에서와 유전적 대립인자의 빌현 빈도가 다르게 나타나는 것을 말한다. 이전의 개체군에서는 낮은 빈도로 나타나던 대립인자들이 새 개체군에서는 폭발적으로 늘어날 수도 있고, 이전 개체군에서는 자주 나타났던 대립인자들

라 같은 병원균은 이 연구에서는 포착되지 않았지만, 시카고대 계량연구소Computation Institute의 박테리아 데이터베이스에 등록된 미생물들은 많이 발견되었다. 건강과 질환은 몸 속 미생물의 숫자나 미생물끼리의 상호작용과도 관련이 있어 보인다. 특정 작용을 억제하는 미생물군이 약해지면 퇴행성 질환을 일으키는 병인들이 활성화된다는 가설도 가능하다.

인종은 어떨까? 나이, 체질량지수, 민족 같은 우리의 특성이 몸 속 미생물과 관련이 있을까? 여성 질 내의 산성도는 미생물군의 변이와 관련이 있었다. pH가 높으면 락토바실루스 숫자는 줄어들고, 전반적으로 미생물군이 다양해졌다. 나이가 들수록 피부에 서식하는 미생물군의 대사경로가 매우 다양해졌다. 그러나 체질량지수는 관련이 적었다. 프로젝트 측은 장단기 식단이나 매일의 대사 사이클, 창시자 효과를 비롯해 아직 연구되지 않은 요인이 있을 수 있다고 추측했다.

사람의 민족/종족과의 관련성은 의문으로 남았다. 민족/종족에 따라 차이가 나타난 미생물은 266종이나 됐다. 아시아인, 멕시코인, 백인 들에게서 상대적으로 혀 부위의 오르니틴과 히스티딘 생합성이 많이 나타났다. 콧구멍과 팔꿈치 안쪽의 프로테오박테리아와 감마프로테오박테리아 숫자는 상대적으로 적었다. 흑인과 푸에르토리코인은 그 반대였다. 하지만 이유를 설명해 줄 만한 요인을 연구진은 전혀 찾아내지 못했다.

그럼에도 분명한 것은, 우리 몸 속 미생물들의 '인종적 차이'를 놓고도 언제든 싸움이 벌어질 수 있다는 사실이다. 10년 전 비딜BiDil이라는 '인종 기반 약물'을 놓고 거센 논란이 벌어진 적 있다.[34] 트로이 더스터Troy

---

이 반대로 적게 나타날 수도 있다. 이 때문에 새 개체군에서는 진화의 방향이 달라질 수 있게 된다.

34 미국 제약회사 니트로메드Nitromed가 개발한 심부전 치료제. 2005년 미 FDA가 흑인에게만 사용할 수 있도록 이 약품을 승인해 거센 논란이 불거졌다. 보편적 사용 승인을 받을 경우 특허가 2007년 끝나기 때문에 제약사 측이 편법을 썼다는 지적이 나왔다. 반면 제약사 측은 임상실험에서 이 약품이 흑인에게

Duster에 따르면 제약회사 니트로메드는 2001년 3월 FDA로부터 심부전을 앓는 흑인들만을 대상으로 '최초의 인종 특화형 약품'에 대한 임상실험을 허가받았다. 울혈성 심부전 치료제인 비딜은 당초에는 인구집단을 위해 쓸 수 있도록 개발됐다. 그러나 초기 임상 연구에서 효과가 없는 것으로 나타나 FDA의 심의를 통과하지 못했다. "그런데 갑자기 운명이 바뀌더니 비딜이 '인종화된 치료제'로 재탄생했다"고 더스터는 전한다. 그의 설명을 보면, 니트로메드는 비딜이 백인보다 아프리카계 미국인에게 효과가 좋았다고 주장했다. 하지만 이 가설을 입증하기 위한 것이라면서도 흑인만을 대상으로 임상실험을 하고 있기 때문에, 자신들의 가설을 증명해 보이기는 힘들다고 더스터는 지적했다.[26)]

발생생물학자 아먼드 르로이Armand Leroi는 "인종이 치료에 영향을 미친다면 약마다 '무슨 무슨 인종집단에는 효과가 없다'는 경고를 붙여야 할 것"이라고 했다.[27)] '효과'에 생물학적 원인이 있느냐 하는 것은 상관없다. 르로이는 기업 편의주의 시각에서 비딜 문제를 바라보는 사람이지만, 그조차 인구집단 안에서 뭔가의 평균을 내보면 '인종 간 차이'가 늘 있을 수밖에 없다고 인정했다. 인간 개개인의 유전체를 이른 시일 안에 모두 분석할 가능성은 적고, 유전체를 바탕으로 개인 맞춤형 의학적 치료로 가는 길은 멀다. 집단을 기준으로 삼는다면 '인종 의학'을 받아들이는 길밖에는 없다. 하지만 인종에 따라 생물학적 특성이 달라진다고 믿는 이들조차도 저런 터무니없는 주장에는 반대한다.

윌리엄 세일튼William Saletan이 2008년 《슬레이트》 매거진에 기고한 글에는 비딜에 대한 유전학자 크레이그 벤터의 입장이 실려 있다. 벤터 측

만 효과가 있는 것으로 나타났다고 주장했다.

은 제약사의 의도에 우호적이지만, 그럼에도 "일단 인종에 기반한 약물이 개발되면 제약회사로서는 원인을 더 연구하기보다는 인종에 따른 처방 쪽으로 끌려갈 가능성이 있다"고 했다.[28)] "과학은 이제 비즈니스다"라고 주장해 온 벤터의 평소 입장[35]과는 사뭇 달라 보인다.[29)] 니트로메드는 영업수익을 가지고 자기네들의 '과학'이 옳았다 주장하겠지만, 그들의 과학은 생물학보다는 마케팅과 약 장사에 더 가까울 것이다. 조너선 칸Jonathan Khan은 "비딜이 아프리카계 미국인들에게 더 잘 듣는다는 증거가 없는데 어떻게 이 약이 '인종별 약품'이라는 선구자가 될 수 있었을까" 하는 의문을 제기한다.[30)] 트로이 더스터는 "그 답의 일부는 바이오테크 제품의 잠재적인 시장에서 찾을 수 있다"고 말한다. 바이오테크 업계는 늘 DNA에 기반한 개인 맞춤형 의약품을 언젠가 상품화할 수 있을 것이라고 말해 왔다. 하지만 그들이 추구하는 시장은 개인이 아니라 타깃 구매층 집단 전체다. 더스터는 마이클 클래그Michael Klag의 10여 년 전 연구를 소개한다. 이 연구는 아프리카계 미국인 집단 사이에서도 피부색이 어두울수록 고혈압 비율이 높아진다는 것을 보여 주었다. "클래그는 이것이 사람들의 혈통에서 비롯된 유전적이고 생물학적인 문제가 아니라 고용, 승진, 주거 같은 사회적 상품에 접근할 기회가 차단됨으로써 일어난 효과라고 지적했다."[31)]

니트로메드는 실패한 약을 인종주의로 재포장했다. 인종 딱지를 붙인 약품을 넘어 이런 시도가 유전의학 전체로 확장될 수도 있지만 실체는 없을 것이다. 유전자를 상품화할 수 있을지는 몰라도, 우리의 건강이 게놈에 의해서만 결정되는 것은 아니다. 그럼에도 저런 이데올로기적인

35 3부 2.「사이언티픽 아메리칸」 도입부 참고.

주장을 부추기는 요인들이 있다. 기업이 돈을 댄 경제학이 과학에도 점점 더 많이 작용하면서, 과학의 방법론은 점점 더 경제학을 닮아 가고 있다. 이제 경제학은 돈을 받은 대가로 대규모 인구집단을 대상으로 한 '거대 유전학'을 내놓으라며 과학에 빚 독촉을 하고 있다.

제니퍼 애커먼Jennifer Ackerman에 따르면 체내 미생물군의 구성이 똑같은 사람들은 한 쌍도 없다. 심지어 일란성 쌍둥이라 해도. "인간게놈프로젝트[36]는 전 세계 모든 사람의 DNA가 99.9%는 같다는 사실을 보여 주었다. 우리의 운명과 건강, 그리고 아마도 우리의 행동들 중 일부는 우리 유전자 자체보다는 몸 속 미생물들의 유전적 변이와 더 관련이 깊을 수도 있다."[32)] 그런데도 자본주의는 전성설[37]을 창의적으로 되살려 내며 이익을 챙긴다. 저들은 건강의 불평등을 차별 구조가 아닌 사람의 유전자와 내장에서만 찾는다. 그런데도 저런 주장이 모습을 바꿔 재등장할 때마다 아무 경험적 증거가 없는데도 호의적인 반응이 넘쳐난다.

대규모 유전자 데이터 연구가 이슈를 선점하는 것은 위험하다. 인종주의처럼 특정 집단에 가해지는 압박은 개인은 물론이고 그 집단 전체에 뚜렷한 영향을 미친다. 인종주의는 대립유전자의 형질과 상관없이 엄마 뱃속에서부터 흔적을 남기고, 개인의 성장에도 영향을 준다. 그렇기 때

---

36 Human Genome Project. 인간의 게놈(유전체)에 들어 있는 32억 개 염기쌍의 서열을 모두 분석한다는 국제 연구프로젝트로 미국, 영국, 일본, 독일, 프랑스, 중국 등 6개국 과학자들이 참여했다. 1990년대부터 논의와 연구가 시작되어 2003년 전체 유전체 해독을 발표했다. 저자가 이 책에서 언급한 미국 생물공학자 겸 기업인으로서 셀레라 지노믹스Celera Genomics라는 바이오테크 기업을 이끌던 크레이그 벤터는 독자적으로 인간 게놈 해독에 도전하겠다고 했다가 뒤에 합류했다.

37 17세기에 정자가 발견되면서 유럽의 발생학은 전기를 맞았는데, 인체의 구조가 이미 수정란 안에 다 갖춰져 있다는 전성설前成說과 발생 과정에서 개체의 구조가 형성된다는 후성설後成說이 대립했다. 전성설을 주장한 이들은 정자 혹은 난자에 성체의 축소형이 존재한다고 주장했다. 난자 속에 들어 있다는 '조그만 인간'에게는 '호문쿨루스homunculus'라는 이름까지 붙여졌다. 그러나 18세기 후반 이후 후성설을 뒷받침하는 발견들이 속속 이뤄지면서 전성설은 자취를 감추게 됐다.

문에 의학 연구나 사회 정책의 방향에서 인종적 차이가 무언가의 원인인 양 지나치게 부각되는 측면도 있다.

하지만 논쟁의 용어들을 다시 정리해야 한다. 체내 미생물군은 지리적으로 어떤 다양성을 갖는가? 동네나 도시나 국가에서 사람들이 인종적으로 분리되어 있을 때 나타나는 미생물군의 차이보다 인종 그 자체에 따른 차이가 더 큰가? 혹은 집단에 따라 차이가 나는 것인가? 인종적 억압과 그로 인한 물질적, 사회심리학적 스트레스는 몸 속 미생물들의 구성에 영향을 미치는가? 미생물들은 숙주의 계급에 따라서도 달라질까? '대공황 미생물군' 같은 것도 있을 수 있을까? 인간미생물프로젝트에서 확인된 미생물들의 패턴은 사회의 특정 지점들과 연결되나? 인체의 각 부위에서 발견된 미생물들의 군집 양상도 특정 형태의 환경에 의한 것인가? 만약 그렇다면 사회적, 물리적 환경의 어떤 측면인가? 이 미생물들이 퍼지게 만드는 사람들 사이의 관계의 본질과 형태는 무엇인가?

이 모든 질문들에 답하려면 생각을 바꿔야 한다. 사람은 시료 채취용 임상 대상이 아니라 사회적으로 행동하는 존재들이다. 고유한 역사 속에서 형성된 특정한 지역의 특정한 집단에 속해 있다. 더 넓은 세상에 얼마나 오래, 얼마나 넓게 노출되는지도 사람마다 다르다. 우리의 미생물은 숙주 개인을 넘어설 뿐 아니라, 우리와 미생물이 공유해 온 역사에 기대고 있다. 그들도 이름을 가질 자격이 있다. 내 미생물은 나를 뭐라고 부르는지 모르지만, 나는 내 미생물에게 '루트비히 세인트 폴'이라는 이름을 붙여 본다.

◇

이 글을 쓰고 4년 뒤 그레고리 밀러Gregory Miller와 동료들은 시카고에서 결장 내 미생물군의 지리적 분포를 데이터화한 결과 사회경제적 지위가 낮은 이들일수록 미생물군의 다양성이 떨어진다는 걸 알아냈다고 내게 트위터로 알려줬다.[33] 밀러에 따르면 소속집단의 사회경제적 지위가 다양성이 달라지는 이유의 11~22%를 설명해 주는 것으로 나타났다. '사회적 미생물' 연구의 여명이 밝아오고 있다.

4부

자본주의는 돈을 주는 노예제야. 노예제와 구조는 같은데, 다른 점은 노예는 돈을 받지 못했다는 것뿐이지. 그러나 구조는 같아. 내가 이 농장을 소유하고 있어. 너희는 바닥에 있지. 현장을 감독하는 관리자도 있지. 그들은 너희보다 돈을 좀 더 받을 뿐이야. 너희보다 사정이 많이 나은 것도 아니야. 너희보다 위에 있어서 기분이 좀 나을 뿐이지.

– 제이 콜(2014)

1

학자들의 수다

영국 암호 해독가들은 독일 첩자 퀼렌탈이 베를린에 보낸 메시지를 샅샅이 뒤지다가 무언가 이상하다는 걸 알아차렸다. 이중 스파이 가르보의 (가짜) 정보는 이미 그것만으로도 선정적이었지만, 퀼렌탈은 거기에 양념을 더 쳤다. 다만 자기 밑의 요원들이 물어 온 정보를 냄비에 조금 더 넣는 것 이상은 하지 않았다. 영국 측은 퀼렌탈이 점점 더 가르보에게 의존하게 되고, 퀼렌탈이 보낸 정보의 주가가 베를린에서 올라가는 것을 기쁘게 지켜보았다.

-벤 매킨타이어(2010)

커피 한 잔 얻어 마시고 보니 어느새 나는 세계의 보건 이슈에 뛰어들어가 있었다. 인플루엔자 A(H5N1)에 대한 식량농업기구(FAO)와의 계약 연구를 하게 된 것이다. 그 기간에 나는 이탈리아 베로나Verona 외곽에서 FAO, 세계동물보건기구World Organisation for Animal Health(OIE), 세계보건기구(WHO)가 공동 주최한 인플루엔자 및 다른 동물성 질병에 대한 회의에 초청을 받았다.[1] 이틀에 걸쳐 주로 유럽과 미국에서 온 학자 70여 명과 정부 관리들이 병원균의 성격과 통제 방안을 토론했다. 어떤 이야기는 좋았고, 어떤 이야기는 매혹적이지만 미심쩍었다. 보건 관련 빅3 기관이 협업을 하게 되었다는 것은 상당한 성과였다. 기관마다 영역이 있어서 서로 간섭하지 않았으나 치명적인 조류독감 공포가 퍼지자 협력을 하라는 압력이 커졌다. 인플루엔자가 잠잠해진 후에는 WHO는 뒤로 빠졌다.

컨퍼런스는 네덜란드 분자생물학자인 알베르트 오스터하우스Albert

Osterhaus와 관련해, '이해관계 충돌'에 대한 WHO의 긴 발표로 시작됐다. 오스터하우스는 바이로클리닉스BV, 코로노바티브BV, 이소코노바AB 등을 포함해 그가 지분을 매각했다고 주장하는 몇몇 제약사와 경제적 이해관계가 얽혀 있다.[1]

늘 그렇듯 분자생물학자들의 주도로 토론이 시작되었지만 FAO의 생태학자들과 수의사들이 반격을 했다. 회의가 끝날 때쯤엔 오스터하우스조차 분자생물학과 생태학을 통합한 접근에 관심이 있다고 고백했다. 좋은 징조다.

나와 함께 일했던 FAO의 얀 슬링겐베르크Jan Slingenbergh는 분야 간 연구영역의 차이를 이렇게 표현했다. 각 분야는 새로운 병원체에 대한 서사시에서 각기 다른 부분을 써 내려간다. 동물생태학자들은 숲이나 숲과 비슷한 곳에 사는 야생종에서 순환하는 신종 병원체에 관심을 쏟는다. 일단 병원체가 가축에 침투하면 수의사들이 이 새로운 균을 다룬다. 병원체가 인간을 침범하거나 지리학적으로 확장하면 분자생물학자, 의사, 역학자들이 개입한다. 한 연구영역이 다른 영역보다 더 중요하지는 않다. 각각의 영역은 서로 다른 발병 단계를 다루기 때문에 협업을 통해서 통합될 수 있다.

캔자스주립대의 위르겐 리히트Juergen Richt는 술에 취해 자신이 일하는 연구소의 예산이 800만 달러나 된다고 자랑했다. 그리고 바로 그날 밤

---

1 네덜란드 로테르담 에라스뮈스대 교수인 오스터하우스는 사스와 H5N1 바이러스 연구로 유명한 학자다. 하지만 2009년 신종플루가 퍼졌을 때 바이러스의 위험성을 과도하게 부추겨 제약회사들의 '공포마케팅'에 일조했다는 비판을 받았다. 당시 '팬데믹'을 선언한 WHO는 비판에 휩싸였고, 2010년 독립된 연구자들로 구성된 조사위원회를 만들었으며 WHO에서 일했던 몇몇 학자들이 제약회사들과 이해관계가 얽혀 있었다는 사실이 드러났다. 네덜란드 위트레흐트대학의 미생물학자 미켈 에켈렌캄프는 오스터하우스를 '공포를 부추긴 주범'으로 지목하며 방송 출연 등을 금지시켜야 한다고까지 주장했다.

전화를 통해 몇백만 달러를 더 따낼 예정이었다. 리히트는 모든 것을 희생해 기부금을 끌어모으는 연구 시스템의 표본 같았다. 하지만 그는 오스터하우스처럼 적어도 기업과 이해관계가 엮여 있지는 않았다. 그날 저녁 나는 모로코에 단 두 명뿐이라는 역학 수의사 중 한 명인 와파 파시 피흐리Ouafaa Fassi Fihri에게 800만 달러가 있다면 뭘 할 거냐고 물었다. 그녀는 낮게 웃기만 했다.

일라리아 카푸아Ilaria Capua[2]는 2007년 WHO가 개별 바이러스 염기서열에 관심을 갖도록 압력을 가한 영웅인데, 이번에는 유전자풀gene pool 개념으로 인플루엔자를 재구성해야 한다는 WHO의 제안을 옹호했다.[2)] 아마 카푸아가 그 제안에 기술적인 도움을 줬을 것이다. 이 접근법은 인플루엔자 집단을 바이러스가 재조합할 수 있는 게놈 부분들의 집합체로 취급한다. 이 제안은 과학적 목적보다는 외교적 목적에 따라 제시된 것이 분명하다. 이 공식에 따르면 개별 국가들은 신종 인플루엔자 변종에 대해 책임을 질 필요도 없고, 지역 이름이 바이러스 명칭에 들어갈 수 없게 된다.[3] 그러나 인플루엔자는 계통을 무시하고 마구잡이로 번식하지 않으며, 게놈 부분들이 모두 호환될 수 있는 것도 아니다. 여러 종류의 재조합이 일어난 배경이 된 나라들이 있었고, 그곳들에서 자꾸만 새로운 변종이 만들어지고 있다. 그런데 유전자풀 개념을 강조하면 농업생태학적 적소에서 일어나는 바이러스 진화의 인과관계가 모두 가려진다.

---

2 이탈리아의 생물학자. 2006년 H5N1 등 인플루엔자 바이러스의 유전자 분석 자료들을 세계의 모든 학자들이 연구할 수 있도록 공유하자는 제안을 했고, 접근이 제한된 미국 로스앨러모스연구소 데이터베이스가 아닌 젠뱅크GenBank에 자신의 연구결과를 공개하며 정보 공유 캠페인을 주도했다. 젠뱅크는 미국 국립보건원 산하 국립생물공학정보센터(NCBI)가 운영하는 공개 데이터베이스다. 2020년 초 중국 우한 바이러스연구소 연구팀도 코로나19 바이러스 유전자 염기서열 분석 결과를 젠뱅크에 공유했다.

3 1부 1.「조류독감 비난 대전쟁」 참고.

카푸아는 나더러 유전자 서열 해독을 원치 않는 것 같다고 했다. 나는 그가 두 가지 이슈를 혼동하고 있다고 답했다. 인플루엔자를 과학적으로 규정하는 방법과 데이터를 공개하도록 각국을 설득하는 것은 별개의 문제이며, 과학적 규정이 데이터를 공개하지 않으려는 나라들의 볼모가 되어서도 안 된다고.[4]

에르브 젤러Herve Zeller는 웨스트나일 바이러스West Nile Virus의 순환주기가 어떻게 인위적으로 변하였는지 설명했다. 존 맥켄지John Mackenzie는 돼지 축산이 집중적으로 이루어지면서 니파바이러스Nipah virus가 말레이시아에서 퍼진 과정을 알려줬다. 피에르 포멘티Pierre Formenty는 케냐에서 리프트밸리열Rift Valley Fever 발생 지역이 늘자 가난한 농부들이 들짐승을 잡아먹게 되고, 결국 원숭이두창[5]에 노출된 사례를 소개했다.

우리 곁에 병원체를 기르고 있는 건 바로 우리다. 혹은 사람들 주변을 맴돌며 쓰레기 더미를 뒤지던 개들이 결국 인간에게 길들여져 한 집에서 살게 된 것과 비슷하다. H5N1이 보여 주었듯이, 때로 바이러스들은 이전엔 자기네들이 아무 해를 입히지 못했던 야생동물을 죽이기도 한다.

데이비드 스웨인David Swayne은 인플루엔자가 생겨나는 데 애그리비즈니스가 역할을 했다고 주장한 존스홉킨스대의 제시카 라이블러Jessica Leibler를 향해 '이념가'라고 비판했다. 나는 빅 애그의 연구 자금을 받는 것은 과학의 원칙을 위반하는 것만큼이나 위험하다고 말해 주었다. 애그리비즈니스가 인플루엔자의 출현과 관련이 있다는 가설이 사실로 입증된다 해도, 기업의 돈을 받은 과학자들은 문제를 제기할 생각조차 못할 것이라고.

휴식시간에 야생동물보존협회World Conservation Society의 윌리엄 카레쉬

---

4 1부 1.「조류독감 비난 대전쟁」 참고.

5 monkey pox. 바이러스에 의한 급성 발진 질환. 인수공통전염병으로 설치류, 원숭이 등에 의해 감염됨.

William Karesh는 카길의 돈을 받았다고 인정했다. 야생동물을 역학 연구에 포함시키기 위해 노력해 온 그가, 그 자리에서는 카길의 홍보 요원처럼 굴었다. 카길이 땅과 노동력은 값싸고 규제는 덜한 글로벌 사우스에 공장을 두고 있다고 내가 지적했더니 그는 마치 처음 듣는 이야기라는 듯 "흥미롭군요"라고 답했다.

에코헬스 얼라이언스[6]의 피터 다사크Peter Daszak는 방역 방법을 논의하는 토의 세션을 진행했다. 나는 새로운 병원체를 식별해 낸다고 하더라도 조기 발견이 반드시 가능한 것은 아니라고 주장했다. 감염증은 뒤늦게야 포착되기 때문에, 질병의 출현을 촉진할 가능성이 높은 환경이 무엇인지를 규명하는 데 초점을 맞춰야 한다.

중국의 농업경제 구조가 근본적으로 바뀌는 시점에 광둥에서 H5N1과 사스가 발병한 것은 우연이 아니다. 검증된 지표들을 가지고 확인 작업을 할 수 있어야 하고, 병원균이 출현할 가능성이 높은 특정한 환경 변화를 예측하고, 이미 야생에서 순환하고 있는 병원균들까지 고려해 방역을 설계해야 한다. 눈치 빠른 다사크는 "분자생물학자들은 논의에서 빠지라는 거로군요?"라고 물었다. 내 주장의 의미를 알면서도 그는 "유토피아 프로젝트"라며 실현 가능성이 없다고 했다. 하지만 열 달 뒤 호주 멜버른에서 열린 원헬스[7] 컨퍼런스에서 그는 이 개념을 적어도 4번 이상 언급했다.[3)]

쉬는 시간마다 바이러스의 출현으로 인간이 치러야 할 대가들을 놓고 온갖 이야기가 오갔다. 하지만 우리는 주인님을 위해 힘겨운 협상을 벌이

---

6 Ecohealth alliance. 미국 뉴욕에 본부를 둔 전염병 예방 관련 비영리기구.

7 One Health. 자연, 동물, 인간의 건강은 모두 이어져 있으므로 인수공통 전염병을 막기 위해서는 환경과 농업까지 고려해 총체적으로 접근해야 한다는 개념.

는 실무자들일 뿐이었다. 그 회의에 모인 이들은 인류를 위해 세계 곳곳에서 헌신해 온 사람들이고, 치명적인 병원균을 막는 데에 진심으로 관심을 갖고 있는 이들이라고 믿는다. 그럼에도 저항이 가장 적을 법한 경로로 치우치는 경향이 있다는 것 또한 사실이었다.

◇

오스터하우스의 책략과 수단을 과소평가해서는 안 된다. 에코헬스 실무자들은 다른 무엇보다도 오스터하우스가 기업들에게 친환경적 이미지를 만들어 주기 위해 '원헬스' 개념을 끌어다 쓰는 걸 우려하고 있었다.[4)] 문제가 있는 몇몇만의 일이 아니다. 2014년 미네소타에서는 카길과 육계회사 골든플럼프Gold'n Plump가 후원한 '원헬스를 위한 과학' 컨퍼런스가 열렸다. 펩시Pepsi와 카길에서 참석한 사람도 있었고, "식중독이나 식품 오염 사건에서 식품 가공업자와 판매자, 소매업자를 대리했던" 참석자도 있었다.[8]

2016년 3월 그린피스는 치약으로 유명한 콜게이트-팜올리브[9]가 팜유 플랜테이션 농장의 이름을 공개하는 것을 거부하고 있다고 발표했다.[10] 불과 몇 주 뒤, 에코헬스 얼라이언스는 재정 후원자인 콜게이트사에게 상을 수여했다.[5)]

---

8 컨퍼런스가 열린 미네소타주의 미니애폴리스에서 컨설팅회사를 운영하는 새러 브루Sarah L. Brew를 가리키는 것으로 보인다. 브루의 홍보 사이트에 인용문으로 표시된 문구가 그대로 적혀 있다. (https://www.faegredrinker.com/en/professionals/b/brew-sarah-l#!#tab-Overview)

9 Colgate-Palmolive. 팜유를 생산하는 콜게이트의 자회사.

10 그린피스는 글로벌 기업들에게 팜유 농장의 소유 현황을 공개하라고 요구했다. 아이스크림, 화장품, 치약 등 광범위하게 사용되는 팜유 생산을 위해 산림이 훼손되고 있기 때문이다.

2

위키리크스[11]에 등장한 식품 제약 회사

자신들 앞에서는 모든 계급의 평화로운 사람들이 벌벌 떠는 데 익숙했던 이 지역 독재자들에게 영국인같이 생긴 기술자가 존재한다는 것은 공포와 반항 사이를 오가는 불안감을 야기했다. 어떤 당이 집권하더라도 그 남자는 산타마르타의 고위직과 효과적으로 연결되어 있을 것임을 그들 모두 서서히 알아챘다.

- 조지프 콘래드(1904)

중동의 시민 반란이 세계에 반향을 일으키며 독재에 대한 저항을 이끌어 내고 있다. 페이스북과 트위터를 격찬한 미국 해설가들은 근본적인 원인과 피상적인 수단을 착각했다. 그럼에도 인터넷의 역할을 과소평가해서는 안 된다. 여러 나라에서 도미노를 일으킨 튀니지 혁명은 인터넷에서 흘러나온 미국 외교전문電文에 벤 알리Zine El Abidine Ben Ali[12]의 부패를 드러내 주면서 촉발된 측면이 있다.

너무 많은 게 겉으로 드러나면 제국에는 독이 될 수 있다. 그래서 미국은 이내 위키리크스 설립자인 줄리언 어산지Julian Paul Assange의 송환 작전을 폈다.[6)]

11 Wikileaks. 미국의 국방부 기밀문서, 국무부 외교전문 등을 폭로한 웹사이트.

12 지네 엘 아비디네 벤 알리. 튀니지의 정치인이자 군인으로, 1987년부터 23년간 철권통치를 하다, '아랍의 봄'이 튀니지에서 촉발되며 아프리카 중동국에서 가장 먼저 퇴진했다.

내용만 보면 위키리크스가 공개한 전문들은 별로 중요하지 않다고 말하는 전문가들도 있다.[7)] 하지만 미국 정부가 해외에서 미국의 상업적 이익을 위해 구체적으로 어떤 일을 했는지 보여 주었다는 점에서, 전문의 세부 사항들은 중요하다. 이 외교전문에는 미국 대사관들이 다루어 온 온갖 종류의 일이 드러나 있다. 모든 것이 그들의 관심사이지만, 개별 대사관마다 특히 초점을 맞추는 특정한 이슈도 있었다. 아제르바이잔의 에너지, 시리아가 지원하는 테러리즘, 파키스탄의 테러, 미국 고위 인사의 외교적 거래 등등. 특정 기업도 등장한다. 아제르바이잔의 BP[13], 지부티의 블랙워터[14], 러시아의 비자·마스터카드 등이다.

얼핏 보기엔 국무부가 국가 안보와 외교 문제를 다루고 있는 것 같지만 대사관의 업무는 상업적 이해관계와 얽혀 있다. 예를 들어 아부자Abuja에 있는 주 나이지리아 미국 대사관이 보낸 전문에 따르면 미국 인사들은 제약회사 화이자Pfizer가 일으킨 문제를 중간에서 해결해 주는 역할을 했다. 화이자는 수막염이 발병한 어린이들에게 부모의 동의도 없이 항생제를 먹이는 임상실험을 했고, 이 때문에 수백만 달러짜리 소송 두 건이 제기됐다. 그러자 화이자는 나이지리아 연방법무장관 마이클 아온도아카Michael Aondoakaa를 압박하기 위해 그의 부정부패에 관한 여러 증거들을 지역 신문에 넘겼다. 화이자의 관리자인 엔리코 리게리Enrico Liggeri는 나이지리아의 소송을 두고 "또 다른 질병이 발병하면 제약사들이 발 벗고 나

13 영국의 다국적 에너지 기업.

14 Blackwater. 미국의 민간군사회사(PMC)로 경비, 경호, 전투원 동원, 병참 등의 군사 영역 전반을 망라한다. 특히 조지 W. 부시 정권 시절 도널드 럼즈펠드 국방장관 주도로 군 업무의 상당 부분이 아웃소싱되면서 국방부 계약을 수주해 막대한 이익을 거둔 것으로 알려져 있다. 이라크에서의 민간인 학살 등이 문제가 되자 '지Xe'로 이름을 바꿨으며 '아카데미Academi'를 거쳐 2014년 다시 '컨스텔리스 홀딩스Constellis Holdings'로 이름을 변경했다. 소말리아와 인접한 동아프리카의 소국 지부티에는 미국의 아프리카 최대 군사기지가 있고, 블랙워터는 그 시설의 운영에도 관여하고 있다.

서 (국가를) 도와주기 어렵게 하는 강도짓"이라고 했다.[8] 화이자의 주장대로라면 나이지리아 정부가 화이자의 잘못된 실험에 따른 피해를 보상해주는 것은 오히려 아이들을 위험으로 모는 행위이며, '부패한 관리'로 몰아갈 사람을 정해 놓고 부패의 증거를 찾는 것은 정당한 사업 관행이 된다. 그러나 외교전문의 결론은 소송에 대한 것도, 화이자의 속임수에 대한 것도 아니었다. 나이지리아는 화이자가 성장하고 있는 시장이라면서, 화이자가 7,500만 달러를 지불함으로써 '투명성'을 담보하려는 노력을 기울였다고 칭찬하며 전문은 끝났다. 기가 막힌 일이다.

유전자변형 작물(GMO)에 대한 지원도 비슷한 각본에 따라 전 지구적인 차원에서 진행됐다. 위키리크스를 찾아보면 96개국에서 보낸 472개 전문에서 '유전자변형genetically modified'이라는 문구가 검색된다. 어떤 내용은 다른 나라의 관련 노력을 전하기도 했지만, 전문을 살펴볼수록 미국의 외교정책이 애그리비즈니스의 공격적인 사업 확장을 자기 일인 양 동일시하고 있다는 게 드러난다. 마치 그 사업 모델이 국제법이나 인권처럼 양도 불가능한 원칙이나 되는 듯이.

폴란드 환경부 관리와 만난 뒤 바르샤바 미국 대사관이 보낸 짧은 전문에는 폴란드가 종자 기업 파이오니어Pioneer와 신젠타Syngenta의 GMO 옥수수 잡종을 허용할지를 결정하는 유럽연합의 투표에서 찬성표를 던질 가능성이 낮다는 내용이 들어 있다.[9] 전문은 아래와 같은 협박조의 문장으로 끝을 맺는다.

> 향후 폴란드의 결정과 GMO 재배에 관련 법안의 세부사항은 추가로 정보를 입수해 다시 전문을 보내겠지만, 모든 품종의 GMO 승인에 반대한다는 폴란드의 정책은 아직까지 유지되고 있음. 이런 방침에 따라 폴란

> 드는 이번 투표에서 승인에 반대할 것으로 예상됨. 다만 폴란드가 기권을 할 수도 있다는 달비악Dalbiak 국장의 발언은 적어도 폴란드 내부에서 바이오테크에 대한 논쟁이 일어나고 있음을 보여 줌. 정책 결정권자들은 WTO에서의 쇠고기 호르몬 분쟁[15]으로 대규모 보복 제재를 받은 이후로는 자신들의 행동에는 결과가 따른다는 것을 잘 이해하고 있음.

정치인이 기부자들에게 시간을 내줘야 하는 것처럼 대사관 직원들도 업무 일정을 짤 때에 미국 기업들과의 약속을 거절하지 못하는 상황인 걸까? 아니면 아프리카에서 중국이 하고 있는 것처럼 제국주의의 인프라에는 필수적인 업무인 것일까?

GMO의 보건 비용, 생태적 비용, 사회적 비용에 많은 관심이 쏟아졌으나 애그리비즈니스는 이런 비용을 정부, 노동자, 야생, 소비자 들에게 떠넘겼다. 기업들에 청구서를 내민 이들도 있지만 아직 진짜 라운드는 시작되지도 않았다. GMO는 생물학 자체를 사유화하고, 토지 주권과 농업을 통해 만들어진 생산물을 상품으로 바꾸는 원대한 프로젝트다. 카길의 최고경영자 그레고리 페이지Gregory Page는 2008년 연설에서 "카길은 광합성의 상업화에 관여하고 있다. 그것이 우리가 하는 일의 근본이다"라고 했다.[10)]

세계 농업의 모든 영역이, 농작물과 투입물 전부가 특정국 독점기업의 특허권에 묶인다면 그 나라가 휘두를 힘이 얼마나 클지 생각해 보라. 세계 사람들이 하나하나 그 국가의 명령에 조종을 당할 것이다. 소프트한

15 유럽연합은 성장 호르몬으로 사육한 미국 쇠고기를 규제했고, 이에 대해 미국이 보복관세를 부과하면서 미국과 유럽 간의 분쟁이 시작되어 10년 넘게 이어졌다. 호르몬 쇠고기의 유해 여부를 가릴 과학적 증거가 없다고 WTO가 판단함으로써 결국 유럽연합이 패했다.

세계 지배. 장화를 신은 농부가 아니라 스위트룸에서 양복을 입고 일하는 이들에 의한 지배.

미국의 GMO 공세는 마치 거대한 코끼리처럼 아르메니아에서 짐바브웨까지, 지역 활동가들을 괴롭히는 것에서부터 국제적인 혼란을 일으키는 것까지, 가장 소외된 소도시에서 가장 부유한 시장에 이르기까지 세계를 휩쓸고 있다. 프랑스가 그 예다.

2006년 파리의 미국 대사관은 프랑스 법원의 판결 두 건을 지지하는 전문을 보냈다.[11)] 하나는 오를레앙Orléans 근처에서 반GMO 운동단체인 포셰르 볼롱테르Faucheurs Volontaires가 프랑스에서 유일하게 승인된 GMO 종자인 MON810[16]의 시험재배지를 부숴 버린 것에 대해 유죄를 선고한 판결이다. 또 다른 하나는 환경단체 그린피스에 프랑스 전역의 GMO 옥수수 온라인 지도와 GMO 생산 농부들의 명단을 삭제하라고 한 판결이었다.

> 4월 13일 포셰르 볼롱테르와 그린피스에서 50여 명이 프랑스 남서부 오드 지역의 몬산토 부지로 몰려들어 "밭에서 접시로, GMO 반대"라고 쓰인 현수막을 걸었음. 시위대는 현장에서 체포.
>
> 6월, 농민조합 활동가들과 연합한 포셰르 볼롱테르는 프랑스 남부 루아레의 GMO 시험재배지에 유기농 옥수수 씨앗을 심겠다며 반反바이오테크 활동가 40여 명을 보냄. 바이오테크 기업들이 "죽음을 심고 있다"면서 "삶을 심는 행위"가 필요하다고 주장함.
>
> 7월, 몬산토는 시험재배지 3곳이 훼손되었다고 발표. 유명 종자회사 리

---

16 미국 농업·생명공학회사 몬산토가 만든 유전자변형 옥수수 종자.

마그랭Limagrain과 유전공학 자회사 바이오젬마Biogemma도 포셰르 볼롱테르 활동가들이 시험재배지를 망쳤다고 발표. 포셰르 볼롱테르는 올여름부터는 시험재배지뿐 아니라 상업용 생산농지도 습격할 것이라고 선언.

전문은 반대 시위 때문에 GM 작물을 키우는 농부들과 연구진들이 실망했다고 적었다. 반면에 GMO 생산농과 업계의 스페인 수출용 옥수수 사료 홍보에 대해선 긍정적으로 평가했다.

6월의 연례 옥수수 생산자 모임에서 한 농부가 공개적으로 Bt옥수수[17]를 심는 것을 옹호함. 살충제 사용이 줄고, 천공충의 공격에도 약해지지 않는 고품질 옥수수를 생산할 수 있으며 수확량도 많다고 장점을 소개. 기술 잡지《퀼티바르Cultivar》는 7월호에서 바이오테크[18]를 적용한 시판용 옥수수를 재배하는 농부의 인터뷰를 실었음. 파종에서부터 추수까지, 이런 기술을 적용하지 않은 옥수수와 어떻게 함께 경작하는지까지 다양한 관리법을 담음.

전문은 해충이 내성을 갖게 되면 살충제 사용이 다시 늘어날 수밖에 없다는 점, GMO가 아닌 작물이 오염될 수 있다는 점은 지적하지 않았다. 프랑스의 입법 노력을 묘사한 부분도 비슷하다. GMO를 허용하는 것이 "합리적"이라면서, 법안을 막으려는 행위는 "정치적"이라고 주장한다.

2007년의 후속 전문[12)]에서 파리 대사관은 캠페인이 위태롭다고 걱정

---

17 바실루스 투렌제네시스Bacillus Thuringenesis는 곤충에게는 치명적인 단백질을 자연적으로 생산해 내는 토양 박테리아다. Bt옥수수는 이 박테리아를 주입한 유전자변형 옥수수로, 살충제를 덜 써도 되는 것으로 홍보되었다.

18 미 국무부 외교전문은 유전자변형이라는 말을 피해 '바이오테크'라는 용어를 주로 쓰고 있다.

한다. 등록된 GMO 재배면적이 1년 사이 4배가 되었는데도 여전히 프랑스의 옥수수 생산의 0.75%에 그치고 있다는 것이다.

> 바이오테크에 반대하는 몇몇 대선 주자들이 농부들의 봄철 파종 결정에 부정적인 영향을 주었고, 바이오테크 재배 지역을 농업부에 보고하고 대중들에게도 공개해야 한다는 그린피스의 새로운 요구도 악영향을 끼쳤음.

전문은 '패배' 요인을 다음과 같이 요약했다.

> 프랑스 소비자들은 농업 제품에 바이오테크가 적용되는 것을 받아들이지 못하는 경향이 큼. 바이오테크 식품은 시장에서는 찾아보기 힘듦. 그린피스, 포셰르 볼롱테르, 반세계화 단체 아탁(ATTAC), 지구의 친구들, CRI-GEN, 농민조합 같은 반反바이오테크 단체들이 잘 조직되어 있으며 지속적으로 반대운동을 펴고 있음. 2006년 여름 활동가들은 노천 시험재배지 3분의 2를 파괴함. 농장주들은 활동가들이 이런 행동을 하고도 처벌받지 않은 것에 분개함.
>
> 프랑스 최대 농민조직인 프랑스농민연맹(FNSEA)도 이 이슈에는 입장을 내지 않음. 바이오테크 농민들이 공격을 피하기 위해 은밀히 경작 중이라는 사실만 공개적으로 거론하는 데에 그치고 있음.
>
> 바이오테크를 이용하는 농민들은 전통 농민들의 공격에 직면함. 바이오테크 옥수수 밭에서 나온 꽃가루가 꿀 수확을 망쳤다면서 손해배상 소송을 낸 양봉업자도 있음.
>
> 바이오테크 반대 운동가들의 은밀하고 효과적인 전술은 사료업체와 식

품산업에 압력을 가하는 것임. 예를 들어 그린피스는 홈페이지에 프랑스에서 판매되는 바이오테크 적용 식품의 이름이 포함된 '블랙리스트'를 공개. 슈퍼마켓들도 바이오테크 상품을 판다는 악명을 피하기 위해 해당 상품을 선반에서 치울 정도임.

바이오테크 농민들은 정부 지원을 거의 받지 못함. 나탈리 코시우코스-모리제Nathalie Kosciusco-Morizet 생태부 장관은 강력한 예방적 접근을 강조하며 생명공학에 대해선 연구까지만 지지.

농민들은 또 경찰이 대개는 농작물 파괴를 묵인하는 것에 좌절하고 있음. 법원도 활동가들에게 관대함. 기본적으로 바이오테크 발전이 공중 보건에 해로울 수 있다는 주장이 용인되는 분위기. 의회도 생명공학을 적용하는 농부들을 위한 실질적인 조치를 통과시키지 못하고 있음.

프랑스의 정부와 노동계, 농민, 환경운동가, 소비자와 상인, 경찰과 판사까지 똘똘 뭉쳐 GMO 반대 레지스탕스를 벌이고 있다는 투다.

이듬해 프랑스가 MON810 재배를 금지하자[13)] GMO 업계는 쑥대밭이 됐다. 몬산토는 프랑스 정부가 그린피스, '지구의 친구들'과 거래를 했다고 비난했다. 정부가 GMO를 금지하는 대신에 환경단체들은 유럽 전역에 원자로를 팔려는 니콜라 사르코지Nicolas Sarkozy 정부의 원자력 에너지 이니셔티브를 눈감아 주기로 했다는 것이다.

프랑스는 EU 회원국들에게도 MON810 허가 갱신을 재검토하라고 촉구했다. 다음번 논란의 무대는 스페인이 될 터였다. 당시 GM 옥수수 생산의 중심지였던 스페인의 카탈루냐에서는 MON810 생산과 수입을 중단하려는 시민들의 압력이 높아지고 있었다. 결국 카탈루냐와 바스크, 카나리아제도는 'GMO 프리(재배 금지)'를 선언했거나 생명공학을 규제하는 엄격한 법규를 만들었다. 중앙정부를 향한 압박도 거세지고 있었다. 외교전문에는 이렇게 적혀 있다.

> 농생명공학에 반대하는 진영에는 환경농림해양부 환경 담당자들과 유기농 농민들이 있음. 소비자들도 점점 GM 옥수수에 부정적인 반응을 보임. 4월 18일 일간《엘파이스El Pais》가 실시한 설문조사에서 응답자의 85%가 'GM 식품이 금지되어야 하는가'를 묻는 질문에 '그렇다, 위험할 수 있다'고 했으며 15%가 '아니다, 절대 안전하다'고 대답.

이런 복잡한 상황에서, 마드리드의 미국 대사관은 GMO 업계를 위해 워싱턴이 조치를 취해 달라고 요구했다. 또 GMO 캠페인의 과학적 근거를 설파할 방법을 유럽 대륙의 다른 대사관들에게 물으며 조언을 구했다.

> 호세프 푸주Josep Puxeu 환경농림수산부 장관과 몬산토의 긴급한 요청에 따라 우리는 유럽 식품안전청의 조사를 돕는 차원에서, 고위급이 개입해 스페인의 과학적 농생명공학 분야를 미국 정부가 다시 지원해 줄 것을 요청함. 스페인의 영향력 있는 인사들을 만나고 농생명공학 발전을 도울 미국 정부 소속이 아닌 과학자에 대한 지원도 요청. 반GMO 캠페인과 관련해 다른 지부(대사관)의 코멘트를 환영함.

GMO의 보건, 생태학적, 경제적 영향에는 과학적으로 아무 문제가 없으며 반대도 없다는 말투다. 이는 로마교황청 앞에서도 달라지지 않는다. 외교전문에는 이렇게 적혔다.

> 개별 성직자들이 이데올로기적인 이유나 무지 때문에 GMO에 반대하는데, 바티칸은 아직까지는 이를 통제할 의무감을 못 느끼는 듯. 개별 성직자들이 비판적인 시각을 재고할 수 있도록 로마가 목소리를 내야 함. 바티칸이 GMO에 찬성한다는 뜻을 밝히도록 계속 로비를 할 것임.[14)]

미국의 GMO 산업이 진격하고 있는 곳은 유럽만이 아니다. 위키리크스 전문들은 미 대사관들이 곳곳에서 농축산업체의 자회사처럼 활동하고 있음을 자세히 보여 준다.

2009년 전문에서 케냐 나이로비의 미국 대사관은 케냐에 GMO를 도입하기가 예상보다 쉬웠다는 듯이 묘사했다.[15)] 케냐는 아프리카 국가 가운데 최초로 '바이오안전성에 관한 카르타헤나 의정서Cartagena Protocol'에 가입한 나라였으나 2009년 2월에는 남아프리카공화국, 탄자니아, 우간다, 말라위, 말리, 짐바브웨, 나이지리아, 가나 등과 함께 GMO의 사용과 무역에 관한 법적인 틀을 만들었다. 위키리크스 전문에는 이렇게 나온다.

> 케냐의 면화 산업이 쇠퇴하고 기아 우려가 번지자 남아프리카의 GMO 농업 성과를 옹호해 온 생명공학 찬성론자들은 지난가을 의회에서 기술로 면화를 되살리고 고질적인 식량불안을 해소할 수 있다고 주장함. 과거 케냐는 기술의 잠재적 위험을 과대평가해 바이오테크 옥수수 수입량을 전체의 2%로 제한. 그 결과 식량이 부족해지고, 옥수수 가격은 인위적으로 급등함.

이 전문의 내용은 입증되지도 않은 인과관계를 전제로 깔고 있다. 케냐에서 광범위한 기아는 부분적으로는 토지 수탈 때문에 일어나며, 바이오테크는 그런 수탈의 합법화에 일조하고 있다.[16] 실용적으로는 장점이 있을지 몰라도 바이오테크는 종종 소농들을 희생시켜 케냐 엘리트와 다국적 기업들만 부자로 만들어 준다. 새로운 사회적 관계를 몰래 구축하기 위한 트로이의 목마이기도 하다. 게다가 옥수수는 글로벌 상품으로, 시장가격에는 거액의 보조금을 받는 다국적 기업들의 곡물 덤핑도 영향을 미친다.[17]

미국 정부는 대사관을 통해 상황을 보고하는 데에 그치지 않으며 케냐의 GMO 옹호론자들에게 지침까지 내려 준다.[18]

> 생물안전 시스템을 만들기 위해 미국 국제개발처(USAID)의 지원 프로그램을 통해 케냐의 주요 조직과 연결고리를 만들었음. 정책 입안자들과 규제 기관이 법안을 추진하도록 지원체계를 구축. 이 프로그램은 GM 목화와 옥수수를 시험재배할 수 있도록 기술적 지침도 제공함. 제한적 현장 실험이 승인된 GM 제품에는 해충에 저항성을 갖는 옥수수, 면화, 조직 배양 바나나, GM 고구마, 바이러스에 내성이 있는 카사바, 우역[19] 백신 등이 있음. 케냐에서는 이미 내충성 GM 면화와 옥수수의 제한적 현장 실험이 진행 중임. 케냐 농업연구소는 유전자를 이식한 Bt면화의 개방농지 시험재배를 2009년 10월 시작할 계획임.

당시 케냐 농업계는 2017년 시작될 예정인 GMO 옥수수 재배를 놓고 심각하게 분열되어 있었다. 페이지 아루스Paige Aarhus[20]는 이렇게 적었다.

"농부들은 수확량이 많아지는 몇 시즌을 위해 모든 위험을 감수하는

---

19 牛疫. 소에게 발병하는 바이러스성 감염병. 2011년 유엔은 우역 멸종을 선언했다.

20 케냐 나이로비에서 활동하는 캐나다 출신의 저널리스트.

것에 회의적이었다. 칸군도Kangundo의 소농 프레드 키암바Fred Kiambaa는 '죽고 사는 문제라면 GM 기술을 시도해 보겠다'면서도 여전히 경계하고 있었다. 키암바는 카투마니 품종의 옥수수를 썼는데, 널리 퍼진 품종으로 가뭄에 꽤 강하고 농부들이 충분히 살 만한 가격이었다. 수확량이 많아진다는 것은 분명 매혹적이었지만 키암바는 외국 기업에 생업을 맡기고 싶지는 않다고 했다. 키암바의 가족이 그곳에 산 지는 수십 년이 되었으나 영국이 지역 농부들에게 땅을 돌려주기 전까지는 농사를 지을 수 없었다. 그는 영국인들이 심은 가파른 비탈의 나무들을 가리켰다. '우리에게 숯이 생긴 게 그들 때문이지.' 그는 씁쓸하게 웃으며 말했다."[19)]

케냐에서는 국내외에서 나타난 GMO의 잠재적인 사회생태학적 비용에 대한 검토가 이루어지지 않았다. 인도의 경우 작황을 망치거나 살충제 내성이 생겨 해충이 더 강해지는 일이 벌어졌다. 빚에 몰린 농민들이 자살을 했고, 대기업 비료와 살충제를 사서 써야 하는 바람에 악순환에 빠졌다. 소농들은 어쩔 수 없이 푼돈에 농지를 팔았고 광범위한 지역에서 농업이 붕괴됐다. 이런 실패들이 애그리비즈니스에는 이익을 안겨 주는 보상체계가 된다. 케냐의 몇몇 연구기관이 몬산토의 돈으로 운영되는 판이니, 인도의 사례를 검토하지 않은 것은 우연이 아니다.

아루스는 "NGO 중에 규모가 큰 아프리카농업기술재단(AATF)은 케냐 농업연구소와 함께 GM의 연구·개발을 하고 있다"며 "2008년 이 재단은 미국 빌&멜린다게이츠재단으로부터 4,700만 달러를 받았다"고 했다. 게이츠 재단은 몬산토의 주식을 보유하고 있다. 아루스에 따르면 재단의 파트너십에는 하워드 G. 버핏 재단과 몬산토도 포함되어 있다. 미국 대학들에서는 농민이 주관하는 조사나 공익을 위한 품종 연구가 애그리비즈니스의 돈으로 뒷받침되는 연구들에 밀려 폐기되고 있다. 그런 일이 케냐에서도 그대로 재연되고 있는 것이다.

케냐의 65개 농업단체의 연합인 아프리카 생물다양성네트워크African Biodiversity Network의 앤 마이나Anne Maina 권익옹호 담당관을 비롯한 많은 케냐인은 이런 직무유기를 비판한다. 아루스에 따르면 마이나는《인디펜던트The Indypendent》[21]에 "공공 연구기관은 우리의 식품과 종자 체인을 식민지화하는 애그리비즈니스의 어젠다가 아니라 농부들이 원하는 것에 초점을 돌려야 한다. 우리는 종자 특허권이 매우 비윤리적이며 위험하다고 생각한다"고 말했다.

대사관 전문에서는 국립생물안전공단National Biosafety Authority의 윌리 토누이Willy Tonui 박사가 "생물안전 문제를 해결"할 수 있도록 생물안전법을 개정할 것을 요구했다고만 짤막하게 적혀 있다. 외교전문은 이렇게 주장했다.

> 이 분야의 대다수 전문가들이 볼 때 생명공학은 케냐의 식량안보를 개선시킨다는 약속을 지키고 있음.[20)] 국립생물안전공단 수장인 토누이 박사조차 반대하지 않음. 토누이는 공단이 GM 종자에 관한 엄격한 관리 지침을 지키고 있다면서, 미디어의 히스테리와 부정확한 보도들이 GM 기술에 대한 저항을 불렀다고 했음.[21)]

위키리크스에 미국의 외교전문들을 넘긴 첼시 매닝Chelsea Manning 일병은 버지니아주 콴티코의 군 교도소의 독방에 8개월간 갇혀 있으면서 성적 수치심을 유발하는 괴롭힘에 시달렸다.[22] 문서의 내용보다 미국의 민

---

21 미국 뉴욕에서 발행되는 진보성향 매체.

22 위키리크스에 외교전문을 제보할 당시의 이름은 브래들리 매닝Bradley Manning이었으나 성전환을 하

낮을 더 잘 보여 주는 게 바로 그가 겪어야 했던 일들이다.

전문들의 내용을 살피고 알리고 기부금을 내는 것은 매닝의 양심적인 행위에 지지를 보내 주는 일이다. 내가 이 글에서 다룬 것은 전문에 나오는 식품·제약 관련 내용의 극히 일부일 뿐이다. 화이자의 속임수나 프랑스의 MON810 거부 같은 몇몇 내용은 언론에도 보도가 되었지만 전문을 직접 읽어 봐야 기사들이 놓친 것과 행간에 숨겨진 것을 볼 수 있다. 게다가 보도되지 않은 것들이 훨씬 많다. 토지를 갖지 못한 브라질 농민들의 운동[23], 러시아의 삼림 벌채, HIV를 막는 복제약, 일본과 아이슬란드의 불법 고래잡이, 그리고 인플루엔자를 언급한 전문이 3,000개가 넘는다. 비밀의 장막 뒤에서 이루어지는 제국의 로지스틱스(물류)를 들여다보고 싶은 학자와 언론인, 활동가, 그리고 모든 이들에게 이런 자료들이 열려 있다.

고 첼시 매닝으로 개명했다. 2007년 미 육군에 입대한 뒤 이라크 바그다드에서 정보분석병으로 근무했으며 이 과정에서 미군 아파치 헬기가 바그다드에서 민간인을 학살한 사건 등을 접하고 제보를 결심했다고 뒤에 밝혔다. 국가에 대한 배신행위로 군사법원에서 징역 35년형을 선고받았으나 2017년 7년형으로 감형되었고, 그해 5월 석방됐다. 석방 뒤 성전환 수술을 받고 여성이 됐다. 2019년 위키리크스 재판의 증언을 거부해 재수감되었다가 2020년 벌금형을 선고받고 풀려났다.

23 Movimento dos Trabalhadores Rurais Sem Terra. 브라질의 농촌에서 시작된 농업노동자들의 저항운동. 경작을 하지 않으면서 막대한 토지를 보유한 대지주들에 맞서 빈 땅에 농사를 짓는 점거운동으로 시작되어 농지개혁과 GMO 반대투쟁, 전반적인 사회개혁 운동으로 확대됐다.

3

—

닭장 안에서 병원균은 진화한다•

고병원성 인플루엔자 H5N1(조류독감)은 두 가지 점에서 우리를 놀라게 했습니다. 첫째, 사람에게서 인간에게 직접 전파되었다는 점입니다. 둘째로, 그 바이러스는 조류와 인간 모두에게 치명적이었습니다. 오늘은 그중 후자에 대해 이야기하려고 합니다.

왜 그렇게 치명적이었을까요? 몇 가지 가능한 설명이 있습니다.[22] 먼저 헤마글루티닌의 다염기 부위에 변이가 일어나, 바이러스에 감염되는 신체 조직 범위가 넓어졌습니다. 그다음으로, 인플루엔자 바이러스의 PB2 단백질에서 627번째에 있는 아미노산이 라이신으로 바뀌면 바이러스가 포유류에서 복제하기 쉬워집니다. 마지막으로 바이러스의 PB1 단백질의 대체 판독 프레임은 세포의 사멸을 늘리고 면역반응을 약화시킵

• 이 글은 현재 런던 열대의약·위생대학의 케이티 애트킨스Katie Atkins와 함께 식량농업기구(FAO) 축산보건분과를 상대로 했던 연설의 일부분을 정리한 것이다.

니다.[24] 이런 요인들은 분자 메커니즘의 변화와 함께 중요한 통찰을 안겨줍니다. 이 바이러스가 가지고 있는 병인의 본질과 감염 방식을 파악하고, 약물의 타깃이 될 단백질을 알아내고 백신을 개발하는 데에 도움이 될 테니까요.

병원균의 풀pool이 여러 종의 숙주에 걸쳐 있고 지역적으로도 널리 분포해 있을 때에는 그런 분자적 적응이 선택된 환경을 알아봐야 합니다. 왜 그곳에서 그 시점에 그런 특질들이 나타났는지를 물어야 합니다. 그런 요소들이 빠진다면 인플루엔자의 진화에 대한 어떤 설명도 불완전한 것일 수밖에 없습니다.

전염성과 병독성의 관계를 중심으로 학자들이 적지 않은 모델링을 했지만 농업적 맥락에서 모델링을 한 것은 거의 없었습니다.[23)] 특정 농업 생산 시스템이 유독 병원균들의 진화를 돕는다면? 텃밭 농사와 집약적 농업 중 어떤 쪽이 병원균의 선택을 촉진할까요? 기능적, 공간적으로 어떻게 구성된 농장들이 바이러스의 진화에 최적인 환경을 제공할까요?

육류 소비가 급증하고 축산업이 팽창하고 수직적으로 통합되는 등 축산혁명이 일어난 것과 함께, 가축 인플루엔자도 퍼졌습니다. 근래 점점 늘어나고 있는 H5 계열과 H7 계열의 고병원성 바이러스 변종들은 이전의 병원균들과는 관련이 적으며, 특정 지역에 기반을 두고 병독성이 높아졌다는 증거가 많습니다.[24)]

양계산업의 본질은 시공간적으로 급변했습니다. 공급라인은 길어졌고 제품의 처리시간은 짧아졌습니다. 세계적인 규모에서나 한 나라에서나 이런 변화가 뚜렷이 나타나고 있습니다. 농장의 가축집단 규모가 커지

---

24 3부 1. 「에일리언 대 프레데터」 참고.

고 밀도가 높아진 것, 가축집단 내 유전적 다양성은 줄어든 것, 도축 속도가 빨라진 것, 더욱 어린 가축들을 도살하게 된 것, 생산농장이 특정 지역에 집중된 것, 여러 가축종의 생산시설이 지역적으로 겹치는 것, 수송 거리가 길어진 것, 숲과 습지대를 농장들이 에워싸면서 야생동물과 가축들이 서로 접촉할 수 있게 된 것 같은 변화들이 새로운 병원균의 등장을 불렀는지, 최소한 관련이 있는지를 묻는 게 합리적입니다.

축산의 생태학이 바이러스의 진화를 불렀다고 볼 증거가 있을까요?

비제이크리슈나와 동료들은 중국의 농장들이 키우는 오리와 거위 집단의 규모가 커졌을 때 H5N1 바이러스의 숫자가 급증하고 다양성이 폭발해 변종 생성이 늘어났음을 보여 주었습니다.[25] 게놈 수준에서 보자면 이 바이러스가 가축집단에 침투했을 때 일련의 재조합이 일어났습니다. 카푸아와 알렉산더 연구팀은 좀 더 넓은 관점에서 칭하이 호수 주변 거위들에게 인플루엔자 변종이 생겨난 2004년 이전에 세계에서 발생한 인플루엔자를 검토했습니다.[26] 이들은 조류 인플루엔자 하위유형들의 저장소인 야생 조류집단에는 고병원성 바이러스 균주들이 없었으며 다양한 저병원성 인플루엔자의 하위유형들이 가금류에 침투한 뒤에만 고병원성으로 바뀌었다는 것을 알아냈습니다.

일련의 혈청학적 역학 연구에 따르면 중국의 가금류 생산망에는 여러 인플루엔자 유형이 널리 퍼져 있습니다. 왕Wang과 동료들은 특히 시장의 가금류 상인들과 도매업체, 대형 가금류 생산업체 노동자들 사이에 H9이 광범위하게 퍼져 있음을 보여 주었습니다.[27] 장Zhang과 동료들은 5년에 걸쳐 상하이의 한 육계 농장에서 발생한 H9N2 바이러스들을 추적했습니다.[28] 그 농장에서 발견된 모든 바이러스가 첫 번째로 생겨난 바이러스와 관련이 있었습니다. 백신 접종을 비롯한 온갖 생물안전 노력에도 불구하고 말입니다.

그레이엄의 연구팀은 뒷마당에서 소규모로 키워지는 가금류들과 비교할 때 2004년 태국의 상업적 생산시설에서 대규모로 키워지는 가금류에게서 H5N1의 감염 빈도가 훨씬 높은 것으로 나타났음을 확인했습니다.[29] 어느 혈청형의 인플루엔자이든 패턴은 비슷했습니다. 2004년 캐나다 브리티시컬럼비아에서는 대규모 농장의 5%에서 고병원성 H7N3 감염이 발생한 반면에 소규모 축산농가 중에서는 2%에서만 발생했습니다. 2003년 네덜란드를 볼까요. 산업형 농장 17%와 뒷마당 농장 0.1%에서 H7N7 감염이 나타났습니다. 저병원성에서 고병원성으로 옮겨 간 20건의 인플루엔자 발생 사례를 우리가 검토해 보니, 딱 한 건만 제외하고는 모두 대규모 기업형 생산시설에서 일어난 것들이었습니다. 그밖에도 많은 사례와 데이터가 있습니다. 한 장소에서 악성 인플루엔자가 맨 처음 진화해 성공적으로 퍼져 나갈 수 있었던 걸까요? 특정한 생산 시스템이 바이러스의 진화적 선택을 촉진하는 메커니즘은 뭘까요?

통상적으로 병독성은 병원균이 숙주에게 해를 입히는 정도를 가리킵니다. 숙주에 새로 침투한 어떤 병원균들은 에볼라처럼 치명적인 피해를 일으킵니다. 아직까지 숙주와 병원균 모두 생존할 수 있는 방향으로 상호작용을 하면서 진화를 하지 못했기 때문입니다.

우리는 숙주 집단의 규모가 달라질 때 숙주와 바이러스의 공진화 과정에서 바이러스에 어떤 영향을 주는지에 관심이 있습니다. 지난 30여 년 동안의 모델링들을 검토해 보니 몇 가지 핵심 개념이 보였습니다.

첫째, 병독성과 감염경로의 상관관계입니다.[30] 일반적으로 병원균이 다른 숙주에게 퍼지려면 먼저 한 숙주 안에서 어느 정도 숫자로까지 자가복제를 해야 합니다. 복제가 잘 되고 속도도 빠를수록 숙주의 손상은 커집니다. 너무 빨리 복제를 해 버리면 다른 숙주를 찾기도 전에 지금의 숙주가 죽어 버릴 수 있습니다. 감염의 사슬이 끊어지는 거지요. 이 때문에 주변에 옮겨 갈 숙주가 많이 있는지 여부가 병독성을 결정합니다.

둘째, 독성은 면역 제거 능력과 관계가 있습니다.[31] 면역체계가 병원균을 더 빨리 제거할 수 있다면 그에 맞춰 병원균도 더 나은 복제 방식을 선택합니다.

셋째, '공동감염'이 중요합니다.[32] 서로 경쟁하는 균주들 간의 상호작용이 병독성을 결정하는 데에 영향을 미칩니다. 서로 관련 없는 균주들은 숙주 안에서 제한된 자원을 놓고 서로 경쟁을 한다고 볼 수 있습니다.

넷째, 감염 속도가 빠르건 느리건 결국은 '숙주의 공급량'이 병독성을 결정합니다.[33] 숙주 집단의 규모가 곧 숙주의 공급량입니다. 잡아먹을 숙주가 계속 존재하는 한, 가장 먹성 좋은 균주가 다른 균주들을 압도하면서 감염의 사슬을 이어 가게 되는 겁니다.

지금까지 30여 년에 걸친 모델링의 내용을 간단히 정리했습니다. 여태까지는 농업과 동물역학적 맥락에서 모델링한 것들이 별로 없었지만 최근 들어 달라지기 시작했습니다. 일례로 심은하Eunha Shim와 앨리슨 갤버니Alison Galvani 연구팀은 인플루엔자가 발생한 뒤 감염 동물을 솎아내고 백신을 접종하는 게 병독성의 진화에 어떤 영향을 주는지 모델링했습니다.[34] 가축집단에서 개체를 솎아내고 숫자를 줄이는 것은 질병을 통제하는 기본적인 방법입니다. 연구팀은 이 과정에서 더 큰 병독성을 갖는 바이러스, 숙주의 자연적 저항성이 낮은 바이러스들이 우세해진다는 걸 알아냈습니다.

가축집단의 저항성이 바이러스의 침투를 막을 수 있는 수준에 도달하려면 시간이 필요합니다. 감염된 개체들을 솎아내는 것은 바이러스 입장에서 보면 감염된 개체가 죽어 버리는 것과 똑같습니다. 그런데 솎아내기는 저항성 측면에서 바라봐야 합니다. 빨리 솎아내면 당장 인플루엔자를 제거하는 데에는 도움이 됩니다. 하지만 숙주 집단이 순환하는 균주에 저항력을 키우지 못하게 만듭니다. 그 결과 숙주 집단의 자정능력이 없어져서, 바이러스가 살아남거나 다시 침투해 올 때마다 솎아내기를 반복해야만 하게 됩니다. 솎아내기나 소규모에 국한된 예방접종은 숙주의 저항능력을 없애 버리거나 저항력이 생기는 시간이 길어지게 만들기 때문에 장기적으로는 가축집단의 감염 사망률이 높아집니다.

어떤 면에서 보면 이들 연구팀은 너무 앞서나갔습니다. 맞습니다. 감염증 이후에 솎아내는 것은 병독성을 높일 수 있습니다. 하지만 발생 전에라면? 키우고 도축하는 것은 축산업에서 늘 하는 일이 아닙니까? 산업 자체가 병독성을 '선택'하고 있는 것이라면? 어떤 산업 방식이 병독성이 높은 쪽으로 선택 압력을 가하는 걸까요?

이들의 모델을 재정렬해 발병 전의 병독성 선택을 유추해 봤습니다. 새로운 모델은 감염 속도와 병독성이 호환된다고 보고 병독성의 선택 여부를 측정하는 일반적인 방식을 따랐습니다. 이렇게 봤을 때, 독성이 강해졌는데 일정한 감염 속도를 넘어서게 되면 병원균에는 비용이 발생합니다.

우리는 가축집단의 일정한 규모를 상정했습니다. Ro, 즉 감염된 개체 하나가 바이러스를 전파할 수 있는 개체 수는 2차 감염의 정도를 보여 주는 가장 적합한 지표입니다. 장기적으로 안정된 전략, 즉 승리하는 전략은 이런 적합성을 극대화한 바이러스의 표현형에서 찾아볼 수 있습니다. 즉 숙주 개체군 전체에 걸쳐 감염을 최대화하는 방식으로 치명성을 조절하는 바이러스를 말합니다. Ro는 수확률과 유전적 민감성의 함수로 표시할 수 있고, 이 두 함수는 농업 생산 시스템이 장기적으로 독성의 양상을 어떻게 변화시키는지를 보여 주는 데에 도움이 될 수 있습니다. 감염율이 전염성과 맞아떨어지면 Ro가 극대화됩니다. 전염성은 질병의 치명률과 집단의 기본적인 사망률, 개체 감소율, 병독성의 제거율 등으로 보정을 했습니다.

이 모델은 첫째, 개체의 감소율이 병독성의 비율을 높이는 선택을 이끌어 낼 수 있음을 보여 줍니다. 둘째, 숙주 내에서 (병독의) 제거율을 낮추는 유전적인 민감성은 병독성에 영향을 미치지 않았습니다. 유전적 민감성이 커지면 회복 시간이 길어질 수 있고 숙주가 느끼는 고통도 커지겠지만, 숙주와 병원균 간의 직접적인 진화 역학과는 관련이 없었습니다.

감염된 조류가 얼마나 사는지를 살펴보면 집단 내 감염의 지속기간을 알 수 있습니다. 여기서 균주의 적합도는 전염성과 감염 지속기간의 관계를 보여 주는 함수일 뿐입니다. 모델을 재정렬하면서 우리는 감염되는 개체 수가 감염 지속기간과 상관이 없어지는 '독성의 임계치'가 있다는 것을 알아냈습니다.

감염 기간 1~7일, 자연사망률 0.0005, 집단 내 감염 지속기간 30~70일로 변수들을 설정했을 때 치명적인 독성값은 0보다 작습니다. 숙주가 회복하는 데에 걸리는 시간이나 균주의 적합도는 집단 안에서 감염이 지속되는 기간과는 상관이 없다는 뜻입니다. 대규모 산업시설에서 키워지는 가축들에서조차도 그렇습니다.[35]

놀라운 일입니다. 우리는 감염이 퍼져 있는 기간이 짧을 때에는 바이러스가 압력을 많이 받아 숙주의 피해가 커질 것으로 봤습니다. 숙주가 죽기 전에 빨리 새 숙주로 떠나야 하니까요. 문제는 산업형 축산에서 동물들이 처리되는 시간과 비교해서도 바이러스가 감염 능력을 갖추는 데에 필요한 시간이 너무 짧다는 겁니다.

이런 점에서 볼 때, 우리 모델의 기술적 결함들을 몇 가지 수정해야 할 것 같습니다. 바이러스는 Ro의 최대화, 즉 최대한 많은 개체를 감염시키는 것에 맞춰 장기적인 진화 전략을 결정합니다. 이 경우에 그것은 병독성입니다. 그러나 Ro는 개체의 감소율과 모순될 수 있기 때문에, 균주의 적합도에 대한 지표로는 부적절할 수 있습니다.

두 번째는 더 흥미롭습니다. 이 모델은 개체가 감염성을 띠는 기간에 초점을 맞췄습니다. 산업형 축산의 가금류 처리 속도가 현재 약 40일인데, 인플루엔자 바이러스가 감염성을 갖기 위해 필요한 시간은 일주일도 채 안 됩니다. 가금류 혹은 가축이 도축되기까지 걸리는 시간과 병독성 사이의 관계를 살펴보면 가금류 집단 차원에서 일어나는 바이러스의 진화적 선택을 더 잘 알 수 있을 것으로 보입니다.

개체의 감염이 끝나더라도, 다른 농장으로 퍼져 나갈 수 있을 정도로 충분히 많은 조류를 감염시켜 '생물학적 봉쇄'를 깨뜨릴 수 있을 때까지 한 농장 안에서 바이러스들의 세대가 이어지며 전염이 계속됩니다. 이렇게 임계점을 넘어서는 전염력을 갖는 데에 필요한 시간은 가금류가 처리(도축)되기까지의 시간과 비슷해질 수도 있습니다. 이런 관점에서 보면 각 개체들이 감염성을 띠는 데에 필요한 기간이 아니라 최종적으로 얼마나 많은 개체가 감염되는지가 핵심 변수가 됩니다.

만약 그렇다면 처리 시간이 줄어든 것이 병독성의 진화에 영향을 주었을 수 있습니다. 가금류 집단이 도축되기 전에 임계점을 넘어선 전염력을 가질 수 있는 균주가 선택되는 겁니다. 그렇게 해서 병독성이 증가하고 감염된 가축의 증상이 심해지면 농부는 전염병이 퍼진 것을 알아차리고 가축들을 죽이겠지요. 바이러스가 다른 농장에 퍼져 가기도 전에 그런 상황이 올 수 있습니다. 이런 식으로 솎아내거나 가금류 처리 기간을 단축하는 것이 더 강한 병독성을 부르는지, 아니면 몇몇 인플루엔자에서 보이는 것처럼 치명성은 높이지 않지만 다만 증상만 변화시키는지를 알아볼 필요가 있습니다. 농부가 전염병을 막기 위해서 도축을 하든 혹은 때마침 장날이 되어 가축을 잡든, 바이러스에게는 아무 차이가 없습니다. 그들 입장에서 가축의 처리 시간이 빨라지는 것은 그저 해결해야 할 문제의 하나일 뿐입니다.

현실적인 문제를 한 가지 생각해 보지요. 처리 기간에 맞춰 가축집단을 싹 교체하면 어떨까요. 그러면 고병원성 균주가 먹잇감에 접근하는 걸 줄일 수 있을 것이고, 치명적인 균주는 감염되기 쉬운 어린 숙주를 가까이에서 찾기가 힘들어질 겁니다. 그러나 이 전략은 산업 관행과 정면으로 충돌합니다. 시장에 다 자란 가축을 지속적으로 내놓으려면 축사 안에는 여러 성장 단계의 가축들이 있을 수밖에 없습니다. 또한 단계적으로 도축을 해야만 대규모 농장에서 적은 노동력으로 동물을 처리할 수 있습니다. 인플루엔자에게 '산업 표준에 맞추라'고 요구할 수는 없는 노릇입니다.

우리의 첫 번째 모델은 개체 수가 평형상태에 도달했을 때에 결국 어떤 변종 균주가 이길 것인지만 분석했습니다. 하지만 지난 일주일 동안에 우리는 일시적인 바이러스 동역학도 고려해야 한다는 걸 알게 됐습니다. 감염 초반의 짧은 기간을 놓고 보면 어떤 조건에서 전염성이 높고 치명적인 고병원성 균주가 승리를 거두게 되는 걸까요? 어떤 종류의 농업 시스템이 저병원성 병원균 하나를 치명적인 전염병으로 키우는 걸까요? 아직 연구할 게 많습니다.

우리는 다른 방식의 접근도 시도해 봤습니다. 전염 속도가 느리고 병독성도 크지 않은 저병원성 균주들이 이미 존재하고 있다고 가정했습니다. 이때 고병원성 균주가 성공적으로 침투해 저병원성 균주들을 대체할 수 있을까요? 시간상 짧게 이야기하면, 기존 균주에 감염된 가축을 모두 솎아냈을 때와 모두 도축했을 때에 균주의 번식가치[25]가 달라진다는 것을 알 수 있습니다.

고병원성 균주의 번식가치가 1보다 커야 기존의 저병원성 균주를 뚫고 들어갈 수 있습니다. 우리가 이전에 했던 연구를 보면, 첫째, 개체 감소율이 높을 때 고병원성 균주가 등장할 가능성이 높아집니다.

둘째, 저병원성 균주들이 우세할수록 일종의 자연적인 예방접종 효과가 나타나 고병원성 균주들이 퍼질 기회가 줄어듭니다.

셋째, 야생조류에서 가금류로 바이러스가 전파될 때 변이의 다양성이 커져 고병원성 균주들이 생겨날 가능성이 높아지는 것은 사실입니다. 하지만 동시에 야생에서 가금류로의 전염 역시 자연적인 예방접종 역할을 하기 때문에 고병원성 균주가 우세해지는 것을 막아 주기도 합니다.

마지막으로, 전염병이 돈 뒤에 가금류를 솎아내고 새 개체들을 다시 채우지 않는다면 고병원성 균주가 침투할 가능성이 줄어듭니다. 이미 감염된 새들이 줄어든 데다 감염에 취약한 민감한 개체들이 보충되지 않았기 때문입니다.

여러 농업 방식과 가축집단이 지역에서 뒤섞이는 문제에 대해서는 죄송합니다만 아직 모델링을 시작하지 않았고 계획 중입니다. 특히 우리는 바이러스의 시공간에 영향을 미치는 산업형 농장들과 가금류가 산 채로 팔리는 시장의 역학을 들여다볼 생각입니다. 서로 연관되어 있는 다양한

25 reproductive value. 장차 낳을 수 있는 자손의 수.

종류의 생산 시스템들도 살펴볼 것입니다. 여기서는 우리의 연구 방향에 힌트를 던지는 몇 가지 관찰들을 말해 보겠습니다.

전염성과 병독성이 호환된다고 했는데, 모든 변종 바이러스들은 잠재적 감염군을 공유하고 있습니다. 바이러스 변종 하나가 한 지역의 가축 집단 전체를 죽일 수도 있고, 고병원성과 저병원성 균주들이 공존할 수도 있습니다. 저병원성 균주들은 숙주 집단의 번식률이 낮고 지역에 뿌리내린 종들일 때 많이 살아남습니다. 서로 다른 균주들이 잠재적 감염군 안에서 경쟁을 하는데, 숙주인 가축들이 광범위한 지역을 옮겨 다니지 않는다면 지역 토착 가축들을 죽이지 않는 균주들이 경쟁에서 이기는 쪽으로 선택이 이뤄집니다.

베트남의 농장들은 가금류를 산 채로 파는 지역 시장들과 깊이 연결되어 있습니다. 병독성이 높은 신종 균주들이 양계장 우리를 탈출해 멀리 떨어진 저위험성 바이러스들의 세계를 침공할 수 있다는 뜻입니다.[36] 바꿔 말해, 축산의 연결망이 강해지면 바이러스의 진화 규칙도 바뀝니다. 감염에 취약한 가축들이 넓은 지역에서 섞여 버리면 바이러스의 감염률이 얼마가 되든 간에 병독성이 높아집니다. 고병원성 바이러스들의 침공이 바이러스의 진화를 변화시키는 겁니다.

오늘 우리가 논의한 것들은 크고 작은 축산·양계업자들이 뒤섞여 있는 농업경관에서 실제로 어떻게 작용하고 있을까요? 도축까지의 기간이 길면 자연적인 접종 효과가 생겨나 소규모 가축집단 내에 퍼져 있는 저병원성 균주들에게 유리하다는 이야기를 했지요. 다만 분자 단위의 상호작용이 제한적이고 저병원성 균주들이 충분히 퍼져 있어야 한다는 조건이 달려 있습니다만.

대조적으로 산업적 축산에서는 도축까지의 기간이 짧고 가까이 몰려 있는 여러 축사에서 여러 연령대의 가축집단이 사육됩니다. 그래서 감염증이 정점에 이르러 병원균의 선택적 진화가 활발히 이루어지는 시기에 잠재적 감염군이 계속 공급되는 상황이 됩니다. 진짜 위험은 축산 시스템에 있다는 뜻입니다. 유추하자면 개별 농장들 수준에서 보면 병독성은 뒷마당 닭장이냐 방역이 잘된 산업형 축사냐에 달려 있습니다. 규제가 덜한 산업형 농장들이 신흥경제국의 대도시 교외에 뒤섞여 있는 상황이라면 고도로 연결된 축산업 공급망이 바이러스 진화의 판도를 바꿀 수 있습니다. 저병원성 인플루엔자가 주변 지역을 벗어나 집약적 농장으로 빨려 들어가면, 다양한 변이가 일어나면서 병독성이 높아지는 쪽으로 진화할 수 있습니다. 한번 고병원성 균주가 승기를 잡으면 더 넓은 지역을 강타할 것이고, 상품 공급망과 생태학적 구멍들을 비집고 들어가 야생 조류나 뒷마당 가금류들까지 덮치겠지요.

그다음, 바이러스의 공간적 모델링으로 봤을 때 가축의 번식률이 높으면 가축들 간의 상호작용이 활발해집니다. 상품공급망을 통해 가축들은 지역 전체로 이동합니다. 그것이 집약적 축산업의 목표이기도 하고요. 그렇게 되면 고병원성 균주들이 병독성을 높이는 쪽으로 진화할 가능성과 저병원성 균주들의 서식지를 공격할 가능성이 동시에 높아집니다.

따라서 소농들이 있는 곳에 집약적 축산을 중심으로 한 산업형 생산방식을 도입하는 것은 바이러스의 병독성에 크나큰 변화를 가져올 수 있습니다. 농장 안팎에서 그런 변화가 반드시 일어난다고 볼 수는 없을지 몰라도, 토착 생산 방식이나 야생동물들에 미치는 영향을 비롯한 지역의 경관과 관련이 있기 때문에 생각해 볼 문제입니다.

4

—

닭이냐 알이냐

산란의 모든 측면을 당신이 완전히 통제할 수 있습니다. 가금류를 사육해 먹이고 기르는 것에서부터 달걀을 처리해 시장에 내놓기까지, 당신이 모든 것을 관리합니다. 거기에 보험까지 추가할 필요는 없습니다.

–네이션와이드보험 웹사이트(2016)

닭이냐 알이냐. 셰필드와 워윅의 과학자들이 최근 '닭이 먼저'라는 연구 결과를 내놓았다.[26] 암탉의 자궁에서 오보클레이딘-17(OC-17) 단백질이 분비되어야만 달걀껍질이 형성된다는 것이다.

그러나 진화론적 논쟁은 분자 경로에서부터 이루어져야 한다고 생물학자 폴 마이어스Paul Zachary Myers는 말한다.[37)] 오보클레이딘은 당 결합 단백질인 렉틴과 비슷한 C-타입 단백질의 하나로, 칼슘 분자의 결합에 관여한다. 세포의 신호와 세포 내 결합에 관여하는 OC-17이 닭과 함께 진화한 것은 아니며, 스스로 알을 낳던 조상 닭들이 오늘날의 닭으로 변천해 온 과정에 대해 딱히 알려주는 것도 없다. 최초의 닭이 탄생하기 전부터 존재

26 영국 셰필드대학과 워윅대학 공동연구진은 2010년 7월 슈퍼컴퓨터로 달걀과 닭의 난소 속 물질을 분석해 '닭이 먼저냐 달걀이 먼저냐'라는 오랜 물음에 대해 '닭이 먼저다'라는 결론을 내렸다고 발표했다. 연구팀은 달걀껍질을 형성하는 '오보클레이딘-17'(OC-17) 단백질이 닭의 난소에서만 만들어지기 때문에 닭이 없으면 달걀이 형성될 수 없다고 주장했다.

했을 이 단백질이 어떻게 진화했는지 우리가 아는 것은 거의 없다.

달걀론자들은 '닭이 먼저'라는 주장에 반대하며 숲 속의 야생닭이 오래전 조상들에게서 분화할 수 있게 되기 이전에 이종교배와 감수분열 과정에서 일련의 돌연변이를 거쳤다고 설명한다.[38] 뭔가로 인해 최초의 닭이 형성되었고, 인도차이나의 숲 속을 돌아다녀 보면 알겠지만 아무튼 최초의 닭으로 자라난 것은 달걀이었다는 것이다.

우리의 축산혁명은 인과관계를 뒤집어 버린다. 알 낳는 닭들은 영계들로부터 분리되고, 엄마닭의 궁둥이에서 알이 되어 빠져나오기도 전에 수정에서 냉동배아까지 모든 것들이 거대 농축산기업의 생산라인 밑으로 수직 통합된다.

빅 애그는 출발부터 운영까지 이런 반전으로 이루어져 있다. 운 나쁘게 사멸하는 종도 있고 재앙적인 멸종도 간혹 있지만 대체로 진화는 생물종의 풍부한 다양성을 낳는다. 산업적 농업은 그 반대다. 가금류의 종 다양성을 줄이는 것을 지침이자 관행으로 삼는다.

1940년 헨리 월리스Henry B. Wallas가 운영하던 축산회사가 산업적으로 교배시켜 만든 닭 품종을 처음으로 탄생시켰다. 1936년 훗날 하이라인 인터내셔널Hy-line International이 된 이 회사를 세운 그의 아버지[헨리 월러스 Henry A. Wallace]는 미국 농무부 장관과 부통령을 지냈고 대통령 후보로도 나섰던 인물이다. 10년도 안 되어 하이라인의 신품종이 상업적 가금류 생산농들에게 보급되었으며 1960년에는 7,000만 마리가 됐다.

이렇게 만들어진 병아리들은 재래종 닭에 비해 사료를 절반만 먹고, 3배나 빨리 자란다. 뇌하수체의 호르몬 분비를 조절해 식욕을 줄이면서 성장 속도를 빠르게 했기 때문에 뼈가 약하고 스트레스에 따른 사망률이 높다. 고기를 얻기 위해 억지로 몸집을 키운 까닭에 가느다란 다리가 버티지 못해 경골질환도 많다. 그런가 하면 하이라인이 개량한 산란용 닭들은 거의 하루에 한 알 꼴로, 연간 250개에 이르는 알을 낳는다.

인수합병 물결이 휩쓴 결과, 한 줌도 안 되는 다국적기업이 현재 세계 가금류 생산의 4분의 3을 차지한다.[39] 품종개량의 첫 3세대를 이끈 주요 가금류 업체는 1989년 11개에서 2006년 4개로 줄었다. 산란계 생산라인을 만드는 회사는 같은 기간 10개에서 2개로 정리됐다.

하이라인 미국지사와 로만 티어쥐흐트, H&N 인터내셔널, 아비아젠 등을 거느린 독일 EW그룹Erich Wesjohann Group은 85개국에서 흰 달걀 생산의 68%, 갈색 달걀 생산의 17%를 차지하고 있다. ISA, 밥콕, 셰이버, 하이섹스, 보반스, 데칼브 같은 산란계 품종을 보유한 헨드릭스 제네틱스Hendrix Genetics는 100여 개국에서 갈색 달걀의 80%, 흰색 달걀의 32%를 생산한다. 헨드릭스는 하이브로, 하이브리드, 하이포, 플루멕스 같은 자회사들을 두고 육계와 칠면조, 돼지, 달걀을 생산하는 뉴트레코 홀딩의 지분 50%도 가지고 있다. 그리모그룹Grimaud Group은 조류유전학 분야에서 세계 2위 규모를 자랑하며 색깔 있는 닭과 오리, 호로새(뿔닭), 토끼, 비둘기 등으로 품종이 특화되어 있다. 타이슨푸드가 소유한 코브-밴트리스Cobb-Vantress는 세계 최대 닭고기 생산·가공업체다.

이 축산업체들의 생산품은 생물학적으로 '봉쇄'되어 있다.[40] 사실 그것이 상품성의 본질이다. 업체들은 양계 농가에 수탉 라인에는 수탉만, 암탉 라인에는 암탉만 제공한다. 몬산토의 GM 작물 씨앗을 해마다 사야 하는 농민들처럼, 양계 농가들은 이 업체들의 닭을 계속 사는 수밖에 없다. 이는 어느 씨수탉 한 마리의 유전자가 수백만 마리의 새끼로 복제되는 결과를 낳는다.

다양성은 생산 과정에서 통제된다. 2009년 시카고의 동물보호단체인

'동물들에 자비를Mercy for Animals'은 아이오와주 스펜서의 하이라인 부화장에서 알을 못 낳는 병아리 수컷들을 산 채로 기계에서 갈아 버리는 동영상을 공개했다.[41] 컨베이어 벨트에 실려 기계로 향해 가다가 바닥으로 떨어져 다친 병아리들도 있었다. 하이라인 측은 바닥에 떨어진 병아리들에 대해 성명을 내고 "우리의 동물복지 정책에 위반되는 부적절한 행동이었다"고 해명했지만, 정작 수컷들을 그라인더로 살처분하는 행위에 대해서는 '업계 표준'이라는 입장을 내놨다.

달걀생산자연합(UEP)의 미치 헤드 대변인은 "불행하게도 수탉이 나올 달걀을 구분하는 방법은 없다"면서 "연간 2억 마리의 병아리 수컷이 필요한 사람이 있다면 우리가 내주고 싶지만, 아직은 그런 시장이 없다"고 했다.

그의 말대로 암탉만 번식시킬 수는 없다. 문제는 자신들이 생산해 낸 생명체의 절반을 산 채로 갈아 죽여야만 하는 그 산업의 존재 기반 자체다. 그런 낭비와 잔인함이 필요 없는 다른 방식으로 부화장을 운영할 방법들이 있다.

저런 생산 관행과 수직통합된 산업체계 속에서 고기와 알을 위해서가 아니라 번식을 하기 위해 키워지는 가금류 숫자는 현격히 줄어든다. 산업 내부에서조차 경고의 목소리가 나온다. 일세 쾰러-롤레프슨Ilse Koehler-Rollefson은 "유전적으로 단일한 집단에 신종 질병이 들어오면 집단 전체가 파괴될 수 있다는 점에서 단종 사육은 잠재적 위험을 안고 있다"며 1970년대 미국에서 옥수수깨씨무늬병(SCLB)이 번졌던 사례를 거론했다.[42]

닭들이 수풀 속에서 열띤 번식을 하는 데에는 다 이유가 있다. 암수 유전자가 감수분열을 거쳐 재결합함으로써, 진핵생물은 병원균의 진화에 실시간으로 대응할 방법을 찾는다. 또한 생물종이 가지를 치는 분기진화分岐進化는 새로운 변이를 통해 보다 높은 분류학적 차원에서 절멸을 막아 준다. 그런데 재미나게도 미국은 과학적 축산에 진화라는 개념을 적용하는 걸 싫어한다.

다만 가금류 업계도 요즘은 종 다양성의 필요를 깨닫기 시작한 것 같다. 하이라인의 재닛 풀턴Janet Fulton은 이렇게 썼다.

"가금류의 변이를 활용해 이익을 얻은 산업계는 유전적 풀을 유지할 책임이 있고 능력도 있다. 하지만 기업들은 경쟁의 압박을 강하게 받는다. 수익성 낮은 생산라인은 폐기된다. 업체들이 합쳐질 때마다 효율성이 떨어지는 생산라인들이 사라진다. 지금 한정된 가치를 지니는 유전적 변이를 보전하는 게 아니라, 미래의 잠재적 가치를 보전하는 데에 산업이 걸려 있다."[43)]

산업 관행의 대가는 대중이 대신 치르고 있고, 정부는 동물 병원균을 보호하느라 돈을 대고 있다고 풀턴은 주장한다.

진화를 통해 방어능력을 키우지 못하는 새 수십억 마리를 키우는 위험한 경영에는 돈이 들어간다. 그 돈은 위험을 통제하려는 노력을 막는 데에도 쓰인다. 최근 10년 동안 전염병을 막겠다고 나선 미국 달걀 생산농민들은 번번이 풀턴이 언급한 '경쟁'에 부딪쳐 좌절해야 했다.[44)] 방역에 돈을 쓰지 않는 업체들이 양심적인 경쟁자들보다 비용 우위에 있었던 것이다.

농업 분야에서 '자율규제'는 늘 그렇듯 규제를 무시하는 쪽으로 향하게 된다. 2000년에 달걀 생산업계가 정부 규제에 동의했지만 그 후로 9년이 지나도록 규제는 이루어지지 않았다. 의회의 규제 입법과 연방정부를 무력화하는 돈의 힘이 그 업계를 구해 줄 방안을 막은 셈이다.

그나마 추진된 조치들조차 업계의 속임수에 가로막히고는 했다. 코너

코피아연구소Cornucopia Institute의 한 보고서는 공장식 농장이 농무부의 유기농 표기 규정의 빈틈을 어떻게 악용하는지 보여 준다. 어떤 농장들은 가금류를 울타리 안에 잠깐 풀어놓거나 이동식 닭장을 이용해 마치 흙마당을 돌아다니며 햇볕을 쬔 것처럼 조작한다.[45]

생물안전을 지키려는 산업부문 내에서의 좀 더 진지한 노력들은 대개 해법보다는 현실 고발에 치우쳐 있고, 구조적인 문제를 건드리지 못하고 있다.[46] 화학약품들로 간신히 댐이 무너지는 걸 막고는 있지만, 수천 마리의 가금류를 단종 사육하는 한 위험한 전염병의 잠재력에서 벗어날 수 없다.

나쁜 달걀들은 여러 주에 병원균을 운반한다. 그렇게 옮겨 다닌 덕분에 그 위험한 생산 방식을 더 늘릴 돈이 생기는 것이니, 참으로 역설적이다. 《뉴욕타임스》는 1970년대 후반부터 미국에서 발생한 모든 살모넬라 감염 사태 뒤에 달걀 생산업체 라이트카운티에그Wright County Egg의 소유주인 오스틴 J. 드코스터Austin J. DeCoster가 있었다고 전한다.[47] 수천 명을 감염시키고 달걀 5억 개를 회수하게 만든 2010년의 살모넬라 사태를 일으킨 그 기업은 어떻게 그렇게 오랫동안 영업을 계속할 수 있었을까?

생산과 유통은 전국적이며 점점 더 국제적이 되어 가는 반면, 미국의 식품 규제는 주 단위로 운영된다. 주 정부들의 호소에도 불구하고 업계의 압력을 받은 연방정부는 달걀 안전 규제에 20년 동안 손을 대지 않았다. 그 결과는 주마다 제각각인 규제, 그리고 광범위한 감염증이었다. 메릴랜드와 메인주는 드코스터의 농장을 엄격히 검사했고 뉴욕주는 달걀 판매를 아예 금지했다. 그러나 2010년 발병이 일어난 아이오와는 그렇지 않았다. 당시의 살모넬라 사태는 지방정부의 대응 범위를 훨씬 넘어섰다.

농장 관리를 잘 하는 주들도 취약한 지역에서 들어온 상품들 때문에 피해를 볼 수 있으며, 지역적 규제가 유통 범위와 속도를 따라가지 못하면 감염증의 진원지가 될 수 있다. 2012년 미네소타에 본사를 둔 마이클 푸드는 네브라스카주의 웨이크필드에서 식중독을 일으키는 리스테리아 박테리아가 발견되자 34개 주에 공급했던 샐러드용 완숙달걀을 회수했다.[48] 리스테리아의 같은 변종이 그 3년 전에 이 회사의 튀긴 감자 상품을 강타한 적이 있었다.

그런데 애그리비즈니스는 여기에서 우리가 예상하는 것과는 좀 다른 교훈을 끌어낸다. 업계는 가금류와 가축 질병을 확산시키는 글로벌화를 오히려 자기네 산업을 보호할 수단으로 여긴다. 질병을 막기보다는 질병을 지키려고 더 애를 쓰는 것 같다. 풀턴의 말에 따르면 최근에는 외국에서 들어온 뉴캐슬병, 림프구 백혈병 같은 동물 전염병이 이슈가 되었고 업체들은 질병과 자연재해로부터 우수 혈통의 씨가축을 보호하기 위해 여러 노력을 하고 있다. 전염병이 발생한 지역 상품의 수입을 막는 정부의 조치도 그중 하나다. 하지만 "금수조치에는 정치적인 배경이 깔려 있을 때가 종종 있다"고 풀턴은 지적한다. "생산자들이 국제 거래를 아예 포기하게 만들 수도 있는 금수조치들의 범위는 정치적으로 정해진다. 즉 외국의 가축들만 대상으로 삼는 것이다."[49]

두 번째 역설은 강력한 생물안전 조치가 때로 문제를 악화시킬 수 있다는 것이다. 저병원성 살모넬라균을 제거함으로써 식품업계가 더 위험한 균주를 위한 틈새시장을 열었을 수 있다. 2010년 9월《뉴욕타임스》의 보도에 따르면 "캘리포니아대학 데이비스 캠퍼스의 미생물학자 안드레아스 J. 바움러Andreas J. Bäumler가 제안한 이론은 닭을 병들게 하는 살모네라 균주 2종이 사실상 퇴치된 것을 새로운 박테리아 변종의 출현과 연결짓는다. 감염된 닭들을 솎아내 균주들이 사라지면 비슷한 살모넬라 균주에

대한 닭의 면역력이 약해지고 장염이 늘어난다"는 것이다.[50)]

저병원성 균주가 어떤 환경에서는 효과적인 자연적 예방접종 역할을 할 수 있다. 그런 환경을 만들려면 개발도상국에서 광범위하게 축출당하고 있는 마을 단위의 자유로운 농업을 기술적, 경제적으로 지원해 주어야 한다. 그러나 건강과 환경을 사회적으로 통합시키는 접근법은 현재의 산업 패러다임을 완전히 벗어난다. 외계인 무리들이 우리가 알아보기도 힘들 만큼 괴상하게 생긴 손을 뻗어 악수를 청해 온다고 생각해 보자. 우리 문명의 존재가 무너질 위험이 있는데도 외교적 노력이 중요하다며 그 손을 잡을 수 있을까?

한 덩어리로 통합된 농업은 외계인만큼이나 위험하지만 그것이 어떤 모습을 하고 있는지 우리는 잘 모른다. 지금 가장 친환경적인 사람이라 해도 기본적인 사고가 작물보다는 현금을 중시하는 자본이 반복해서 입력한 틀에 얽매여 있기 때문이다. 연금술사의 돈이 깃털과 살을 가진 진짜 새들보다 더 진짜가 되어 버렸다.

◇

2014년 6월 라이트카운티에그의 하청·계약농 관리를 담당하는 퀄리티에그LLC는 안전성 우려가 있거나 표기가 잘못된 달걀을 여러 주에서 팔 수 있도록 승인을 얻어 내기 위해 농무부 감독관에게 뇌물을 준 것을 인정하고 670만 달러의 벌금을 내는 데에 합의했다.[51)] 이 회사 소유자 오스틴 드코스터와 경영책임자인 아들 피터 드코스터는 식품 관련 경범죄를 인정하고 각각 벌금 10만 달러, 그리고 보호관찰과 징역 1년형을 선고받을 처지다. 경영진이 기업의 부실에 대해 개인적으로 책임을 지는 드문 사례가 될 것으로 보인다. 드코스터 부자는 이미 업계를 떠났지만 살모넬라 피해자들에 대한 보상은 계속해야 할 수도 있다.

드코스터의 양형 협상[27]을 보면 기업 경영에 대해 좀 더 자세히 알 수 있다. 정부 수사관들은 드코스터가 식품 오염 사실을 알고 있었다는 증거는 찾지 못했으나 퀄리티에그의 관리자가 캘리포니아와 애리조나주 법에 맞춰 산란일자를 바꾸는 등 의도적으로 규제당국과 소비자들을 속이기 위해 식품 표기를 조작한 사실을 밝혀냈다. 산란하고 한 달까지만 유통시킬 수 있는 달걀들에 유통기한을 적지 않은 채로 넘기면 도매업자들이 뒤에 표기를 했다. 이런 식으로 팔지 못할 달걀을 분쇄업자들에게 반값에 넘겨 처리하는 절차를 피해 갔다.

◇

유나이티드에그 프로듀서스는 전국적인 산란 기준을 만들기 위해 민

27 유죄를 인정하고 범죄 사실을 밝히는 대가로 형량을 낮추는 것.

주, 공화 양당이 의회에서 함께 추진한 달걀제품검사법 수정안을 지지하는 '휴먼 소사이어티' 그룹에 가입했다.[52] 이 법에 따르면 향후 15년에 걸쳐 양계업자들은 닭장 크기를 두 배로 넓히고 닭들이 앉을 수 있는 횃대와 둥지 상자 등을 설치해야 하며 달걀 포장상자에 산란계를 닭장에서 키웠는지, 닭장 없이 풀어 키웠는지, 노천에서 자유롭게 키웠는지 표시해야 한다. 농무국과 전국양돈협회, 전국육우협회 등은 자기들에게도 이런 일이 닥칠까 두려워 법안에 반대하고 있다.
2014년 10월 연방지방법원은 6개 주가 지나치게 빽빽한 장소에서 자란 닭들이 낳은 달걀을 팔지 못하도록 한 법안을 만든 캘리포니아주를 상대로 낸 소송을 기각시켰다.[53] 앨라배마, 켄터키, 아이오와, 미주리, 네브라스카, 오클라호마의 6개 주는 연간 총 200억 개의 달걀을 생산하는데 그중 20억 개가 캘리포니아에서 팔린다. 킴벌리 뮐러 판사는 "원고들이 이 소송을 낸 것은 전체 주민이 아닌 달걀 생산자들을 위한 것"이라고 설명했다.

◇

2015년이 되자 CDC도 식품 부문의 기업 소유구조 때문에 식품 관련 병원균과 감염증 발생 범위가 넓어진다는 것을 인정했다. 《워싱턴포스트》에 따르면 CDC의 보고서에는 이런 내용들이 적혀 있다.
"미국에서 발생한 주요 식품 전염병은 지난 20년 동안 3배로 늘어났으며 살모넬라, E. 콜라이, 리스테리아 같은 식중독균은 미국인들 대다수에게 낯익은 것들이 됐다. 2010년부터 2014년까지의 5년 동안 여러 주에 걸쳐 발생한 식중독들은 규모가 더 커지고 치명성도 더 커졌으며, 식품과 관련된 사망자의 절반 이상이 식중독 때문에 숨졌다고 보건 관리들은 지적한다."[54]

어떤 보건 관리는 AP통신에 "식품산업이 통합되면서 기업들은 이전보다 더 많은 식료품점과 식당들에 제품을 배송하게 되었으며 이로 인해 오염된 제품이 더 많은 주들로 퍼질 수 있게 됐다"고 말했다.[55]

그렇다면 CDC는 뭘 했을까? 소유구조만 빼고 나머지 것들에 대해서 권고사항을 만들었다. 당국이 생산지에서 판매지까지의 이동경로를 추적할 수 있게 할 것, 식품조사관들이 식중독 원인을 알아내기 위해 소비자카드와 판매기록을 살펴볼 수 있게 할 것, 식중독과 관련된 식료품을 회수하고 이를 소비자들에게 알릴 것, 안전기준을 잘 지키는 공급자들로부터 재료를 구입할 것, 식품안전을 확보하는 방안을 업계에서 공유할 것, 식품안전을 기업문화의 핵심에 둘 것, 안전 관련 법규를 충족시킬 것 등등.

5

—

가면을 쓴 의사들

르네상스 시대를 재연한 지역 축제에 등장한 의약품이 공룡알이나 다릿춤에 차는 약주머니 같은 것만 있었던 것은 아니다. 역병을 고치는 의사 일 메디코 델라 페스테il medico della peste도 돌아다녔다. 그 시절 사람들은 인어를 보려고 줄을 서는 게 아니라 빨대로 과일주를 홀짝거리고 있었다.

이 '동네 의사'는 특사의 가면maschera dello speziale이라고 불린, 부리가 달린 가면을 쓰고 있었다. '나쁜 공기'를 통한 전염으로부터 몸을 보호하기 위해 가면 안에 꽃잎과 향, 약초 따위를 넣고 태웠다.[56] 가면의 눈 부분은 유리로 덮었고, 어떤 의사들은 왁스로 코팅한 겉옷을 입었다. 시에 고용된 의사들은 이 마을 저 마을과 계약해 돌아다니며 일했고, 일하지 않을 때에는 격리된 채 지냈다. 노스트라다무스는 이런 관행에 반대했지만, 의사들은 환자들의 피를 빼냈다. '체액의 균형을 맞추기 위해' 선페스트 증상이 나타난 곳에 개구리와 거머리를 올려놓는 의사들도 있었다. 반면에 평생 먹고살 수 있는 이 일자리를 거부하고 보조금을 받아 연구를 시작한 이들도 있었다. 이들은 환자들을 격리하고 완충 지대를 넓히고 쥐를 박멸하라고 권고했다.

역사학자 셸던 왓츠Sheldon Watts는 새로운 공중 보건을 사회적 통제 수단이라고 설명했지만, 축제가 보여 주는 몇 가지 반전에도 주목했다.

"피렌체의 치안판사들은 도시를 빠져나가려고 서두르면서도 남겨진 평민들이 도시의 통제권을 쥐게 될까 우려했다. 그 두려움에 근거가 없지는 않았다. 1378년 여름 파벌 싸움으로 피렌체의 엘리트들이 일시적으로 발이 묶이자 양모 노동자들이 반란을 일으켜 정부를 통제하고 몇 달 동안 이곳을 지배했던 것이다."[57]

5부

알다시피, 올해 혁명이 일어났지요. 그래서 치포틀Chipotle Mexican Grill(미국의 요식업체)이 이 가방을 꺼낸 겁니다. 돼지새끼 한 마리가 들어 있네요. 돼지가 이렇게 말하네요. "비바 라 레볼루시옹!Viva la revolución(혁명 만세)" 망할 놈의 엉클 피그Uncle Pig는 다른 돼지들에게 뭐라고 했을까요. "우리는 평등을 원한다!" 제기랄. 네, 농부들을 몰아내야죠! "아니, 아니, 내가 생각한 건 좀 다른 거야." 아, 그럼 우리 권익 옹호 행진을? "아니, 더 큰 축사 말이야. 축사를 더 크게 지어야 해. 왜냐면 비행기가 떨어지더라도, 이왕이면 퍼스트 클래스에 타고 있다가 떨어지는 게 좋잖아." 잠깐, 잠깐…… 윌버, 그건 너무 어리석어! 이게 다 네 계획이라고? 우리 모두 죽는 거잖아! "아, 내 말은, 그러니까, 모두는 아니야." 윌버, 오랜만이네. 그동안 어디 있었어? "음, 나는, 농부랑 집에서 자고 있었지."

– 하리 콘다볼루(미국의 코미디언 겸 영화제작자, 2011)

1

힘없이 부서진 날개

생명을 위한 이 투쟁 때문에, 아무리 경미한 것이든 혹은 어떤 원인에서 시작된 것이든, 어떤 종에 속해 있든, 그 종의 개체에게 이익이 되기만 한다면 변이는 다른 유기체들이나 외부 자연과 맺고 있는 무한히 복잡한 관계 속에서 개체에 보전되고 후손들에게도 유전될 것이다.

-찰스 다윈(1859)

거대 농축산업체는 실험실에서 개량되고 단 두 세대밖에 안 지난 가금류들을 세계의 고객들에게 실어 나른다.[1] 이런 관행 속에서 자연의 선물인 무료 생태서비스인 자연선택의 과정은 사라진다. 전염병에 감염된 개체들을 인위적으로 솎아내니, 육계가 되었건 산란계가 되었건 질병에 대한 대응으로 면역력을 발전시킬 여지가 없다. 바꿔 말하면 산업형 축산 모델에서는 가축들이 자연적인 저항력을 키우지 못한 상태에서 병원균이 순환하게 된다. 환경에 맞춰 동물들이 스스로 병원균에 실시간 대응하며 면역력을 키울 여지가 전혀 없는 것이다.

무수한 지역적 변이들이 뒤섞인 병원균들의 미세한 분자가 지구 저편에서부터 움직여 온 궤적을 추적하는 과제는 인간 사육자와 백신에게 떠넘겨진다. 그 일은 시시포스의 형벌처럼 반복된다. 생물안보와 통제가 이루어져야만 병원균을 몰아낼 수 있는데, 이는 많은 개도국들에게는 힘든 일이고 때론 개발된 나라들조차 제대로 못할 때가 많다.

울타리 안에서 저항력이 진화하지는 않는다. 창백한 기브스 속의 부러진 팔이 떠오른다. 더 적절한 비유를 들자면, 힘없이 부서진 날개랄까. 농장이 잘 지어졌는지는 제쳐 두고, 자연에 맞선 자본주의의 성난 싸움이 음식의 풍미와 영양에 끼치는 구체적인 영향만 생각하더라도 이 산업에 대해 의문을 품어야 마땅하다. 이 산업은 제대로 작동하고 있는 것인가?

집약적 농장에서는 가축의 순환율이 높아지고, 자연적 백신 역할을 해 주는 저병원성 균주들이 차단된다. 조상에서 후손에게 전해지는 유전자의 자연선택도 제한된다. 가축들에게 자연적인 저항력이 거의 혹은 아예 없는 상황에서, 집약적 농장들에게 생물안전의 정밀도를 높이려는 노력은 치명적인 균주들을 막는 것에 국한될 수밖에 없다.[2)]

업계가 기꺼이 지불할 능력과 의사가 있는 정밀성의 비용과, 맹독성 감염증으로 인한 손실이 같아지는 일종의 손익분기점을 생각해 볼 수 있다. 어떤 지점에서 업계의 이익과 해법의 비용이 교차하게 될까? 어쩌면 어리석은 질문일 수 있다. 자기네 자산을 위협하는 위험이 자신들 책임이라는 것을 기업들이 알까? 비아냥이 아니라, 정부와 소비자들과 노동자들과 가축과 환경에 사회적 비용과 보건 비용을 떠넘겨 온 그들의 오랜 관행을 설명한 것일 뿐이다. 세계 최대 산업분야 중 하나인 농업은 그렇게 하지 않았더라면 존재할 수 없었다.

2

—

누구의 식량발자국[1]?•

여러 분야의 과학자들이 인류가 환경적 벼랑 끝에 있다는 것에 동의한다. 기후변화, 해양 산성화, 물과 대기 오염, 질산염과 인산염 적재, 열염순환[2]의 차질 등이 생태학적 티핑포인트를 넘어서거나 빠르게 근접해 가고 있다.

그 위기는 주로 자원 채취와 1인당 소비의 기하급수적 증가 때문에 일어났다. 우리는 인류의 존재에 심오한 영향을 미칠 수 있는 지구의 많은 자산을 너무 깊이 파헤쳤다. 지질학적 시간으로 보면 눈 깜빡할 사이에 서식지 파괴, 생물다양성 손실, 생태계의 기능 장애, 질병 출현, 자원 고갈, (강·호수 등의) 부영양화富營養化, 토양 분해, 해양 붕괴, 환경 독성, 에너

• 이 글은 리처드 코크Richard Kock와 함께 《휴먼지오그래피》에 냈던 글을 정리한 것이다.

1 이 장의 제목은 'Whose Food Footprint?'다. 환경에 미치는 영향을 가리키는 생태발자국Ecological footprint에 빗댄 표현으로 보인다.

2 thermohaline circulation. 밀도차에 의한 해류의 순환. 심층순환深層循環 또는 대순환大循環이라고도 한다.

지 소비 정점, 기후변화 따위가 우리 종이 생존을 의존하고 있는 수많은 동식물을 위협하고 있다.

생명 시스템 전반에 걸쳐 전 지구적인 규모로 발생하는 환경 파괴는 규모와 소비의 증가율 모두에서 점증하는 세계 인구를 먹여 살릴 수 있는 우리의 능력에 영향을 미치고 있다. 식량농업기구(FAO)는 2009년 세계에서 12억 명이 만성 기아나 영양실조로 고통 받은 것으로 추정하면서, 빈국들의 질병 감염률과 사망률이 모두 최고를 기록했다고 밝혔다.[3)] 2010년 FAO가 추산한 9억 2,500만 명의 영양실조 인구 중 9억 600만 명이 개발도상국에 살고 있다.

인류는 지금까지 잉여 식량을 이곳저곳으로 이전시킴으로써 기근을 '해결'해 왔지만 그 성공 속에서 수백만 명이 숨졌다. 아프리카의 뿔[3]과 사헬[4]에서 최근 일어난 기근들이 보여 주듯이, 그간의 노력에도 불구하고 위기는 계속 증가하고 있으며 그 위기를 해결하기 위한 선택지는 수와 범위가 줄어들고 있다. 생태계의 복원력은 계속해서 줄고 있고 식량에 접근할 수 있는 능력은 현재 전 세계를 먹여 살리는 데 사용되는 바로 그 생산 모델에 의해 위협받고 있다. 부분적으로는 주식 투기 때문에 식품 가격이 급등했고 이로 인해 가장 가난한 이들은 식료품 시장에서 배제된다. 식량은 점점 더 상품 시장에서만 구할 수 있는 것이 되어 가는데 말이다.

진지한 학자들과 정책 입안자들, 그리고 다양한 분야의 운동가들이 문제를 제기하고 있으나 명확한 행동 방침은 아직 합의되지 않았고, 행동하기는 훨씬 더 어렵다. 그럼에도 여러 시도들이 이루어지고 있다. 세

---

3 Horn of Africa. 아라비아 반도와 마주한 동아프리카의 에티오피아, 소말리아, 지부티 일대.

4 Sahel. 사하라 사막 주변에 위치한 아프리카 중부의 건조지대.

계야생생물기금(WWF)의 제이슨 클레이Jason Clay는 최근 《네이처》에 한 기고에서 "지난 18개월 동안 비정부기구(NGO)와 학계, 민간단체 회원 들이 모여 생물다양성을 훼손하지 않고 식량 생산을 늘림으로써 세계 식량 체계를 개혁할 수 있는 방안을 개발했다"면서 "글로벌 하비스트 이니셔티브Global Harvest Initiative와 지속가능농업 이니셔티브Sustainable Farming Initiative 같은 단체들은 식량발자국을 동결시키기 위해 일하고 있다"고 소개했다.[4]

클레이는 특히 사하라 사막 이남 아프리카에 주목하면서 농업이 환경에 미치는 영향을 줄이기 위한 노력을 조직화할 다양한 전략을 제시한다. 클레이에 따르면 우리는 소비를 줄이고, 음식물 쓰레기를 없애고, 황폐화된 토지를 재생하고, 농업 투입의 효율성을 배가시키고, 농가의 재산권을 성문화하고, 유전학과 최첨단 기술을 통해 방치된 작물의 생산성을 높여야 한다. 나무와 뿌리작물을 재배하고 농업용 탄소 시장을 도입함으로써 토양 속 탄소를 보호해야 한다.

클레이의 제안에는 다른 곳에서도 제시되었던 조언과 목표가 섞여 있다.[5] 지역 전반에서 식량위기를 완화하려 하는 이들이라면 그가 제안한 기술적인 조언들을 진지하게 고려하려 할 것이다. 그러나 클레이의 충고가 중요한 것은, 본질적으로 식량과 환경 위기에 대한 해결책을 둘러싼 논쟁이 그 안에 담겨 있기 때문이다. 그는 이례적으로 명쾌하게, 인류를 계속 먹여 살리려면 에너지를 쏟아붓는 단종생산 체제를 만든 애그리비즈니스 기업들이 세계 식량 체제의 통제권을 더 많이 가져야 한다고 말한다.[6]

이 글에서 우리는 식량안보의 책임이 지금보다 규모가 작은 농업 기업집단들에 넘어가면 문제가 해결될 것이라는 클레이의 주장을 점검해 볼 것이다. 우리가 보기에 그런 주장은 정치적 편의주의, 생산의 효율성과 규모의 경제에 대한 편협한 견해, 애그리비즈니스의 관대함을 강조하는 마케팅 전략에 호소하는 것이다. 하지만 역사적 증거들은 정반대다. 이런 주장에는 핵심적으로 누락된 것들이 있다. 자본주의가 자연의 힘을 대하는 방식, 소농들의 자산을 빼앗는 걸 정당화하는 선언주의적인 태도, 그런 식의 식량 프로그램이 불러온 사회경제적·보건역학적·환경적 결과들이 빠져 있는 것이다.

마지막으로 우리는 환경적 한계에 다가가고 있는 이 지구를 먹여 살리기 위한 대안적인 패러다임의 예를 제시할 것이다. 농업을 보존하기 위한 공동체의 노력, 투입 비용과 생태적 비용을 최소화하는 것 등은 애그리비즈니스 모델에 대한 생생한 대안이다. 수백만 명을 먹여 살리는 그런 프로젝트들의 구체적인 내용들은 식량 생산을 지속가능하게 만들고, 지역 주민들에게 일자리를 주고, 식량주권을 떠받치고, 야생동물과 건강을 지키고, 미래 세대를 위해 환경을 보전하는 것이 가능하다는 걸 보여 주는 증거가 된다. 새로운 식량혁명이 진행되고 있으며, 특히 애그리비즈니스가 땅과 자원의 상품화에 대한 저항이 가장 적을 것이라 여기는 개도국에서도 그 혁명은 성장하고 있다.

은밀한 강요

2050년이면 110억 명까지 증가할 것으로 예상되는 전 세계 인구를 먹여 살리려면 앞으로 30년 동안 매년 경작지를 600만 헥타르씩 늘려야 할 것으로 FAO는 추정한다.[7] 농지를 그만큼 늘리는 일은 다국적 농업기업들에게만 가능할 것처럼 보인다. 제이슨 클레이와 그의 동료들도 그런 전제하에 애그리비즈니스에 프리미엄을 얹어 준다. 그들의 프로젝트는 기술적인 제안 같지만, 기업 모델을 정당화하고 뒷받침하기 위한 정치적인 프로그램이기도 하다는 뜻이다. 2010년 TED 강연에서 클레이는 지구를 구하면서 세계 사람들을 먹이려면 어떻게 해야 하는지를 설명했다.

"생물다양성이 유난히 높은 35곳의 핫스팟과 [생물다양성에 영향을 많이 미치는] 15가지 상품을 확인했다. 그 상품들이 생산되는 방식을 바꾸려면 누구와 협력해야 할까? 300~500개 기업이 그 15가지 상품들 각각의 70% 이상을 통제한다. 그들과 함께 일함으로써 그들의 사업 방식을 우리가 바꿀 수 있다면 뒷일은 저절로 될 것이다."[5]

특히 '협력'해야 할 상대들은 그중에서도 큰 기업들이라고 클레이는 말한다.

"그 회사들 중 100개는 지구상에서 [생태적으로] 가장 중요한 상품 15개 모두의 25%를 점유하고 있다. 왜 이들이 중요한가? 이들이 지속가능한 제품을 필요로 한다면 생산의 40~50%가 그 방향으로 갈 것이기 때문이다. 소비자보다 기업들이 생산자들을 더 빨리 움직일 수 있다. 기업들이 지속가능한 상품을 원한다면 소비자들의 수요가 그리로 향하기를 기다리는 것보다 훨씬 더 빨리 생산을 변화시킬 수 있다. 유기농 식품이 세계 먹거리의 1%를 차지하기까지 40년이 걸렸다. 이제 그렇게 오래 기다릴 시간이 없다."

그렇지만 개별 기업과 함께 일하는 것만으로는 충분치 않다고 그는 말한다.

"산업과 함께 일하기 시작할 필요가 있어, 생산자에서 소매자들과 브랜드까지 생산품에 영향을 미치는 핵심 요인이 무엇이고 글로벌 표준은

---

5 TED, 「제이슨 클레이: 대형 브랜드가 어떻게 생명 다양성을 보호할 수 있는가」(2010. 7)(https://www.ted.com/talks/jason_clay_how_big_brands_can_help_save_biodiversity?language=ko

무엇이며 허용 가능한 영향과 디자인 기준은 무엇인지 알아보기 위해 기업들과의 라운드테이블을 만들었다"고 했다. 기업들이 라운드테이블에 참여한 이유에 대해선 이렇게 설명한다.

"대기업들에게는 평판이 중요하다. 하지만 더 중요한 것은 가용성이다. 상품이 없다면 사업도 없다. 그들에게 가장 큰 위협은 상품 자체가 사라지는 것이다. 구매자들이 특정 방식으로 생산된 상품을 원한다면 사용자들은 테이블에 나와 앉기 마련이다."

그러나 그의 세련된 설명 뒤에는 여러모로 의심스러운 가정들이 들어가 있다. 첫째, 그가 말한 상위 100대 기업들은 환경 위기에 한몫을 했다. 그런데 왜 그들이 생태학적으로 중요한 품목을 계속 통제할 수 있게 해 주어야 하는가? 클레이는 이 문제를 쏙 빼놓고 환경·식품운동이 기업들의 요구에 부응하도록 효과적으로 몰고 간다. 그의 주장은 합리적인 것 같지만 실제로는 노골적인 편법에 가깝다. '우리'의 시장 점유율은 상황을 변화시키기에는 너무 작고, 소비자와 소농들을 조직하는 일은 너무 어렵다는 것이다. 하지만 대안적인 식품 생산모델에 반대하며 전면전을 벌였던 것은 클레이가 협력하자는 바로 그 회사들이다.

강연 내내 클레이는 세계를 구하는 데 관심이 있는 '우리'가 애그리비즈니스와 함께 일해야 할 것처럼 몰아간다. 소농 수백만 명과 주민공동체들이 지역의 식량 생산에서 기업들과 동등한 기여를 할 수 있을 것처럼 말하지만, 핵심적인 장애물들은 일부러 무시해 버린다.

제번스의 덫

테드 강연에서 클레이는 자신이 협력하고 있는 두 기업을 극찬했다.

협업 이야기인지 광고인지 모를 지경이었다. 농식품회사 카길에 대해 그는 이렇게 말했다.

"카길은 앞으로 20년 안에 나무를 한 그루도 자르지 않고 세계 팜유 palm oil 생산량을 두 배로 늘릴 수 있다. 그것도 보르네오 섬의 이미 퇴화한 땅에서만. 그들은 자신들이 생산하는 팜유의 인증을, 제3자의 인증 프로그램을 수용할지를 연구하고 있다. 이 움직임이 중요한 것은, 이 회사가 세계 팜유 생산의 20~25%를 차지하기 때문이다. 카길이 결정하면 팜유 산업 전체가 움직인다."

하지만 클레이는 카길이 팜유를 생산하기 위해 어떤 행위들을 하고 있는지는 말하지 않는다. 세계열대우림네트워크World Rainforest Network(WRN)는 클레이가 말하는 '지속가능한 팜유 생산'을 위한 라운드테이블 Roundtable on Sustainable Palm Oil(RSPO)을 기업이 주도하고 있고, 똑같은 누락을 저지른다고 지적한다.[8] 라운드테이블을 통해 카길을 비롯한 업계는 땅을 황폐화시키고 주민들을 몰아낸 지저분한 과거에 대해 면죄부를 받는다는 것이다. WRN에 따르면 라운드테이블 측은 2005년 이후의 지속가능성 노력만 평가하기 때문에 "그 이전의 모든 벌채는 문제 삼지 않고, 삼림이 잘려 나가고 생겨난 농장들조차 라운드테이블의 지속가능성 승인을 받는다." WRN은 "야자수에서 팜오일을 최대 30년까지 수확할 수 있다는 점을 감안할 때, 향후 10~20년 동안 '지속가능' 인증을 받고 거래되는 팜유의 상당 부분은 숲을 베어 내고 만든 플랜테이션 농장에서 수확된다는 뜻"이라고 했다.

게다가 인증은 어디까지나 기업 자율에 맡겨지기 때문에 기업들은 못된 관행에 대한 제재를 효과적으로 피해 갈 수 있다. 기업들은 "대부분 외래종인 야자유를 대규모로 단종재배하면서 얻어 낸 생산물이 '지속가능'

하다고 인증을 받음으로써 인식을 호도할 수 있고, 열대 숲을 파괴하고 인권을 침해한 과거를 숨길 수 있다". 그러므로 "라운드테이블의 인증은 사기극"이라고 WRN은 지적한다.

클레이가 그다음으로 칭찬한 회사는 M&M 초콜릿을 만드는 제과회사 마스Mars다.

"마스는 인증 가능한 해산물만 구매한다는 지속가능성 공약을 내걸었다. 이 회사는 애완동물 사료를 생산하기 때문에 월마트보다 해산물을 더 많이 구매한다. 하지만 그들이 하고 있는 더 흥미로운 일은 초콜릿에 관한 것이다. 마스는 미래를 바라보는 비즈니스를 원하기 때문에, 초콜릿의 생산 방식을 개선할 필요가 있다고 본다. [마스는] IBM, 미 농무부와 함께 카카오의 유전체를 분석 중이며 모두가 데이터를 볼 수 있도록 공개 사이트에 올리고 있다. 모두가 더 생산적이고 더 지속가능하게 코코아를 만들 수 있기를 바라기 때문이다. 그들은 카카오 작물의 생산성과 가뭄 내성을 파악하면 현재 재배지의 40%에서 현재의 3.2배에 이르는 코코아를 생산할 수 있을 것으로 본다. 남는 땅은 다른 용도로 쓰일 수 있다. 시간이 갈수록 더 작은 땅에서 더 많이 생산할 수 있을 것이다. 그것이 미래가 나아갈 방향이다."[9]

마스가 혜택을 주고 싶어 한다는 '모두'에, 그들 때문에 가나와 코트디부아르의 농장에서 노예처럼 일하고 있는 아이들이나 공정가격을 거부당해 빈곤 속에 살아가는 계약농들은 포함되지 않는다.[10] 클레이는 카길과 마스를 치켜세움으로써, 거대 농식품회사들이 생산 효율성을 높이면 땅의 황폐화를 줄이고 '녹색 자본주의'를 실현할 수 있다는 논리를 펼친다. 단종재배로 이어지는 대규모 파괴는 슬그머니 빼먹는 몰역사적인 주장이다.

논리적 측면만 봐도, '지속가능한' 자본주의의 기준을 생산의 효율성에 두는 것에는 문제가 있다. 윌리엄 스탠리 제번스는 석탄산업에서 채굴의 효율성이 높아지는 것이 장기적으로는 석탄 소비를 더 늘린다는 사실을 관찰했다. 이른바 '제번스의 역설Jevons paradox'이다. 치솟는 화석연료 소비만이 아니라 음식 문제에도 이 역설은 적용된다. '녹색혁명'[6]으로 1헥타르당 식량 생산량은 2배가 되었지만 세계의 영양실조도 늘어났다.[11)]

3% 성장률을 가정했을 때, 투입된 자본 대비 생산 효율성이 높아지면 자원이 다 소진될 때까지 자원 채취는 계속 증가한다. 지금의 경제 모델은 한 자원이 소진되면 다른 자원을, 한 종이 사라지면 다른 종을, 한 광물이 고갈되면 다른 광물을, 한 지역이 황폐해지면 다른 지역을 착취하는 쪽으로 옮겨 가면서 이를 '해법'이라 부르고 있다. 카길과 마스 등은 지금까지 이런 식으로 막대한 이익을 거두어 왔다.

거대 농식품기업들에게 한 상품의 원천을 다른 원천으로 바꾸는 건 연례 경영보고서의 문장을 바꾸는 정도의 일에 불과하다. 미국과 유럽, 아시아의 고급 시장에서 '그린 마케팅'이 톡톡한 효과를 거두고 있지만[12)] 그럼에도 아직까지 기업들의 핵심 경영전략은 경쟁 우위를 차지하는 데에 있다. 그들이 자발적으로 전략을 바꿀 것 같지는 않다.

모두의 자원을 자신들의 사적인 이익으로 바꾸고, 그로 인한 피해는 남들에게 돌리는 것이 그들 세계의 질서다. 루크 버그만Luke Bergmann의 연구가 보여 주듯이 개도국들의 농경지가 늘고 탄소배출량이 늘어나고 숲이 줄어들 때 미국과 유럽과 일본에서는 소비가 늘고 자본 축적이 증가

---

6 Green Revolution. 1950~1960년대 세계에서 농기계와 비료, 개량된 품종이 보급되어 식량 생산이 크게 늘어난 것을 가리키는 말. 1968년 3월 미국 국제개발처(USAID)의 윌리엄 고드William S. Gaud가 소련의 '붉은혁명', 이란의 팔레비 왕조가 일으킨 '백색혁명'에 빗대 처음 사용했다.

한다. 그런가 하면 베키 맨스필드Becky Mansfield의 연구팀은 경제가 성장하면 숲이 되살아난다는 '숲변천론Forest Transition Theory'에 반론을 제기했다.[13] 이 연구팀은 일부 그런 사례가 있다 해도 보편적이라 할 수는 없으며, 부사 나라들이 목재와 농산물—그리고 환경적 영향까지도—을 수출할 수 있게 된 것은 과잉생산과 관련되어 있음을 보여 주었다. 그들의 녹색 마케팅은 자본이 저지른 짓들의 책임을 개별 소비자들의 도덕성에 맡기는 수단일 뿐이다.

하지만 썩다 보면 파리가 꼬이기 마련이다. 제이슨 무어Jason Moore가 지적했듯이 세계의 토양 침식과 환경 파괴는 신자유주의가 주도한 비용 절감 추이를 바꾸는 전환점이 될 수 있다. 더 거창하게 말하면 값싼 에너지, 값싼 노동력, 값싼 원자재, 값싼 식량으로 이루어진 '값싼 생태계'를 구가해 온 자본주의의 '장기지속'[7]이 한계에 부딪힌 것일 수 있다.[14] 어찌되었든 애그리비즈니스는 비참한 미래를 피하려 노력하고 있음을 보여 줄 절박한 필요가 있는 것이다.

그들이 말하지 않는 것

얼핏 듣기엔 그럴싸한 클레이의 제안대로 된다면 특히 아프리카의 농업환경은 근본적으로 바뀌어 다국적기업들만 전략적 이익을 챙길 것이다.

그의 말처럼, 지역 농민들이 새 사업을 할 때에는 노동력 절감과 녹색

---

7 longue durée. 프랑스 역사학자 페르낭 브로델Fernand Braudel이 제시한 개념. 브로델은 역사의 시간대를 길이가 가장 긴 초장기지속très longue durée, 중세나 근대처럼 체제의 '구조'가 유지되는 장기지속 longue durée, 서로 연계된 사건들이 일어나는 콩종튀르conjoncture, 그리고 사건의 시간대로 나눴다.

기술을 고려하는 게 맞다. 그러나 그런 기술을 보유한 거대 농식품 기업들은 절대 공짜로 솔루션을 내주지 않는다. 기술은 트로이의 목마처럼 농촌에 새로운 사회적 관계를 심는다. 자작농들의 토지를 외국 자본이 싼값에 임대하거나, 저작권을 무기로 삼은 바이오테크 생산의 소용돌이 속으로 소농들을 밀어 넣는다.

클레이는 영양 측면이나 지속가능성이나 공동체보다는 생산성 관점에서만 생산자들을 평가한다. 그가 생각하는 '최악' 생산자들의 생산성을 높이려면 전문지식을 제공하고 지원을 해 주어야 한다. 클레이는 "전통적으로 그런 개선은 정부가 맡아 왔지만 아프리카 정부들이 제 몫을 다 하는지는 분명하지 않다"고 적었다.[15] 하지만 그의 논평과 달리 많은 아프리카 국가들은 유럽 국가들과 마찬가지로 농부들을 성공적으로 지원해 주었다. 그런데 거대 농식품 업체들의 이해를 대변하는 구조조정 프로그램들 때문에 아프리카에서 그런 정부 지원들이 사라졌다. 클레이는 그 점을 무시한다.

농민 지원을 민간이 떠맡는다는 게 땅과 노동력을 애그리비즈니스에 넘긴다는 뜻이라면, 그것이 공정한 제안일 수는 없다. 클레이가 제안한 개별 농민들의 재산권 인정은 복잡한 작업이다. 정부 자산을 소농들에 넘기는 것에 애그리비즈니스가 찬성하는 이유는, 그 변화가 결국 자신들에게 이익이 되기 때문이다. 소농들 상당수는 정부의 가격보조금이 없어지고 농산물 수출이 무너지면 싼값에 땅을 내놓을 수밖에 없다. 이런 일이 소련 붕괴 뒤 러시아에서 일어났고 중국에서도 진행 중이다.[16] 농민들이 빠져나가고 농업생태학적, 사회적 붕괴가 일어나면서, 아프리카의 목초지대와 유목 공동체들이 몇백 년 동안 일구어 온 경제적, 생태적 효율성은 침식되고 있다.

지역 농민들에게는 나쁘고 애그리비즈니스에는 유리한 식량체제를 만드는 과정이 다른 형태로 이루어질 수도 있다. 예를 들어 클레이가 홍보하는 토양 탄소시장은 자연의 신자유주의화를 확대하면서, 돈 낼 능력이 있는 기업들은 계속 오염을 저지를 수 있게 해 줄 것이다. 탄소 배출을 돈으로 상쇄하는 것이 지역 주민들에게는 '녹색 장벽'이 될 수 있다. 그들이 농지를 잃고 숲으로 내몰리지 않았더라면 숲을 파괴할 일도 없었을 것이다.

규모의 경제라 부르든 녹색 경제라 부르든, 이런 경제는 지속가능성이 보장되지 않는다. 계속 성장할 수만 있다면, 그리고 노동비용 상승과 자원고갈 등을 계속 미룰 수만 있다면 규모의 경제는 소규모 경제보다 생산성이 높게 마련이다. 하지만 수천 년 동안 진화해 온 소규모 생산 모델이 협동조합 등을 활용해 다국적기업과의 경쟁에서 이긴 사례도 적지 않다.

무엇보다, 클레이의 주장에서 드러난 가장 큰 오류는 생태 현대화 프로그램들에서 공통되게 발생하는 '누락'에 관한 것이다. 클레이는 현재의 신자유주의적 자본주의를 행성의 회전이나 중력 같은 자연의 힘인 양 묘사한다. 애그리비즈니스는 세계 식량의 많은 부분을 생산하고 분배하는 것이 사실이다. 하지만 그 이유에서가 아니라, 우리가 아는 식량체계가 바로 그들에 의한 것이고 앞으로도 그럴 것이기에 협력해야만 하는 대상이 된다.

역사는 자본주의 또한 파라오 체제나 봉건주의와 마찬가지로 특정 시기의 지배적인 시스템이며 언젠가는 무너질 수 있고 수정될 수 있고 거부당할 수 있는 한시적인 체제임을 알려준다. 반면 자본주의를 자연적 질서의 일부라 여기면 애그리비즈니스의 기본 전제들에 계속 얽매여, 결국 그들의 이익을 옹호하는 쪽으로 가게 된다. 예를 들어 클레이는 자원을 아끼고 세계를 먹여 살리는 데 필요한 효율성과, 천연자원을 상품으로 바꾸는 자본주의의 효율성을 혼동한다. 다국적 기업들은 광대한 자원을 영양가가 떨어지는 상품들로 바꾸는 능력을 갖고 있지만, 그들에게 세계 인구를 먹여 살릴 능력과 의지가 있는지는 의심스럽다.

세계의 굶주린 10억 명은 애그리비즈니스 중심으로 짜여진 농업시장에 들어갈 여력이 없다. 가난하기 때문에 그들은 존재마저 부인당한다. 거대 농식품업체들과 도시·농촌의 빈곤층은 근본적으로 대립할 수밖에 없다. 이 산업은 수백만 명의 생계형 농부들을 밀어내고 수익성이 높은 시장에 내다 팔 농축산물을 키울 토지를 확보해야만 성장할 수 있다. 클레이의 말처럼 기업들은 가용성에만 관심을 둔다. 그 결과로 발생한 '부수적인 피해[8], 즉 토착 식량체제가 무너진 뒤 생겨난 새로운 노동시장에 흡수되지도 못한 채 굶주리고 분노한 사람들을 억누르는 일은 오랫동안 지방 정부와 NGO들에 맡겨져 왔다.[17)]

지구의 만능열쇠

세상을 구하려면 자신들 뜻대로 자유롭게 움직일 수 있어야 한다고 농축산업계는 주장한다. 클레이는 기업들이 정부의 간섭 없이 자율규제를 하면 기업들 스스로 환경파괴를 막을 것이라고 말한다. 정말 그렇게 된다면 인류에겐 참으로 다행한 일이겠지만, 이는 자급자족만큼이나 현

---

8 collateral damage. 의도하지 않게 생겨난 피해. 미국이 전투에서 불가피하게 따르는 민간인 피해를 축소하기 위해 이 표현을 주로 쓴다. 미국 빌 클린턴 정부 때 매들린 올브라이트 국무장관이 이라크에서 제재와 미국 공격 등으로 숨진 아이들을 '부수적인 피해'라고 표현해 거센 비판을 받았다.

실성이 떨어지는 소리다.

다국적 농식품회사들은 축적한 자본을 정치권력으로 바꿀 수 있었기에 지금처럼 커질 수 있었다. 그 힘으로 정부의 간섭을 막아 냈고, 아무 책임도 지지 않은 채 환경을 파괴하며 돈을 벌고 있다. 그들이 토착민과 정부와 노동자들과 납세자들과 소비자들과 가축과 자연에 환경비용을 떠넘길 수 있게 해 준 것이 바로 그 정치권력이었다. 기름 유출이나 대량 실업, 전염병과 가격변동 같은 악재가 발생해도 다른 이들이 대가를 떠안기에 기업들의 도덕적 해이는 종말론적인 수준으로 치닫는다.

대차대조표에서 생산의 실제 비용을 숨길 수 있었기에 그들은 살아남았다. 대중들에게 생존을 의존하면서도 기업들은 자신들이 세계의 구세주인 양 포장을 하고, 기업 돈을 받은 재단들이 그 논리를 뒷받침해 준다. 기업들만이 세상을 구할 수 있다는 관념 뒤에는 소름끼치는 탐욕이 숨겨져 있다. 미래에 충분한 식량을 얻을 수 있을 것이라는 미심쩍은 약속만 믿고서 인류는 이미 지금까지 터무니없는 보상을 챙겨 온 극소수 부자들에게 미개발지와 자원에 대한 통제권을 넘겨주어야 한다. 기업들이 땅과 자연을 차지하는 일은 수백 년에 걸쳐 진행되어 왔지만, 환경을 들먹이며 정당화하는 것은 새로운 방식이다.

지구의 만능열쇠를 달라는 저들의 요구는 그 자체로 자본주의의 또 다른 난제를 방증해 준다. 200년도 더 전에 쓰여진 '로더데일의 역설'[9], 공적인 부와 사적인 부의 모순이 그것이다.[18)] 환경은 오래전부터 인류 모두가 쓸 수 있는 것이었기에 교환가치가 없었다. 그러나 사적인 부는 희소 자원을 추출하는, 더 정확히 말하면 그 일을 하도록 다른 사람에게

---

9 Lauderdale's paradox. 사적인 부가 증가하면 공적인 부가 감소하는 것. 19세기 초반 로더데일 백작으로 불린 스코틀랜드의 정치인 제임스 메이틀랜드James Maitland가 주장했다.

돈을 지불할 수 있는 능력에서 나온다.

산업혁명 이후 공적인 부와 사적인 부의 관계에 변화가 오면서 로더데일의 역설은 현실이 됐다. 자본가들은 자연을 경멸하면서도, 자연에 교환가치를 덧붙여 상품화할 수 있는 희소자원으로 바꿔 버렸다. 그 과정은 자연을 파괴함으로써 이뤄졌다. 그러니 자원의 원천이 줄어들면서 애그리비즈니스가 좋은 세계시민으로 변모하게 되었다는 클레이의 주장은 타당하지 않다. 오히려 반대로, 애그리비즈니스는 생태학적으로는 줄어들고 있고 금전적 가치는 증가하고 있는 자연의 가용성을 독점하려 하고 있다. 그래서 농업의 주변부에 여전히 남아 있는 대안들을 없애려 하는 것이다. 인구의 80%를 차지하는, 산업형 농업 바깥에 존재하는 소농들은 농업자본의 확산에 방해되지 않도록 사라지거나 농업노동자가 되어야 한다.[19]

또 다른 이름의 땅뺏기

이런 과정은 세계의 저개발 농토의 60%가 있는 아프리카에서 특히 집중적으로 벌어지고 있다.[20] 미국 캘리포니아주의 싱크탱크 오클랜드 연구소Oakland Institute는 최근 거대 농식품업체들이 하버드, 밴더빌트, 스펠만 같은 미국 대학들과 협력해 아프리카에서 진행하는 프로젝트들을 분석한 보고서를 냈다.[21] 대학들은 유럽 헤지펀드들과 손잡고 아프리카의 드넓은 땅을 사들이거나 임대한 뒤 기업 파트너들에 개발을 맡긴다. 길게는 99년간 면세 혜택을 받으며 임대한 토지도 있다.[22] 그렇게 대학들이 땅에 투자한 돈은 5억 달러 규모에 이르는데, 땅값 상승과 농업생산 등으로 25%의 수익률을 올릴 수 있을 것으로 추산된다. 컨설팅회사 매킨지는 아프리카의 농업생산이 3배로 늘어 2030년에는 연간 8,800억 달러 규모에 이를 것으로 봤다.[23)]

땅뺏기[10]의 사례 중 하나로 애그리솔에너지AgriSol Energy, 농식품회사 서미트그룹Summit Group, 파라오파이낸셜그룹Pharos Financial Group의 글로벌농업펀드Global Agriculture Fund가 아이오와주립대학과 손잡고 탄자니아에 진출한 것을 들 수 있다.[24)] 오클랜드연구소에 따르면 이들은 "탄자니아 키고마주 루구푸의 2만 5,000헥타르, 루크와주 카툼바의 8만 317헥타르와 미샤모의 21만 9,800헥타르 등 3곳의 '버려진 난민캠프'들을 사들였으며 면세 혜택과 달러 반출, 디젤유와 농업 장비 세금 면제, 미샤모 철도 건설 일정 등을 놓고 탄자니아 정부와 협상 중이다."

이 세 곳에서는 GM 작물과 쇠고기·가금류 생산, 바이오에너지 원료 생산 등 대규모 개발이 이루어질 계획이다. 외국인들이 관리하는 농업노동자들이 일할 수 있도록 지역 소농들은 이주시킨다는 조건도 달렸다. 대규모 토지펀드를 만든 이머전트자산운용Emergent Asset Management 측은 대학들과 연계한 이런 토지 취득을 이렇게 옹호했다.

"대학 기금이나 연기금은 장기간을 내다보는 투자자들이다. 아프리카 농업에 투자하고 기업을 세우고 사람들을 고용하고 있다. 책임감 있게 하고 있는데…… 규모가 커서 수억 달러에 이를 수 있다. 땅뺏기가 아니다. 우리는 그 땅을 더 가치 있게 만들고 싶다. 덩치가 커지면 영향력이 달라진다. 규모의 경제가 더 생산적일 수 있다."[25)]

하지만 그들이 내세운 자료만 봐도, 그들의 주장은 사실이 아니다. 애

---

10 land grab. 거대 기업들의 아프리카 토지 취득과 그로 인한 원주민 공동체의 붕괴 등에 대해서는 이탈리아 저널리스트 스테파노 리베르티Stefano Liberti의 『땅뺏기Land Grabbing: Journeys In The New Colonialism』에 잘 나와 있다. 뒤에 소개되는 한국 기업 대우의 마다가스카르 토지 매입 사례도 이 책에 소개되어 있다.

그리솔의 탄자니아 프로젝트 양해각서에 따르면 "카툼바와 미샤모의 주요 사업지 2곳에는 난민 정착지가 있는데, 7억 달러짜리 사업을 시작하려면 16만 2,000명이 머물고 있는 캠프들을 먼저 폐쇄해야 한다. 난민들은 그곳에서 40년 가까이 농사를 지어 왔다"[26)]

탄자니아 사례는 예외적인 게 아니다. 아프리카 전역에 걸쳐 북에서 남으로, 주민들을 쫓아내고 이루어지는 자본 축적이 진행되고 있다.

2010년의 한 연구를 보면 에티오피아 아와슈밸리의 목축은 관개농업으로 재배되는 면화나 설탕과 비교해 헥타르당 생산성이 같거나 더 높다.[27)] 그런데도 정부는 지역 농민 수만 명과 목축민을 쫓아내 다른 지역으로 내몰고 있다. 국제 토지거래 때문이다.

미국 댈러스에 본사를 둔 투자회사 나일무역개발Nile Trading and Development은 겨우 2만 5,000달러를 주고 남수단의 센트럴에쿼토리아에서 49년간 60만 헥타르를 임대했다. 40만 헥타르를 추가할 수 있다는 옵션과 함께, 이들은 그 지역의 석유와 목재에 대한 모든 권리를 가졌다.[28)] 아프리카녹색혁명연합(AGRA)은 아프리카에서 게이츠 재단의 얼굴이나 마찬가지다. AGRA의 보조금을 받는 케냐 농민의 70%는 몬산토와 계약되어 있다.[29)] 게이츠 재단은 몬산토 주식 50만 주를 가지고 있으며 몬산토 경영진을 지낸 게이츠 재단 인사들이 아프리카 업무를 맡고 있다.

인종학살을 피해 탄자니아로 도망쳤다가 르완다로 돌아온 난민들은 정치권과 연결된 농장들이나 수출용 작물을 키우는 바이오연료 업체 등에 밀려 국립공원으로 쫓겨났다.[30)] 더 극적인 사례를 보려면 한국 기업 대우가 마다가스카르 토지를 빌리려 했던 일[11], 모잠비크 땅 700만 헥타

11 대우는 2008년 아프리카 동부 인도양 섬나라인 마다가스카르 정부와 99년간 국토 절반에 이르는 땅을 임대하는 협약을 체결했다. 옥수수와 팜유를 생산하며 인프라를 짓고 고용을 창출하는 대신 무상임대를

르가 매물로 나오자 유럽 투기자본과 손잡은 남아프리카공화국 기업들이 달려든 일 등을 보면 된다.

아무리 신자유주의나 NGO의 옷을 두른들, 원시적인 축적은 특혜를 통해 이뤄진다. 그뿐 아니라 땅뺏기는 또 다른 일련의 모순들을 불러온다. 조반니 아리기Giovanni Arrighi가 1966년 로디지아Rhodesia[12] 연구에서 지적했듯이,[31)] 농민들을 땅에서 몰아내고 프롤레타리아로 만들어 노동시장에 내모는 것은 오히려 '규모의 경제'를 해치고 애그리비즈니스에 이득보다 더 많은 문제를 안길 수 있다. 아리기는 이렇게 지적했다.

"극단적인 강탈의 과정엔 모순이 있다. 처음에는 그 과정을 통해 농민들을 자본주의 농업과 광업, 제조업 노동력으로 전환시킬 수 있는 여건이 조성되겠지만, 프롤레타리아를 착취하고 동원하고 통제하는 것은 시간이 갈수록 어려워진다. 완전히 프롤레타리아화된 노동자들을 계속 착취하려면 생활에 필요한 만큼의 급여를 주어야 하기 때문이다."[32)]

역사적으로 형성된 토착 농업생산 시스템을 파괴하는 땅뺏기는 '녹색효율성' 옹호론자들이 주장하는 방식과는 거리가 멀다.

땅뺏기의 정당화

땅뺏기에 따라 빈부격차가 커지는 것은 애그리비즈니스가 장악한 지구에서는 당연한 귀결이지만, 불평등이 커질수록 환경적 피해의 정도는 더욱 심각해진다. 이집트가 그 예다.[33)]

한다는 내용이었다. 영국 경제지 《파이낸셜타임스》에 이 거래가 보도되자 마다가스카르 전역에서 시위가 일어났고 결국 정부가 무너졌으며 협약은 무산됐다.

12 지금의 짐바브웨와 잠비아.

호스니 무바라크 정권 동안 이집트 원예산업과 축산업이 대규모 통합을 거치면서 수백만 명의 마이너리티 집단이 도시 근교에서 쫓겨났다.[13] 그 정권의 마지막 5년 동안 가난한 지역공동체들은 표면적으로 자신들을 보호하기 위해 시행된 공중 보건 정책들 때문에 더 빈곤해졌다. 당국은 고병원성 인플루엔자 A(H5N1)와 H1N1 2009(돼지인플루엔자)의 발생을 막는다며 각각 4,000만 마리의 가금류와 돼지를 살처분했다. 규모가 커진 가금류 농장과 야생 조류들이 인플루엔자의 근원이라는 증거들이 있었음에도 가장 큰 피해는 뒷마당에서 닭을 키우던 농부들과 소농들의 몫이 됐다.

집약적 축산업이 새로운 치명적 동물병원균이 진화하는 온상이 되고 있다는 주장을 뒷받침하는 증거가 많다.[34)] 그러나 산업형 가금류 생산이 H5N1 발생의 원인이었을 가능성을 진지하게 조사하는 것은 보지 못했다. 작은 농가에서처럼 산업형 농장에서 대규모 살처분을 하는 일도 없었다. 방역은 곧 소규모 경쟁상대를 희생시키면서 전염병에 기술적으로 대응할 수 있는 능력인 것이다. 애그리비즈니스는 자신들이 전염병을 초래해 놓고, 자신들만이 대응할 수 있다는 논리를 자가생산했다.

이집트에서 소농들만 짓누른 방역 대응은 결국 정치적인 문제로 비화했다. H5N1 대응으로 가난한 이들이 더 가난해졌고 5세 이하 아이들의 영양실조가 늘었다. 식료품 값이 오르고 먹을거리가 부족해진 것은 자신들의 닭을 지키는 것을 비롯해 스스로 운명을 결정하기를 바랐던 이집트인들의 열망에 영향을 미쳤다.

---

13 이집트 정부는 2009년 신종플루가 퍼지자 주로 종교적 소수집단인 콥트 기독교도들이 키우던 돼지들을 살처분했다. 방역을 명분으로 내세웠으나 무슬림이 다수를 차지하는 국민들의 불만을 기독교도들에게 돌리기 위한 탄압이라는 비판이 나왔다.

이러한 연관성에도 불구하고, 이집트는 물론 다른 곳에서도 인플루엔자에 관한 논의들은 고도로 자본주의화된 농업으로 가야 한다는 쪽으로만 흘러간다. 시스템의 실패가 오히려 정당성의 근거가 되는 것이다. 애그리비즈니스는 역외 농업기지를 늘리기 위해 농민들을 내쫓고 기아와 질병을 일으키며 직간접적으로 환경을 파괴한다. 그런데 그로 인한 위기가 다음번 땅뺏기를 정당화해 주는 근거 역할을 한다.

다이애나 데이비스Diana Davis는 그들이 써먹는 '인도주의'의 프레임을 "환경보호라는 이름으로 토지 사유화와 농업 생산의 강화라는 신자유주의적 목표를 정당화하는 선언적인 식민지 환경 서사"라 부른다.[35] 그 서사는 공유 자원을 두고 피 튀기는 경쟁이 벌어지는 맬서스적 비극에 대한 이야기다. 극소수의 몇몇 사람만이 공유지를 망칠 수 있게끔, 공공의 자산에 울타리를 치면서 엉뚱한 곳을 공격하는 꼴이다. 모두가 자연을 이용할 수 있는 곳이라 해도 대개는 다양한 지역공동체들이 적절한 규제를 한다. 공동 관리가 본질적으로 기능장애를 일으킨다는 생각은 자료로 뒷받침되는 것이라기보다는 이데올로기적인 것이다.

상품이 만든 질병

'인도주의적' 서사를 만들어 내는 목적은 무엇일까. 세계를 부유하는 자본은 가난한 이들에게 부자 나라를 쇼케이스처럼 제시해 보인다. 그러나 소스부터 돼지고기까지, 중앙통제식으로 대량생산되는 균질화된 값싼 식품들은 소수의 손에 막대한 이익이 집중되게 만든다. 보기 좋게 포장된 가공식품들, 열량이 높고 중독성이 있는 반면 영양이 부족한 식품들은 당뇨에서 비만까지 새로운 만성 질병의 세트를 만들어 낸다.

농업에서 비롯된 질병은 좁은 유전자 풀을 가진 산업형 가축집단과 작물들 사이에서 점점 더 빠른 속도로 진화한다. 고밀도로 사육되는 가축들에게서 고질적인 설사병이나 호흡기질환이 퍼지지 않게 하려면 백신과 약제를 지속적으로 투입해야 한다. 화학물질에 익숙해진 작물들에는 점점 더 많은 살충제를 투입해야 한다. 이 과정에서 제초제에 내성을 띤 수퍼잡초와 살충제에 내성을 가진 해충들이 진화한다.[36] 그 결과로 생겨난 폐기물들이 지역 토양과 지하수와 강으로 흘러가 환경호르몬과 독성물질의 농도가 높아진다. 이제는 약물 성분들까지 자연에서 검출되고 있다.[37] 생태적, 생리학적, 병리학적 영향의 증거들이 쌓이고 있는 것이다. 바이러스의 독성을 희석시켜 만든 생백신live-attenuated vaccines도 마찬가지다. 생백신이 동물보건과 공중 보건에 일시적으로 도움이 될 수 있지만, 새로운 균주들과 결합하면 오히려 위험물질이 될 수 있다.[38]

공해와 병원균은 산업화된 식품 시스템에 위험을 안겨 주는 불가결한 일부분이 되어 버렸다. 식품 안전의 과학은 매일 세계로 팔려 나가는 가축들과 새로 태어나는 가축집단들과 오염되었을지 모르는 식품들에 대응해야 한다. 예를 들면 2011년 독일에서는 4,100명이 O104 E.콜리 식중독에 감염됐다. 문제를 일으킨 것은 이집트에서 들여온 호로파[14] 새싹 11톤이었는데, 독일 판매업자가 이를 재포장해 유럽 12개국의 70여 개 회사에 재판매했다.[39]

애그리비즈니스가 추구해 온 규모의 경제는 생물학의 언어로 표현하자면 특정 병원균을 선택적으로 진화시키는 과정이다. 가축들에 에워싸인 야생동물은 늪지대와 물구덩이 시장 골목과 정육점과 농지와 도시를

14 葫蘆巴. 콩과의 식물로 향신료로 많이 쓰인다.

향해 병원균을 뿜어낸다. 여러 종류의 동물들 사이에서 질병의 전파와 병원균의 진화를 일으키는 자연의 위험한 실험이 벌어지고 있다.

애그리비즈니스가 채산성과 효율성을 높여 이득을 취할 수 있는 것은 왜곡된 보조금이라 할 수 있는 비용의 외부화가 가능한 덕이다. 직업상의 위험, 오염, 식중독, 항생제 내성, 식료품 값 급등, 기후변화, 독과점, 영양 감소, 홍수, 땅값 거품, 곡물 덤핑, 땅뺏기와 강제이주, 인프라 훼손 등등의 대가는 언제나 외부로 떠넘겨진다. 그렇게 창조적인 회계로 보호를 받지 못하면 애그리비즈니스의 사업 모델은 지속불가능할 정도로 비싸질 것이다. 재난을 일으키는 역량을 그렇게 키우는 것은 실로 소시오패스 같은 짓이다.

그다음은? 업계와 지지자들은 생태적 위기를 해결할 수단으로 인간의 독창성을 거론한다. 그러나 애그리비즈니스와는 다른 제안을 내놓는 순간, 클레이 같은 이들이 "그건 불가능하다!"라며 반대한다.[40] 애그리비즈니스를 감싸는 그런 이데올로기 자체가 우리 세금으로 지불된 보조금이다. 세금을 면제받는 비정부기구에서 일하는 클레이 같은 이들이 기업 컨설턴트 노릇을 하고 있기 때문이다.

보존농업[15]

그러나 다른 방식의 농업은 가능하며, 이미 다양한 단계로 진행되고 있다.[41] 대안적인 접근법은 투입 비용을 줄이는 것에 초점을 맞춘다. 정부와 소비자들, 그리고 야생동물들이 부담해야 하는 기업 보조금을 최소

---

15 Conservation Agriculture. 화학비료나 석유로 움직이는 농기계를 덜 쓰면서, 전통 농법을 발전시킨 친환경 방식으로 생산성도 늘린 지속가능한 농업 방식을 가리키는 용어.

화하고 유기농이나 자연 순환적인 방법을 도입한 첨단 환경보호 생산 방식이다. 그중에는 '지속가능한 집중'도 있다.[42] 이를 잘 발전시킨 곳에서는 화학비료를 쓰지 않고도 단위면적당 비슷한 양을 생산한다. 통합적인 해충 관리와 영양 관리, 보존형 경작, 토양 침식을 막아 주는 덮개작물과 해충을 끌어 모으는 덫작물 심기, 산비탈을 파헤치지 않는 등고선 농사, 임업과 양식업, 수상작물 채취, 혼합 경작 등등이 이미 이루어지고 있다.[43]

그러한 노력의 밑바탕에는 인류가 여전히 우리를 낳아 준 생태계의 한 부분이라는 생각이 깔려 있다. 문명은 인간을 자연에서 떼어 내면서 세워졌지만 인류가 자연으로부터 완전히 벗어날 수는 없다. 그렇다 해서 인류가 타락하기 이전의 농업 같은 환상에 빠져서도 안 된다. 농부들은 경작과 사육을 하면서 매 순간 기후와 환경이 던지는 문제들을 해결하기 위한 혁신을 해 왔다. 그런 노력은 너무나 중요하며, 지금도 곳곳에서 찾아볼 수 있다.

예를 들면 멕시코 정부의 지원 속에 사포텍 인디오들은 지역공동체가 통제하는 임업의 지속가능 인증을 받았다.[44] 그들은 지방정부에 목재를 팔거나, 지역에 있는 공장에서 가구 따위로 가공해 제품을 만든다. 오아하카 협동조합은 수익의 3분의 1을 재투자하고 3분의 1은 숲 보호에 쓴다. 나머지 3분의 1은 연금이나 신용조합 기금이나 주택자금 또는 대학 장학금 같은 방식으로 노동자들과 지역사회에 돌려준다.

니제르농민연합(FUGPN무리벤)은 회원이 6만 2,000명인데 그중 60%가 여성이다. 이 조합은 회원들에게 농사 기술을 가르치고, 곡물은행과 빈민 지원 상점과 현금처럼 쓸 수 있는 신용포인트 제도를 운영하고, 온라인 건강 상담을 해 주고, 농민 권익 옹호 운동을 벌이고, 커뮤니티 라디오

방송도 한다.[45] 지역 협동조합이 해체되고 무리벤이 생기기 전까지, 지역 농민들은 수확물을 자가소비하거나 아니면 막대한 빚을 갚기 위해 무역업자들에게 내주어야 했다. 극빈층들은 팔거나 집을 짓기 위해 나무를 베어 냈고, 토사가 흘러내려 니제르 강이 넘치면서 더더욱 가난해졌다. 곡물은행이 생긴 덕에 고리대금업자 같은 무역상들과 거래하지 않고도 수확이 적은 계절에 먹을 곡물을 저장할 수 있게 됐다. 농부들은 무리벤이 운영하는 가게에서 농사 정보를 얻거나 농기계를 빌릴 수도 있다. 무리벤 조합은 농민들이 남는 수확물을 돈으로 바꿔 농업 이외의 일을 할 수 있게 도와주기도 한다.

정부가 전통적인 관개 농업과 축산업에 보조금을 지급하는 상황에서, 케냐 북부 농민들은 지역신탁기금을 만들어 통합적인 토지관리를 실행하고 생계수단을 다양화하는 동시에 천연 자원과 가축 생산에도 혜택을 주고 있다. 식물은행 등을 만들어 핵심 자원을 보존하자 환경과 야생동물 생태계가 회복되고 주민 소득은 세 배로 늘었다.[46]

인도 자이푸르 지역의 타룬 바라트 상Tarun Bharat Sangh이라는 단체는 1,000여 개 마을에서 지역협의회와 함께 수자원을 복원하고 있다.[47] 이들은 진흙으로 둑을 쌓아 물을 가두는 전통 저수지 '조하드johads'를 재건해 관개 농업과 생활용수 등으로 쓰게 하고 있다. 그 덕에 숲의 성장도 빨라졌다. 1940년대 이후로 말라붙은 아바리 강이 되살아났고, 야생조류도 되돌아왔다.

아프리카 모잠비크의 여성 농민들은 정부 프로그램에서 아이디어를 얻어, 모래땅에서도 잘 자라고 생육기간이 짧은 카사바와 고구마 재배를 시작했다.[48] 점점 잦아지는 가뭄에 대비하기 위해서다. 이런 노력은 조직된 여성들이 발휘할 수 있는 힘과 그들이 일상적으로 극복해야 하는 소외를 동시에 보여 준다.

이런 노력들은 시장 중심의 자원 관리를 거부하고 '공동체 주도'로 이루어질 때 효과가 있다. 다음 계절, 다음 해, 다음 세대를 위해 식량과 생태계를 통합적으로 관리하는 공동소유가 이루어져야 지속가능성도 확보된다. 거대 농식품업체들은 한 지역의 환경을 망치고 나면 다른 곳으로 슬그머니 옮겨 가는 식의 '공간적 해법'을 추구한다. 하지만 지역공동체들에게는 그런 해결책이 원천적으로 불가능하다.

지역사회의 대안들이 반드시 성공하리라는 보장은 없다. 성공은 농업과 식량과 환경의 관계를 재인식하느냐, 글로벌 경제의 변화에 맞춘 완충장치를 만들 수 있느냐, 국가가 지원해 주느냐에 달려 있는 것 같다. 결국 중요한 것은 디테일이다. 리처드 레빈스는 대안적인 방법들도 때와 장소에 따라 계속 달라져야 한다고 말한다.[16 49)]

지역의 소득이 외국 기업이 쥐어 주는 임금이나 작은 땅에서 한철 벌어들이는 수입에 의존하는 대신 자연경관 자체에서 나온다면, 땅과 야생을 보살피는 일이 공동체의 첫 관심사가 될 것이다. 이런 원칙이 지역을 넘어 세계시장으로 확대될 수도 있다. 로더데일의 역설은 그 땅에서 나오는 것들을 쓰고 지키는 사람들이 해결할 수 있다.

식량혁명

세계 식량안보에 대한 우려에는 분명 근거가 있다. 하지만 그 장기적인 해결책은 GM과 화학비료와 땅뺏기를 수반하는 제2의 녹색혁명 이상

---

16 1부 4.「역외 농업의 바이러스 정치학」 참고.

의 것을 필요로 한다.

애그리비즈니스의 기본 전제를 반박하는 여러 사례들은 결국 농식품 분야를 넘어선 '패러다임의 이동' 속에 통합되어야 한다. 성장과 소비를 확대하는 경제 시스템의 폐해가 커지자 신자유주의는 슬그머니 '녹색' 경제로 스스로를 포장하기 시작했다. 더 큰 세상으로 나아가려면, 대안을 추구하는 이들 쪽에서도 성장과 소비의 문제를 개념 속에 포함시켜야 한다. 성장을 중시하며 자원 소비를 늘리는 정책과 생활습관과 관행들을 줄이는 것이 새로운 글로벌 규범이 될 수 있을 것이다. 환경의 재생 능력을 키우고 공동체의 생산과 소비에 초점을 맞추는 쪽으로 조정해 나간다면 부와 임금의 개념도 바뀔 것이다.

그렇게 해서 만들어진 '호흡실'은 생태계와 생물다양성이 회복될 시간, 정교한 통합농업이 발전할 시간, 인간의 삶의 질과 지속가능성이 높아지는 시간을 마련해 줄 것이다. 사람과 가축과 농작물과 야생동식물이 생태계 속에서 하나로 이어져 있다는 인식이 커지고 저성장을 현실로 받아들이는 움직임이 늘고 있는 것은 희망적인 징후다.[50] 출발은 부족하지만 둘 다 좋다. 생태와 전염병 양 측면에서 벌어지는 소외와 배제를 거부하는 것이기 때문이다. 공동의 자산으로 지속가능하게 세계 인구를 먹여 살리려는 시도들은 러다이즘Luddism 같은 기계파괴주의와는 다르다.[51] 이 과정은 현재의 비극적인 농업 시스템을 그대로 두는 것보다 훨씬 어려운 일이 될 것이다. 인간 스스로 만든 덫에서 벗어나 주체적인 보존농업으로 가는 과정에서 과학이 해야 할 일이 많다.

그런 혁명으로 가는 열쇠는 '거버넌스'에 있다. 식량안보의 틀과 정책이 이전보다는 지속가능하고 공정한 방향으로 이동하고 있지만, 여전히 지금의 글로벌 및 지역적 관리체제에 의존하고 있는 것이 사실이다. 불행하게도 그런 선의의 시도들은 업계 로비 앞에서 산산이 부서지곤 한다. 다국적 농식품기업들이 각국에 가해 온 정치적 압력은 글로벌 기구들로 확대됐다. 업계의 말은 번지르르하지만 나아진 것은 별로 없다. 경제가 잘 풀릴 때에는 변화를 약속하지만, 경제가 침체되면 약속은 곧바로 버려진다. 이런 일이 반복될 경우 다른 곳, 즉 현재의 정치체제 밖에서 대중운동이라는 형식으로 정치적 의지가 표출될 수도 있다. 클레이를 비롯한 어떤 사람들은 식료품난으로 촉발된 중동과 북아프리카의 혁명을 현재에 대한 경고음으로 보지만, 세계의 많은 사람들에게 이 민중 혁명은 미래에 대한 희망의 상징이다.[52)]

우리 종의 역사를 볼 때, 절망에서 나온 급진적인 변화가 혁신을 낳은 사례는 많았다. 식량혁명은 좋은 아이디어일 뿐 아니라 지구 전체를 위한 절박한 과제다. 고고학 발굴을 통해서도 확인되었듯이, 인류는 수차례 심각한 식량위기를 극복해 왔다. 물론 절멸의 위기를 벗어난 사례들만으로 인류의 미래를 보증받기에는 충분치 않다. 어쩌면 우리의 이번 선택은 말 그대로 세계를 바꾸는 것이 될 수도 있다.

애그리비즈니스는 지구의 생태학적 붕괴마저 투자 변수 정도로 취급한다. 식량을 통제하고 지휘할 수 있는 사람만이 먹을 자격이 있다고 본다. 그러나 세계의 수많은 이들은 다른 길을 바라본다. 식량을 상품만이 아닌 생태학적으로 통합된 영양의 원천으로 취급한다면, 잉여가치가 아닌 사용가치로 본다면, 재생가능한 것으로 본다면, 글로벌한 소득의 원천으로 보면서도 지역을 중심에 놓고 생각한다면, 그동안 잊어 왔던 삶의 즐거움인 '맛'을 선사해 주는 것으로 본다면, 인구가 더 늘어난다 해도 식량 생산능력은 충분하다. 자세한 것들은 앞으로 더 구체화되겠지만, 이런 과정을 통해 우리는 상품경제가 추구하는 소비의 쳇바퀴에서 벗어날 수 있다. 우리의 부는 흙과 물과 대기에서 나올 것이며, 필요에 따라 그것들을 이용하는 과정과 보존하려 노력하는 과정을 통해 스스로 재생산될 것이다.

여러 형태의 보존농업으로 사람을 생태계와 조화시키고 식량안보와 식량주권을 통합하는 것은 정책과 권력을 자본의 손에서 빼내올 때에만 가능하다. 우리는 스스로를 해방시키면서 지구를 구할 수 있고, 사람들을 먹여 살릴 수 있다. 이는 우리가 지구에 입힌 피해를 보상해 주는 아름다운 행동이 될 것이다.

3

착한 미생물들

"지랄 같은 접두사 따위는 없어." 칼브가 말했다…… 일부 사람들에게서 그런 반응을 이끌어 내는 노래도 있기는 했다. 하지만 브루노처럼 영리한 새는 그런 걸 피하면서 노래를 고를 줄 알았다. 그가 기차 노래를 너무나도 듣고 싶어 하는 걸 알고 있었기에, 브루노는 남자가 잠들었을 때에만 조심조심 노래를 불렀다. 본능적이면서도 의도적으로, 아주 사악하게. 브루노 같은 새들에겐 그게 바로 최고의 미덕이었다. 기차 노래의 음률을 한밤에 들으면 남자는 잠에서 깨어나 연필과 공책을 붙잡게 될 것이었다. 마침내 잠에서 깼을 때, 남자는 손에 연필을 움켜쥔 채 램프에서 나오는 불빛의 원 안에 앉아 있었고, 그러면 브루노는 노래를 중단하곤 했다. 그런 공연이 밤마다 되풀이됐다. 브루노는 남자가 미쳐 가는 것을, 어떻게 미쳐 가는지를 지켜봤다.

– 마이클 셰이본(2004)

맥락에는 인과관계만 있는 게 아니다. 절대적으로 안전한 모델이라 해도 붕괴될 수 있다. 맥락 자체가 원인이 되어.

생태학자 펠리시아 키싱Felicia Keesing 등은 생태계의 생물다양성과 개체군들 사이의 관계가 야생동물과 가축들 사이를 떠돌다 결국 인간에게까지 위험을 안기는 전염병의 출현에 결정적인 영향을 미친다는 점을 보여주었다. 그런데 그 영향이 미치는 방향은 맥락에 따라 달라진다고 키싱은 설명한다.[53)]

"바이러스가 첫 침공을 시작할 때에는 생물다양성이 유전자풀 역할을 해 줄 수 있다. 사람들을 감염시키는 최근의 질병들 대부분은 동물에서 비롯됐다. 다른 척추동물에서 인간에게로 이동해 온 것이다. 최근의 한 연구를 보면, 유전자의 오류를 수정할 수 있을 정도로 야생 포유류가 주변에 많을 때에, 야생동물에게서 사람으로 병원균이 옮겨 갈 가능성이 높아진다."

종 다양성은 위도가 올라갈수록 줄어들기 때문에, 적도에 가까운 지역일수록 동식물도 다양하고 병원균도 더 많을 것으로 생각하기 쉽다. 하지만 병원균은 그것만으로 결정되는 게 아니다. 키싱은 "숲 개간이나 야생동물 사냥 등 인간이 잠재적 병원균을 더 가까이서 접촉하게 만드는 환경적, 사회경제적 요인들도 영향을 미친다"고 말한다. 실제로 1940년 이후 인간에게 나타난 동물성 질병의 거의 절반은 토지 이용의 변화, 농업 등 식량 생산 방식의 변화, 또는 야생동물 사냥에서 비롯되었다고 그는 지적한다. "인간의 이러한 활동은 인간과 동물의 접촉을 늘리며, 병원균이 인간들에게 흘러들어오는 중요한 통로가 될 수 있다."

병원균은 언제나 인간 집단에 흘러 들어왔지만 지금 같은 규모와 빈도는 아니었다. 문제는 병원균들이 새로운 환경에 적응하게 해 줌으로써 동물원성 감염증을 만드는 계기가 무엇인가다. 이때는 생물다양성의 붕괴가 그런 계기로 작동할 수 있다.

"숙주 종의 밀도가 높으면 병원균이 새 숙주들을 찾아내 옮겨 다니기 쉽다. 일례로 니파바이러스는 말레이시아의 야생 과일박쥐에게서 집돼지에게 옮겨 갔다. 지역 농장의 돼지들의 밀도가 높았기에 돼지들 간 전염이 빨라진 것으로 보인다. 그러고 나서 병원균은 돼지에게서 사람으로 흘러갔다. 고밀도의 가축집단은 생물다양성이 떨어지기 마련이다."

내 양심에 비추어 볼 때, 내가 하고 싶은 주장을 키싱이 훨씬 더 멋지게 펼쳐 보이고 있다는 걸 부인하기 힘들다. 그는 이렇게 말한다.

"생물다양성이 부족한 것이 아주 큰 영향을 미치는 것으로 여겨진다. 하지만 중요한 문제는 집중적 농업이다. '병원균을 키운다farming pathogen'는 개념이 대체 뭔지를 이해하는 것이 질병을 다룰 때에 매우 중요하다는 점을 알 수 있었다. 생물다양성은 그것이 우리에게 주는 혜택을 위해서가 아니라 그 자체로 보호를 받아야 한다."

정말 고마운 일이다. 자연을 보호하기 위한 싸움을 위해 병원균까지 끌어들이는 것은 지나친 이야기로 들릴 수 있지만 꼭 필요한 일이다. 인플루엔자와 농업생태학적 회복력에 대한 우리의 연구가 난관에 봉착했을 때 키싱의 연구를 보면서 생태적 상호작용이 어떻게 전염병으로 이어지는지에 대한 생각을 정리할 수 있었다.

생태계의 타일 붙이기

키싱과 동료들은 숙주 집단의 다양성이 동물전염병에 미치는 영향을 검토했다. 지역에 있는 조류의 다양성이 적으면 웨스트나일바이러스를 퍼뜨리는 조류들이 지배적인 위치를 차지하는 경향이 있다. 소형 포유류의 종 다양성이 줄어들면 한타바이러스의 유행이 늘고 결과적으로 인간의 감염도 증가한다. 특히 여러 종들이 넓은 지역에 흩어져 분리된 채 서식할 때에는 생태적으로도 덜 연결되어 있지만, 연결성이 높아지면 다양성과 감염증을 이어 주는 메커니즘이 작동하게 된다. 그러나 그 관계는 양날의 칼 같은 것이다. 사라진 종들이 원래 병원균에 잘 감염되지 않던 종들이라면 남겨진 종들 사이에서 병원균의 이동은 빨라진다. 반면에 숙주가 될 수 있는 종 자체가 없어지면 당연히 전염병은 줄어든다.

이런 설명조차 사실은 지나치게 단순화한 것이다. 키싱의 연구팀은 주요 숙주 종이 사라져도 하나 이상의 다른 숙주종들이 나타날 수 있으며, 따라서 전체적인 전염은 줄어들지 않은 채 병원균의 감염 패턴만 바뀔 수도 있다고 지석한다. 그뿐 아니라 감염이 숙주의 밀도나 숙주 종들

간의 접촉에만 의존하는 것도 아니다. 숙주의 상태도 영향을 미친다. 예를 들어 숙주의 상태가 병원균의 확산에 적합하지 않다면, 후속 감염이 일어나지 않을 수도 있다.

병원균을 삼켜 버리거나 혹은 퍼뜨리는 숙주 종이 사라지거나 생겨나는 게 병원균에게는 어떤 영향을 미칠까? 나는 그것을 농업생태학의 '타일 붙이기'에 비유한다. 숙주 종들이나 농업 방식이 사라지고 생겨나는 것에 따라 질병의 공간적 패턴도 달라지기 때문이다.

키싱과 동료들은 북미의 라임병[17]을 가지고 이를 설명한다. 숲이 줄어들면 환경 적응력이 좋고 진드기가 많이 꼬이는 흰발쥐가 늘어나며, 숲 파괴에 민감하고 진드기 저항성이 강한 버지니아주머니쥐가 줄어든다. 그래서 진드기도 늘어나고 라임병이 퍼진다는 것이다.[54)]

이 사례는 새로운 의문을 낳는다. 집약적 농업이 도입될 때 그 지역의 농업 생태계에는 정확하게 어떤 시간 순서로 어떤 일이 일어날까? 다양한 시공간적 궤적은 동물전염병에 어떤 영향을 미칠까? 그런 변화를 살펴보는 한 가지 방법이 있다. 동물전염병이 시간적으로 어떻게 달라질지를 예측해 보는 것이다.

내가 말한 '타일 붙이기'는 생태학적 복원력과 뚜렷한 관계가 있다. 둘 다 가축집단의 기능적 관계를 바꾸기 때문이다. 토지를 어떻게 이용하느냐, 생태계의 타일이 어떤 모양을 이루느냐에 따라 개체군들 사이의 상호연결도 달라지고, 새로운 병원균에 대한 저항을 비롯한 복원력도 달라진다.

하지만 집약적 축산에서 회복탄력성은 생태적인 문제일 뿐 아니라 경

---

17 Lyme disease, Lyme borreliosis. 사슴진드기 등을 매개로 전파되는 감염증으로, 3개 이상의 박테리아에 의해 일어난다.

제적인 문제이기도 하다. 집약적으로 키워지는 가축들은 시장의 수요에 맞춰 대량생산되기 때문에 발생 과정이나 습성이 병원균에 취약할 수밖에 없다. 그 대신 이 가축들은 첫 번째로 방역에 의해, 두 번째로 주변 숲이 사라지면서 매개집단이 줄어들고 종간 경쟁 혹은 동종 간 경쟁이 감소하는 것에 의해 보호를 받는다. 바꿔 말하자면 이들의 생태적 회복력은 가위거미가 키우는 균류처럼 애당초 인위적으로 결정된다는 뜻이다.

가축화는 양방향으로 이어지는 길과 같다. 가축과 사육자, 혹은 작물과 농부는 서로에게 의무를 짊어지며 서로를 속이기도 한다. 가축들의 전염병은 자본의 흐름과 상품의 네트워크, 기술혁신과 시장의 역학, 인건비를 비롯한 축산업의 형태에 의존하며 산업의 형태는 수요와 수익을 따르는 기업들의 결정에 따라 달라진다.

프로바이오틱스, 미생물 친구들

키싱 팀은 숙주집단 내의 다양성도 언급했다. 체내에 다양한 미생물을 보유한 동물들은 감염병에 내성이 더 강하다. 이렇게 숙주를 돕는 미생물을 프로바이오틱스Probiotics라 부른다. 여러 의학 연구에서 프로바이오틱스를 조명하고 있다.

연구팀은 생태계 수준에서 프로바이오틱스의 다양성이 어떤 역할을 하는지 추정한다. 체내에 다양한 미생물 집단을 가진 축산 시스템은 바이러스의 침공에 강할 것이라고 본 것이다. 연구팀은 2009년의 한 보고서를 인용해 "미생물군의 다양성이 높은 환경에서 자란 새끼돼지들은 무균질에 가까운 환경에서 자란 새끼돼지들보다 병원성 미생물의 장내 침입에 저항성이 컸다"고 적었다.[55]

저병원성 균주가 천연 백신 역할을 할 수 있다고 우리가 주장한 것도 그런 맥락에서다.[18 56)] 우리에게 비판적인 동료 과학자들도 우리 그룹의 맹독성 모델링에 귀를 기울여 주길 바란다.

가축 인플루엔자 문제를 비롯해, 우리의 모델링에는 후속 연구가 필요하다. 어떤 축산 시스템에서 이로운 미생물이 많아질까? 프로바이오틱스에게 좋은 서식지가 되어 주고 동물들의 회복력이 높아지게 해 주고 병원균들이 저병원성에 머물도록 유도하는 축산업 방식은 어떤 것일까? 달리 표현하면, '지속가능한 축산업의 과학'을 우리는 찾아낼 수 있을까?

이에 대한 해답을 찾는 과정이 이미 진행 중이다. 회복력Resilience은 그 자체로 생태계 속에서 맺고 있는 관계를 통해 질병에 대응한다는 의미를 담고 있다. 회복력은 통합해충관리(IPM)의 핵심 개념이다. 식물학자들은 살충제를 쓰지 않거나 최소한으로만 쓰면서 산출량을 높이는 문제에 오래전부터 관심이 많았고, 수십 년 동안 연구를 해 왔다. 유엔 식량농업기구(FAO)의 식물생산보호분과는 통합해충관리에 관한 경험을 축적해 왔고 한계도 잘 파악하고 있다. 이론을 실천으로 이어 간 여러 핵심적인 연구 사례가 FAO 웹사이트에 공개되어 있다.[57)] 통합해충관리는 주로 곡물 피해를 막기 위한 것이지만, 가축 전염병을 일으키는 병원균에도 적용할 수 있게 된다면 새로운 세상이 열릴 것이다.

통합된 농업은 전염병 위험을 줄여 주는 생태환경을 조성한다는 점에서만 이로운 게 아니다. 유용한 진화로 나아가는 길을 열어 줄 수도 있다.

질병에 저항하는 유전자도 야생 조류에서 뒷마당 닭들에게 흘러간다.[58)] 집약적 축산업에서는 그 길이 막힌다. 여기서 커다란 의문이 생긴

18 4부 3. 「닭장 안에서 병원균은 진화한다」 참고

다. 중국 포양 호수 주변에 살던 야생 조류와 가금류를 보자. 고병원성 유전자는 야생 조류에게서 가금류로 갔는데, 질병에 저항하는 유전자도 함께 따라갔어야 하는 것 아닌가? 일종의 필터가 있어서 대립형질을 걸러내는 바람에 저항성 유전자는 가금류로 이동하지 못한 것인가?

집약적 축산업은 조부모 대에서부터 자연선택을 없애기 때문에 가축들은 스스로 저항성을 키울 능력을 잃는다. '실시간 무료 생태서비스'를 받을 기회를 없애 버리는 대신에, 기업들은 약물을 투입하는 값비싼 사육 방식으로 가축들을 지킨다. 대규모 사육장 밖, 기업의 대차대조표에서 벗어난 개체집단에서는 사망률이 높아지는 것 같은 부정적인 영향까지 모두 포함된 선택이 일어난다. 그 과정을 통해 진화적 이득을 거두기도 한다. 그러나 집약적 축산업에서는 진화의 이점이 차단된다. 그러므로 자연환경과 통합된 농업은 동물전염병을 통제하는 근본적인 방법일 뿐 아니라, 다음 분기 수익을 넘어 장기적으로 더 경제적인 방식이 될 수 있다.

4

—

이상한 목화

"끔찍한 자원"일 수도 있지만, 메리베일이 말했듯이 노예제는 가장 중요한 경제 시스템이었다. 그것이 그리스 경제의 기초였고 로마 제국을 건설했다. 현대로 넘어와서 노예제는 서방의 차와 커피에 들어갈 설탕을 생산했고, 현대 자본주의의 기초인 목화를 재배했고, 남미와 카리브해의 섬들을 개척했다. 역사적으로 보면 노예제에는 다음과 같은 것들이 따라붙었다. 소외계층에 대한 가혹한 처우, 매정하고 형편없는 법률, 엄격한 봉건제도, 자본계급이 '번영을 돈의 관점에서 깨닫기 시작하고 인간의 삶을 희생해 더 높은 생산력을 얻을 수 있다는 생각에 익숙해지는 것'과 함께 생겨난 무관심 등이다. -에릭 윌리엄스(1944)

사람의 정치의식은 태아 시절로까지 거슬러 올라간다. 비록 어려서 말로 표현하지는 못했지만 엄마 아빠가 놀이터나 저녁 식사 자리에서 정치 이야기를 하던 시절까지. 역사의 방향이 항상 분명하게 드러나 있지는 않더라도, 역사는 예상치 못했던 우연들이 쌓이면서 형성된다고 우리는 배웠다.

그렇다면 애그리비즈니스는 어떻게 해서, 지금과 같은 방식으로 강력해질 수 있었을까? 마치 지금은 눈을 떠 보니 문득 생겨난 산업처럼 보이는데 말이다. 그 시작을 알아보려면 얼마나 거슬러 올라가야 할까?

크레이그 매칼린Craig McCalin은 우리를 1억 년 전 백악기로 데리고 간다.[59] 이때는 따뜻한 바다가 지금의 미국 남부의 상당 부분을 덮고 있었다. 해안을 따라 다공성 석회질의 알칼리성 탄산염 골격을 가진 플랑크톤들이 풍부하게 분포했기 때문에 이 바다에 덮여 있던 곳들은 비옥한 토양이 됐다. 뒷날의 미시시피, 앨라배마, 조지아, 사우스캐롤라이나 같이 목화 생산지들이다. 이 지역은 땅 빛깔이나 아프리카계 주민 비율이 높다는 점에서나 블랙 벨트Black Belt라고 불렸다. 노예 비중도 높았다.

월터 존슨Walter Johnson의 2013년 베스트셀러 『어두운 꿈의 강River of Dark Dreams』에 이 지역에 대한 설명이 나온다.[60)] 미국은 뉴올리언즈 이북의 드넓은 땅을 외국으로부터 사들이거나 폭력적으로 편입시켰다. 토머스 제퍼슨Thomas Jefferson[19]이 1803년 프랑스로부터 루이지애나를 매입하면서 자작농들에게 힘이 실린 동시에, 반란을 일으킬지 모를 노예 수백만 명이 넓은 지역으로 퍼져 나갔다. 존슨은 이렇게 적었다.

"1820년에서 1860년 사이 노예 거래를 통해 100만 명이 '하류로' 팔려 나갔다. 미시시피 강을 따라 이루어진 교역뿐 아니라 해안 교역과 내륙 교역으로도 노예가 사고팔렸다. 19세기 전반 세계 경제의 선두에 있던 목화 농장에 흑인들이 투입되면서 미국의 노예제는 새로운 전기를 맞았다."

노예 폭동에 대한 백인들의 두려움은 아이티 혁명[20]이라는 내재된 공포로 잠복해 있으며 최근 흑인 소년의 죽음을 계기로 다시 물 위로 떠올랐다.[21] 미시시피 강을 따라 노예들이 퍼진 것은 제국주의가 강화되고 경제가 재편되는 것 이상을 의미했다. 그것은 생태학이 경제학으로 분명히

---

19 미국 3대 대통령으로 1801~1809년 재임했다. '건국의 아버지들' 중 한 명이며 미국 독립선언서의 기초를 잡았다. 제퍼슨은 연방주의에 반대하면서 자작농들 중심의 공화국을 지지했다. 백인들의 평등을 주장한 그는 대저택에 수십 명의 흑인 노예를 부린 대표적인 노예 소유주였다. 대통령 재임기간에 루이지애나를 매입했다.

20 18세기 말~19세기 초 프랑스 식민지였던 카리브해 히스파니올라 섬의 생도맹그에서 일어난 흑인 노예들과 해방노예들의 혁명으로 아이티 공화국이 세워졌다. 아프리카계 노예들의 혁명 투쟁이 성공한 최초의 사례였다.

21 2012년 흑인 소년 트레이본 마틴(17)을 총기로 사살한 백인 보안관 조지 짐머만은 2013년 7월 법원에서 무죄판결을 받고 풀려났다. 이 사건을 계기로 흑인들의 거센 반발이 일었다.

변모하는 계기였다.

미시시피 계곡의 노예들이 재배한 목화는 미시시피주 로드니에서 개발되어 1820년 특허를 받은 고시피움 바르바덴세Gossypium barbadense라는 변종인데 보통 '프티 걸프Petit Gulf'라 불렸다. '수확용이성pickability' 때문에 이 종이 목화 왕국의 헤게모니를 쥐면서 풍경이 극도로 단조로워진 것은 물론이고, 인간도 단순화됐다.[61] 자연은 목화 농장들 일색이 되고, 사람은 목화를 따는 '손'으로 전락했다. 목화 단작으로 초목이 사라지고 자연의 풍요로움도 사라졌다. 목화 생산지들은 부유한 농업지대가 되었지만 식량을 구하려면 강 상류와 교역을 해야만 했다. 이 낯선 목화는 노예제, 생태, 작물, 세계시장, 무역의 기이한 산물이었다. 존슨에 따르면 "목화 시장은 미시시피와 루이지애나에서 맨해튼과 하탄과 로웰[22]은 물론이고 영국의 맨체스터와 리버풀까지 뻗어 있었다."

그 농업생태계는 지속불가능한 것이었기에 위기가 반복됐다. 다시 존슨의 책으로 가보자.

"빚을 내 노예를 사들이고 목화를 과잉생산한 까닭에 농장주들은 1837년 공황 같은 위기에 늘 취약했다. 목화 농사는 특히 자본집약적이었고, 농장주의 돈은 대개 땅과 노예에게 묶여 있었다. 한 해를 보낼 현금을 마련하려면 뉴올리언즈와 북부 도시의 '신용'에 의존해야 했고, 그러려면 목화를 심어야 했다. 경제학 용어를 빌리면 '과잉축적'이 일어난 것이다. 정작 흑인 노예들의 기본 먹거리에는 전혀 투자를 하지 않았지만. 남북전쟁 전에 널리 통하던 말은 '농장주들은 목화를 기르기 위해 흑인 노예를 사는 것과, 흑인 노예를 사서 목화를 기르는 것만 생각한다'는 것

---

22 미국 동부 매서추세츠주의 도시로, 19세기 미국 산업혁명의 중심지였다.

이었다."

목화에 자본이 몰렸지만 수익성은 낮았다. 농장주들이 손쉽게 노예를 팔아치울 수도 없었다. 짐수레를 끄는 짐승들처럼 가족이 뿔뿔이 팔려나갈 때 노예들의 저항이 적지 않았던 탓이다. 그러다 보니, 제퍼슨 식의 팽창주의가 유일한 탈출구였고 새로운 땅으로 노예들이 빠져나갔다. 처음엔 서부에서, 그다음엔 남부에서. 노예제 폐지 운동은 단순히 철학적인 문제가 아니었고 실존의 위협과 관련된 것이었다.

앤 마커슨Ann Markusen이 설명하듯이 남부의 성장과 역동성은 북동부나 중부에 뒤쳐졌다.

"볼티모어와 루이빌 등은 제조업과 상업 활동이 활발한 북부의 도시들로 자리 잡으며 남부와의 격차가 갈수록 커졌다. 1850년대까지 남부의 농장주들이 400만 명의 노예가 가진 5분의 3 타협안[23] 덕을 보지 못했다면 농장주 계급은 정치적으로 해체되었을 것이다."[62)]

그러나 노예 농업은 콜럼버스 전투로 남북전쟁이 종결된 뒤에도 사라지지 않았다.

미시시피 밸리의 농장주들이 애당초 그렇게 넓은 땅을 갖게 된 것은, 미국이 카빈총과 조약으로 원주민들의 땅을 빼앗았기 때문이다. 수백만 에이커에 이르는 미시시피 일대의 땅에 동부의 빈농들이 몰려갔고, 존슨의 표현을 빌리면 "원주민의 땅이 백인의 농장으로, 정복이 경작으로, 제국이 평등한 땅으로 바뀌었다." 그러나 대자본가들이 꿈꾸는 것은 그 이상이었다. 연방정부 종합토지국이 고용한 측량사들은 굴곡진 땅을 160에이커(약 64만m^2) 크기의 직사각형으로 구획했다. 제퍼슨이 생각한 이상적인

23 1787년 미국의 남부와 북부 사이에 타결된 타협안으로, 흑인 노예에 대해서는 하원 구성과 과세 등에 백인의 5분의 3으로 계산하자는 것. 노예제 찬성론자의 권한에 손을 들어주는 안이었다.

자작농이 되기 위해 이주자들은 땅을 '개량'했다. 1년 뒤 토지 대금을 내지 못하면 기껏 개량한 땅을 연방정부에 몰수당했다. 소련이 무너진 뒤의 러시아나 개방 뒤의 중국에서처럼, 지불금을 마련하지 못한 돈 없는 미국 농민들은 당국의 공식 토지경매 이전에 약간의 권리금을 받고 선점한 땅을 팔 수밖에 없었다.[63] 부농들은 강을 따라 좋은 땅을 사들였다. '법에 근거한 토지와 노동의 평등'은 가난한 백인이나 흑인 노예에게는 조롱이나 다름없었다.

그리고, 목화 라티푼디움[24] 시대가 왔다. '프티 걸프'는 오늘날의 공장에서 만들어진 살덩어리 닭들처럼 경제적 속성이 생물학적으로 구현된 것이었다.[64] 직물을 짜는 데에는 긴 섬유가 좋았지만 목화에서 중요한 것은 수확하기 쉬우냐 하는 것이었다. 이 종이 퍼지면서 노예들이 하루에 손으로 따는 목화의 양은 크게 늘었다.

농장주들은 하루에 손으로 딸 수 있는 목화 뭉치가 얼마나 되느냐를 가지고 땅과 노동력을 계산했다. 노예를 세는 단위는 '손'이었다. 아이를 봐야 하는 엄마들은 '절반의 손', 아이들은 '4분의 1 손'으로 불렸다.[65] 토양의 질은 에이커당 연간 수확량으로 측정되고, 노예들의 규율은 실수 여부로 평가됐다. 말을 탄 감독관이나 대저택의 여주인이 노예의 실수를 적발하면 채찍질이 벌어졌다. 농장은 단계별로 처벌과 굴욕을 주는 판옵티콘[25]이었고, 노동은 정해진 곳에서 정해진 시간에 이루어져야 했다. 존슨의 책에는 솔로몬 노섭Solomon Northup[26]의 이야기도 실려 있다. 존슨의 책에

24 Latifundium. 노예 노동력으로 운영된 로마의 대농장.

25 Panopticon. 철학자 제러미 벤담이 고안한 원형 감옥. 가운데에 감시탑을 두고 모든 이들을 감시하는 시스템을 가리키는 말로 쓰인다.

26 미국의 흑인으로, 자유민 신분임에도 노예제가 남아 있던 남부에 강제로 끌려가 노예생활을 해야 했다. 그가 기록한 책 『노예 12년12 Years a Slave』은 영화로도 만들어졌다.

서 재인용해 본다.

"목화 사이에서 마른 잎이 발견되거나 꼬투리 하나가 떨어졌을 때, 가지 하나가 부러졌을 때에는 25번 채찍으로 맞는다. '죄질'이 더 나쁠 때에는 50번을 맞는다. 들판에서 게으름을 피우는 것 같은 심각한 죄에는 100번의 채찍질이 가해졌다."[66)]

지금도 그렇지만, 일 자체가 규율이자 위험이고 존엄의 훼손이었다. 정육을 포장하는 오늘날의 이주노동자들은 손이 기계에 잘려 나가도 늘 대체 가능한 다른 노동자들이 있고, 그래서 생산라인은 멈추지 않는다. 노동자는 쇠고기의 한 부위 같은 존재들일 뿐이다. 존슨은 노예의 상황도 그와 같았음을 보여 준다. 존슨은 노섭을 인용해 "노예들은 조면繰綿 공장에 목화 바구니가 아닌 공포를 안고 들어갔다"고 썼다. 할당된 목화의 수확량을 못 채우면 '적절한' 채찍질을 당해야 했다.

오늘날 아이오와의 현실이 보여 주듯이, 비옥한 땅에서 아무리 농사를 지어도 미시시피 밸리 지역의 자급은 불가능했다.[67)] 내다 팔기 위해 단일 작물을 재배하면서 밀과 옥수수와 소고기를 중부에서 수입해야 했다고 존슨은 설명했다. '계몽된' 몇몇 노예 소유주들, '진보적인' 사람들은 땅 한편에 소와 돼지를 먹일 옥수수를 키우기도 했다. 그러나 토지 경쟁이 심할 때에는 돈벌이가 되어 주는 작물로 쏠리기 마련이었고, 농장주들이 식품 수입을 줄이면 그 혹독한 대가는 노예들이 치러야 했다. 존슨이 인용한 '농장주 안내서'에 따르면 "감자 한 부셸 또는 옥수수가루 10쿼트[27]나 쌀 8쿼트, 콩 4쿼트, 그리고 가끔 신선한 고기와 간이 된 생선 20배럴, 당밀 2배럴 등이 170명의 1년 배급량"이었다.[68)]

27 1쿼트는 0.94리터가량.

배급량은 노예의 영양 상태보다 비용에 따라 결정됐다. 결국 음식도 규율의 일부였으며, 농장주들은 노예가 얼마나 먹는지를 면밀히 감시했다. 영양실조와 노동력 재생산, 반란 사이에서 미묘한 줄타기가 이뤄졌다. 먹지도 못할 목화를 키우는 것은 노예들에겐 감옥살이나 다름없었다. 잔인한 주인들의 눈을 피해 노예들은 목화밭 밖으로 빠져나가 식량을 마련해야 했으며 숲에 식량을 구하러 나갔다가 탈출할 방법을 찾기도 했다.

오늘날 빌 게이츠 같은 자본가들처럼 당시에도 '자유주의적인' 노예 소유주들이 있었지만, 그들 역시 수입한 쇠고기를 노예의 식량이 아닌 토양 비료의 손실이라는 측면에서 바라볼 뿐이었다. 노예를 노예로 만들고 굶긴 자들이, 굶는 노예들이 소를 훔쳐 잡아먹는 것은 범죄로 취급했다.

어떤 농장주는 다친 노예에게 목화씨 기름을 먹여 상처에 진물이 줄줄 흐르게 했다. M.W. 필립스라는 농장주는 목화 재배를 계속 늘리면 생태 재앙이 이어질 것이라며 남부의 농장들이 인간의 노동력을 목화 생산량으로 전환하는 속도를 늦춰야 한다고 주장했지만, 이는 노예 경제체제의 지속가능성을 위한 것일 뿐이었다고 존슨은 적었다.

악명 높은 새뮤얼 카트라이트Samuel Cartwright[28]는 "백인들이 강력한 의지로 통제하지 않으면 아프리카인들은 농사를 짓기보다는 차라리 굶을 것"이라고 했다. 존슨은 "농업의 질서, 노예제의 질서, 인종의 자연적인 위계질서는 분리될 수 없는 것들이었다"고 설명했다.[69)]

그러나 노예 소유주들이 발명했다고 주장하는 것들 중에는 흑인 노예들이 고안해 낸 게 많다. 씨앗을 정하고 목화의 등급을 매기는 것, 엘리 휘트니Eli Whitney[29]의 조면기를 비롯해 면화 생산의 중요한 발전들은 흑인

---

28 19세기 미국의 유명 내과의. 흑인들은 도벽 같은 '정신적 질병'을 타고난다고 주장했다.

29 백인 농장주 엘리 휘트니는 1793년 목화솜에서 씨앗을 분리해 내는 조면기의 특허를 획득했다. 하지만

노예들이 이루어 낸 것이었다. 하지만 주인도 기꺼이 존중할 수밖에 없는 '우월한' 흑인들이 분명 있었고, 그래서 노예 소유주들과 노예 사이에 '지식의 모순'이 생겨났다고 존슨은 적었다.[70] 노예의 살아 있는 지식과, 현장을 잘 모르면서도 아는 척을 해야만 하는 노예 소유주들의 모자란 지식 사이의 모순 말이다.

돈벌이에만 매몰된 전문지식으로는 생태계를 지킬 수 없다. 존슨은 유전적 균질화와 집중 경작으로 남북전쟁 이전의 목화가 질병과 벌레에 어떻게 노출되었는지 설명한다. 빨리 목화를 팔아 짧은 기간 안에 빚을 갚아야 했던 농장주들은 일광 노출량을 극대화하려고 지형을 무시한 채 동서 축을 따라 목화를 심었다. 표층토는 강으로 쓸려 내려갔고, 개간 후 10~15년이 지나면 지하수도 말라붙었다. 목화를 운반하는 증기선은 당시로서는 기적 같은 운송수단이었지만 그것이 오히려 환경을 갉아먹었다. 강 주변 숲은 증기선 연료용으로 베어 버리고 배에 걸리적거리지 않도록 강바닥을 긁어냈다. 강둑은 침식되고 강은 점점 더 구불구불해졌다. 운송선이 늘자 운송회사들은 배가 모래톱 위로도 지나다닐 수 있게 고압 보일러를 설치했는데, 폭발 위험이 높았다.

존슨은 이런 구조를 착취와 연결 짓는다.

"증기기관은 제국주의와 강탈에 대한 일종의 알리바이가 됐다. 고향에서 쫓겨난 크리크 인디언을 가득 태운 증기선 몬머스Monmouth가 배턴루지Baton Rouge 북쪽 20마일 지점에서 폭발해 수백 명이 숨졌을 때, 백인들의 문학적 자만은 끔찍한 역사로 변질됐다. 증기선은 그런 몰수와 몰살을 '시간'과 '기술'이라는 이름으로 바꿔 버렸다."

이 조면기의 핵심 아이디어는 '샘Sam'이라는 이름으로만 알려진 휘트니의 흑인 노예가 고안한 것으로 훗날 드러났다.

그러나 가장 심각한 것은 지구적인 자본의 흐름이 노예 농업을 이끌어 간 방식이다. 존슨은 언급하지 않고 있지만 19세기의 미국 자본주의는 노예제에 의존해서만 존재할 수 있었다. 노예제를 폐지해야 한다고 목소리를 높인 유럽에서도 노예제는 노동자들의 임금을 떨어뜨리는 결과를 낳았다.

뉴욕은 방직공장이 있는 리버풀과 맨체스터로 향하는 주요 수출항이 됐다. 존슨의 표현에 따르면 "선박의 운항거리는 마일이 아니라 달러로 측정됐다." 곡물 값이나 면화와 경쟁하는 리넨의 가격이 아닌 자본회전율이 목화 농업에 더 큰 영향을 미쳤다. 농장주들이 갚아야 할 부채는 파생상품으로 바뀌어 거래되었고, 이 가상거래가 실제 농산물 거래를 압도했다.

"자본은 목화가 팔리는 겨울 동안 미시시피 밸리에 흘러들어왔다. 농작물이 뉴올리언즈의 시장에 풀리면, 뉴욕이나 리버풀에 있는 은행의 대리인이기도 한 목화 상인들은 실제 거래에 앞서 선수금을 냈다. 농작물이 시장으로 옮겨지는 동안 상인들과 은행 자본가들은 위탁판매권을 획득하고 커미션을 받았다."

자본은 선물先物의 형태로도 유입됐다. 그 덕에 농장주들은 현금을 확보할 수 있었지만 리스크가 생산 종료 뒤로 미루어지면서 금융과 현물이 분리되는 결과를 낳았으며 결국 거품과 공황에 휘말리기 쉬워졌다.

가뭄과 병충해, 농작 주기에 따른 자연적 위험 요소들 탓에 빚을 진 농장주들은 갑작스런 파산을 맞고는 했다. 아무리 좋은 작물이라도 제시간에 배송되지 못하면 채권자들을 만족시킬 수 없었다. 다른 말로 하면 목화가 작물에서 상품으로 변했고, 시장 투기의 대상이 되었다고 존슨은 설명했다. 현대의 은행들이 고객의 이익과는 정반대로 배팅하거나 수수료 바가지를 씌우듯 화주들과 채권자들은 작물을 불법 거래하고는 했다.

진짜로 목화가 팔려야 할 시점에 상품은 이미 사라지고 없었다. 빚쟁이에게 시달림을 받던 노예 소유주들은 무안한 기색도 없이 자신들이 '노예'라고 주장했다. 정작 수익률이 하락해 고통을 받은 것은 수익을 낼 만큼 일하지 못했다는 이유로 구타를 당하고 가족들이 팔려 나가야 했던 진짜 노예들이었다.

농업자본의 변형은 오늘날에는 어떤 식으로 이루어질까. 중국 최대 정육업체 솽후이雙匯 인터내셔널홀딩스가 스미스필드의 인수를 시도했던 사례로 가보자.[71] 푸드&워터워치Food & Water Watch를 비롯한 비정부기구들은 "솽후이가 스미스필드를 인수하면 식료품값과 식품안전, 농업과 지역경제는 물론이고 미국의 국가안보에도 중대한 위협이 될 것"이라며 반대하는 서한을 발표했다.[72] 인도 출신 역사학자 비자이 프라샤드Vijay Prashad는 이를 시노포비아(중국공포증)라고 규정했다. 그는 "푸드&워터워치는 미국 돼지고기 생산의 3분의 1을 통제하는 스미스필드가 공장식 농장을 운영하는 '가장 크고 가장 나쁜 베이컨 생산업체'임을 인정하면서도, 소비자들을 크고 나쁜 동양인들로부터 '보호'해야 한다고 주장한다"며 "미국의 자유주의자들은 반자본주의와 인종혐오를 뒤섞고 있다"고 지적했다.[73]

헬레나 보트밀러Helena Bottemiller는 중국이 스미스필드를 매입하면 돼지고기가 오히려 더 안전해질 수 있음을 시사했다.[74] 중국은 미국 축산업에서 광범위하게 쓰이는 성장촉진제 락토파민ractopamine의 사용을 금지하고 있기 때문이다. 보트밀러에 따르면 미국 돈육업계도 락토파민을 주입하지 않은 돼지고기들을 별도로 생산해 러시아와 중국에 수출하고 있다.

톰 필포트Tom Philpott는 중국이 물부족과 환경오염, 토지 부족이라는 3대 환경 위험 요인을 줄이기 위해 육류 생산을 점점 아웃소싱하고 있다고 주장한다.

"주요 농작지가 황폐해지거나 개발되고, 지하수가 오염되고, 지하수의 원천인 대수층이 말라 버리는 상황에서 중국 정부의 통제를 받는 솽후이가 세계 최대의 돼지고기 생산업체인 스미스필드를 차지하려고 하는 것은 이해가 가는 일이다."75)

이런 지적들 모두가 사실이지만 그 이면은 생산이 국가 차원에 국한되는 게 아니라는 것이다. 비영리기구인 농업무역정책연구소[30]의 셰팔리 샤르마Shefali Sharma에 따르면 "스미스필드 인수 논란에서 간과되었던 사실"이 있다. 축산은 세계화된 산업이며, "솽후이의 주주들 중에는 딩후이투자CDH Investments, 골드만삭스, 뉴호라이즌캐피탈, 케리그룹, 싱가포르 국부펀드 등도 들어 있다. 샤르마는 "중국의 한 기업이 스미스필드를 사는 게 아니라 케이맨 제도[31]의 페이퍼 컴퍼니가 사는 것"이라고 비꼬았다. 중국의 칼럼니스트 덩위원邓聿文은 이 거래가 "중국 기업의 해외 인수라기보다는 국제금융에 의한 산업지배와 이익의 결합"이라고 했다.76)

노예제 폐지론이 거세지고 경제적 이익도 줄어들자 노예 소유주들은 새로운 땅과 시장을 찾아 해외로 눈을 돌렸다. 지금도 마찬가지다. 위키리크스에 공개된 외교전문에서 드러났듯이 애그리비즈니스는 과거의 농장주들처럼 외교정책을 발판 삼아 외부로 뻗어나간다. 인도네시아의 카길, 멕시코의 스미스필드, 아프리카의 몬산토. 때로는 아동 노동과 노예제를 공공연하게 지원하기도 한다. 델라웨어 기업법[32]으로 포장된 백인

---

30 Institute for Agriculture and Trade Policy. 지속가능한 식품, 식량, 무역 정책에 대해 연구하는 비영리 기구.

31 Cayman Islands. 카리브해에 있는 영국령 섬.

32 델라웨어주는 20세기 초부터 회사법을 발전시켰다. 세법, 기업법 등이 기업의 활동에 유리하며 많은 기업을 유치한 것으로 유명한 주다.

우월주의다. '명백한 운명'[33]을 내세우던 시절에나 지금이나, 제국주의는 바다에서 원시적 축적을 하고 육지에서 원주민들과 경쟁국 주민들을 죽이고 노예노동을 뽑아낸다. 과거 영국의 노예제 폐지론자들이 중미와 카리브해의 노예제에 반대한 것은 도덕적 이유에서만은 아니었다. 존슨이 인용한 에릭 윌리엄스Eric Williams의 주장에 따르면 영국의 노예제 반대론자들은 미국의 목화 시장 지배를 약화시키고 이집트와 인도의 영국인 목화 생산자들을 유리하게 만들려는 목적을 갖고 있었다.[77)]

사실 미국의 노예 소유주들에게든 그 후손인 오늘날의 거대 농식품 업체에게든, 생산 능력에서 농업기술은 덜 중요했다. 그들의 능력은 남의 것이던 자원을 독점할 수 있는 데에 있었다. 자유시장을 예찬하는 온갖 송가에도 불구하고, 농업기업들은 대규모 국가 개입이 없이는 성공할 수 없다. 외국 정부에 노예를 대신할 농업노동자들을 양산하는 토지법을 강요하거나 자유무역협정을 밀어붙이는 식으로 말이다. 유전자 변형 작물 역시 식품과는 관련이 적으며 농약회사들이 세계의 자영농을 특허에 묶인 소작농으로 바꾸는 수단일 뿐이다.

해외 시장으로 뻗어나간 애그리비즈니스는 노예 소유주들의 오류를 되풀이하고 있다. 이 시스템에 내재된 결함을 이 시스템이 보상해 줄 것이라는 기대 말이다. 노예제가 사라지고 토지 가치가 떨어지면서 남북전쟁 이후 남부의 자산 가치는 전쟁 전의 반토막이 됐다. 앤 마커슨은 "그러나 남부 경제의 가장 중요한 자산은 그대로 남아 있었다"고 지적한다.[78)] 흑인과 백인 빈민에게 땅을 빌려주고 소작농으로 동원할 수 있다는 뜻이다. 백인은 낮에는 행정으로, 밤에는 공포로 흑인을 계속 지배했다.

---

33 Manifest Destiny. 19세기 미국의 팽창주의를 말한다. 당시 백인들은 미국의 확장과 영토 약탈을 신의 계시에 따른 명백한 운명이라고 합리화했다.

소농들에게는 빚이 쌓였다. 노예 소유주들이 가지고 있던 자본은 지역적으로 합쳐져 오늘날의 거대 농축산업체와 같은 지역 기반 대기업으로 변모했다. 목화에 대한 의존과 그에 따른 생태계 파괴도 계속됐다. 소농들은 농장을 팔아야 했고, 단일 경작은 채무 부담을 계속 가져왔고, 자급자족은 여전히 불가능했다.

20세기 중반까지 '목화의 왕'[34]을 지배하고 있던 신용제도를 추적한 모니카 기솔피Monica Gisolfi는 1930년대 대공황을 전후해 목화 재배업자들이 닭을 기르면 돈을 지급하는 제도가 생겨나면서 산업이 재배치되었다고 지적한다.

"이제 한때 마당을 돌아다니던 햇병아리와 영계는 '제철 작물'이 되었고 '브로일러broiler'라는 이름으로 불리기 시작했다. 브로일러들은 엄격한 규제 속에 밀폐된 축사에서 1년 정도 키워졌다. 여성과 아이들이 해 온 닭 키우기는 부화원과 사료업체, 가금류 업자와 가공공장, 가금류 과학자와 전국적 기업의 영역이 됐다."[79)]

타이슨푸드 설립자 존 W. 타이슨John W. Tyson도 병아리와 사료를 수직통합하기 전에는 남부 아칸소주의 스프링데일Springdale에서 미 중부로 닭을 실어 나르던 운송업자였다. 기솔피에 따르면 "채권자들은 농부들에게 괜찮은 병아리와 사료를 줬다. 미국이 제2차 세계대전에 뛰어들 무렵 상인들은 계약 농업의 기초를 만들었다. 1950년대까지 목화 시장의 변동에 완충 역할을 하는 부업 정도로 여겨졌던 가금류가 조지아주에서는 가장 중요한 농업 상품이 됐다. 조지아 사람들은 선조들이 목화에 의존했던 것처럼 닭에 의존하기 시작했고 그 의존 때문에 가난과 빚을 짊어지게 됐

34 King Cotton. 남북전쟁 당시 노예제를 옹호했던 남부 주들의 구호.

다."[80]

1930년대 후반이 되자 농업을 산업화하라는 압박이 내륙의 농부들에게로 확대됐다. 목화라는 환금작물을 이제 다른 환금작물로 바꿔야만 했다. "그러나 그렇게 해도 채권자들에게서 벗어날 수는 없었으며 단일작물 생산에 따른 문제들을 피할 수도 없었다"고 기솔피는 지적했다. 사료를 팔고 닭을 사 가는 수직통합형 양계업체들은 계약농들이 닭을 풀어 키우지 못하게 했다. 감염병을 막기 위해서라는 것이었다. 오늘날의 소농들이 귀에 못이 박히도록 듣는 소리 중 하나다.

해결책은 또 다른 문제가 됐다. 농민들은 닭의 분뇨가 목화가 사라진 황폐한 땅을 다시 비옥하게 해 줄 것으로 믿었지만 강과 호수로 흘러가 물고기들의 떼죽음과 전염병을 낳았다. 존슨이 정교하게 묘사한 북부의 근대화 덕에 농업이 기계화되고 남부는 할 수 없었던 방식으로 남북전쟁에 투입된 병력을 먹일 수 있었으나, 노예제의 유산은 아직도 남아 있다.

◇

이 글을 쓰고 얼마 지나지 않아 솔로몬 노섭의 이야기를 영화화한 스티브 매퀸Steve McQueen의 〈노예 12년〉이 오스카상을 받으며 히트를 쳤다. 영화에서는 목화 수확량이 얼마나 모자라는지에 따라 노예에게 채찍질을 하는 것으로 그려졌다. 상품처럼 거래된 노예들은 팔려 나간 뒤에도 계속 상품 취급을 받았던 것이다.

케이티 존스턴Katie Johnston은 하버드 비즈니스스쿨 동료인 케이틀린 C. 로젠탈Caitlin C. Rosenthal이 준비 중이던 책에 관해 《포브스》에 기고를 했다.[81] 19세기의 회계 관행을 조사한 로젠탈은 오늘날 비즈니스에 널리 쓰이는 경영 기법이 남부의 대농장주들에게서 시작되었다고 분석했다. 농장주들은 노예가 '손으로 딸 수 있는 목화량'에 성별과 나이 등을 결합시켜 가중치를 부여한 일종의 인센티브제를 만들었다. 존스턴은 로젠탈을 인용해, "농장주들은 목화를 가장 많이 딴 노예에게 몇 푼 안 되는 상금을 주는 대회를 열고 우승자들에게 앞으로는 그 이상 목화를 따야 한다며 노동 강도를 높였다. 할당량을 못 채우는 노예들은 채찍을 맞았다. 처벌 기준으로 데이터를 활용한 것이다. 노동자에 대한 인센티브 제도는 20세기 초에 생산량에 따른 현금 지급이라는 형태로 재등장했다."[82]

착취에 따른 우울감을 줄이기 위해서도 인센티브가 동원됐다.

"농장주들은 정직을 강조하기 위해 단체 인센티브를 활용했다. 노예들 각자에게 옥수수를 나눠 주면서, 만약 농장에서 절도 사건이 일어났을 때 범인을 찾아내지 못하면 크리스마스 때 옥수수 양을 깎겠다는 경고를 덧붙인 것이다. 싱어봉제회사Singer Sewing Company 같은 기업들이 훗날 노동자들의 상호 감시를 유도하기 위해 이런 집단적 징벌을 도입했다."[83]

5

동굴과 인간

뉴턴은 종종 벨사자르Belshazzar의 불경한 축제와 다니엘이 해독한 비밀스런 이야기에 대해 이야기하고는 했다. 뉴턴은 『성경』에서 숫자로 가득한 예언서인 「다니엘서」를 가장 좋아했다. 그는 벨사자르의 현인들이 어떻게 '메네, 메네, 데켈, 우바르신mene, mene, tekel, upharsin'이라는 단어를 읽지 못했는지 궁금했다. "세었다, 달아 보았다, 나누었다." 아마도 그들은 왕에게 나쁜 소식을 전하기가 두려웠을 것이다. 반면 다니엘은 오직 하느님만을 두려워했다.

– 필립 커(2002)

뉴멕시코의 레추길라Lechuguilla 동굴에 400만 년 넘게 고립되어 살아온 박테리아종들이 시판 중인 14가지 항생제에 내성을 보인다는 연구 보고서가 발표됐다.[84] 이는 의미가 크다. 존재의 본질, 실용적으로는 우리와 병원균의 관계, 우리가 먹고 있는 식품 속 병원균에 대해 이야기해 주기 때문이다.

병원균에 대한 공포는 그것들이 '생각'을 할 수 있다거나, 기존의 약들뿐 아니라 앞으로 만들어질 약에 대해서도 내성을 키워 가며 헤겔의 변증법적인 존재 방식으로 우리를 능가할 수 있기 때문이 아니다.[85] 만약 이 동굴 박테리아가 어떤 징후라고 본다면, 그 공포는 병원균들이 문제 해결 과정에서 우리를 완전히 앞서게 될 것이라는 데 있다.

우리가 병원균과의 경쟁에서 패한 것이 아니다. 우리는 도로 위의 과속방지턱 같은 것이다. 인간의 의학 발전은 지질연대학적으로 보면 작은 점과 마찬가지여서, 10억 년이나 된 분자들의 선택적 진화에 쓸려 가고 만다. 아무리 독창적인 생각을 가진 사람이 있다 해도 이 문제를 해결할 만큼의 연구개발 예산을 얻어 낼 수는 없다.

그러나 아이러니한 희망이 있다. 결국 책임은 우리에게 있기 때문이다. 병원균들이 우리가 겪는 고통은 알지도 못한 채 차원을 넘나들며 생태적 적소를 지나쳐 가는 것일 뿐이라면, 그 적소들을 만든 우리에게 최악의 전염병이 들이닥칠 것이다.

약품으로 병원균을 밀어붙이며 싸워 온 우리는 이제 와서 우리와 오랫동안 싸워 온 병원균들과의 싸움을 다시 벌이고 있다. 우리의 미생물군 유전체, 면역 체계, 세포와 DNA는 결국 우리에게 기생하는 존재들이다. 다층적인 개입과 생태학적 회복력을 통해, 상품보다 먼저 사람을 보는 사회성을 통해, 병균들과의 '화해'를 통해 우리의 사회생태학적 터전을 더 깨끗하게 만들 수 있다.

그럼에도 불구하고 아주 오래전에 근본적으로 실패한 접근 방식을 우리는 반복하고 있다. 동굴 벽에 새겨진 유전자 코드에 대한 연구가 제약업계에 대량 주문이 쏠리는 결과로 이어지고 있는 것이다. 《미국의 소리 Voice of America》 기사를 인용해 본다.

"나쁜 뉴스로 들릴 수도 있지만, 연구자들은 약에 내성이 있는 박테리아가 발견된 것이 사실은 좋은 일이라고 말한다. 전에는 알려지지 않았던 자연의 항생제가 많이 있으며, 이를 지금은 치료할 수 없는 감염증을 막는 데에 활용할 수 있다는 뜻이라고 연구진은 설명했다."[86]

6부

루돌프 피르호Rudolf Virchow는 비스마르크Bismarck의 과도한 국방 예산에 반대했고, 성난 비스마르크가 피르호에게 결투를 신청했다. 피르호는 무기를 고를 기회가 주어지자 소시지 두 종류를 택했다. 자신에겐 요리한 소시지를, 비스마르크에게는 트리키넬라 유충이 든 생소시지를. '철(鐵)의 재상' 비스마르크도 이 제안만큼은 너무 위험하다며 거부했다.

– 마이런 슐츠(2008)

1

—

낡은 바이러스, 새 바이러스

당신은 스스로를 보이지 않고 들리지 않도록 성공적으로 그리고 지속적으로 훈련시킬 수 없다. 당신은 항상 그렇게 하지만, 반복적으로 실패할 것이고 또 반복적으로 여러 작은 방법으로 속임수를 쓸 것이다.

—차이나 미에빌(2009)

헨드라, 니파[1], 에볼라, 말라리아, 사스, 광범위 약제내성 결핵(XDR-TB), 큐열Q fever, 원숭이포말 바이러스simian foamy virus, 그리고 인플루엔자. 이들 중 하나, 혹은 아직 발견되지 않은 이들의 사촌이 언젠가 수억 명을 죽일지 모른다. 데이비드 콰먼David Quammen이 새 책 『스필오버』[2]에서 인터뷰한 여러 과학자가 강조했듯이, 전염병의 습격은 언제 닥치느냐의 문제일 뿐이다.[1)]

500쪽이 넘는 이 책은 콰먼의 고향 몬태나에서 아프리카의 열대우림까지 전 세계의 DNA 지리학을 펼쳐 보이는 대서사시이자 고딕풍의 스릴러물이다. 전작들에서도 그랬듯, 콰먼은 청중들에게 복잡한 이야기를

1 헨드라 바이러스와 니파 바이러스는 모두 돼지와 사람 등에게 질병을 일으키는 인수공통 감염증 바이러스다.

2 『Spillover: Animal Infections and the Next Human Pandemic』. 한국에서는 『인수공통 모든 전염병의 열쇠』라는 제목으로 번역 출간됐다.

명쾌하게 들려주는 끈기 있고 너그러운 해설자다. 자신이 다닌 지역들의 묘사에 더해 들판의 소똥과 연구소의 실험실 사이를 오간다. 그를 따라 여러 개념을 넘나들다 보면 항체 검사와 바이러스 추출, 전염병의 수학적 모델링의 역사를 짧은 시간에 배울 수 있다. 로리 가렛Laurie Garrett[3]의 책처럼 너무 잘 쓰인 데다 풍성하고 포괄적이라, 실제론 그다지 권위 있는 내용은 아닌데도 마치 대단한 권위가 있는 것처럼 보인다.

하지만 날카로운 말 따위는 한 마디도 꺼내지 않는 대화주의자를 상상해 보라. 콰먼이 그렇다. 그는 과학자들에게 반론을 제기하기보다는 한 수 배우겠다는 자세로 과학자들에게 질문을 던진다. 오해는 마시라. 책에 등장하는 의사들과 과학자들은 몹시도 용감하고 명석한 이들이다. 책을 읽다 보면 조지 R.R. 마틴George R.R. Martin이 아무렇지도 않게 캐릭터를 죽이는 장면[4]을 보는 듯하다. 어떤 연구자는 경비행기 추락사고로 숨졌고 키크위트[5]에서는 의료진 60명이 에볼라에 의해 희생됐다. 아시아에서는 의사와 간호사 들이 사스 2차 감염으로 가장 큰 피해를 입었다. 진화생물학자 윌리엄 해밀턴William Hamilton은 데이비드 리빙스턴David Livingstone[6]처럼 콩고민주공화국(DR콩고)에서 HIV 바이러스의 기원을 찾다가 말라리아로 사망했다.

여기에 콰먼의 책에는 빠져 있는 다소 삐딱한 관점을 추가해 보자. 표절과 뒤통수치기는 제쳐두더라도 질병을 연구하는 학자들은 숱한 과학자들처럼 광범위한 정치경제적 틀 속에서 생각하고 움직이는 행위자들이다. 예를 들어 콰먼이 인터뷰한 이들 중에는 카길의 돈을 받아 인도네

---

3 신종 전염병에 대해 다룬 『전염병의 도래The Coming Plague』라는 책으로 유명하다.

4 미국 드라마 〈왕좌의 게임〉의 원작인 소설 『얼음과 불의 노래A Song of Ice and Fire』를 가리킨다.

5 Kikwit. 에볼라가 처음 발생한 콩고민주공화국(당시엔 자이르) 내륙의 지역.

6 19세기 영국의 선교사이자 아프리카 탐험가.

시아의 카길 팜유농장을 조사하는 용병들도 있었다.[2)] 기업 커미션을 받고 일하는 이들의 말을 들으며 그게 유익할 거라고 콰먼이 진심으로 믿었다면 참 안타까운 일이다. 현장에서 죽어 간 이들은 대체 무엇을 위해 고귀한 희생을 한 것일까.

큰 틀에서 콰먼은 야생에서 온 바이러스와 박테리아와 균류, 원생생물과 프리온 단백질, 기생충 같은 병원균이 일으키는 새로운 질병의 생물학에 인간이 영향을 미친다고 지적한다.

"모든 것이 연결되어 있고 질병은 계속 발생하고 있다. 이는 우리가 하는 행위의 의도하지 않은 결과를 의미하며, 우리 행성에서 두 가지 형태의 위기가 융합되고 있음을 보여 준다. 첫 번째는 생태학적 위기이고, 두 번째는 의료의 위기다. 두 가지가 교차하고 섞이면서 예상치 못한 곳에서 생겨난 끔찍하고 괴상한 새로운 질병들이 등장했다."

숨어 있던 병원균이 갑자기 기회를 잡고 진화의 성공을 거둔다. 큐열을 일으키는 콕시엘라균Coxiella burnetii은 "캘리포니아의 젖소, 그리스의 양, 북아프리카의 설치류, 호주 퀸즈랜드의 도깨비쥐[7]를 감염시켰다. 한 종에서 다른 종으로 미세한 공기입자 형태로 퍼졌다. 병원균이 태반이나 암컷의 몸에 말라붙은 젖에 들어 있다가 숙주의 폐에서 활성화되거나, 진드기를 통해 곧바로 피 속으로 들어가기도 했다."

콰먼은 '예상치 못한 곳'에서 병원균이 나타났다고 했지만 인과관계와 효과적인 방역법은 현장에 있다. 박테리아나 특정 숙주가 아니라 '철학적인' 맥락을 알면 찾을 수 있다. 유기체들은 서로 연결되거나 단절되면서 병원균의 독특한 진화 경로를 형성해 왔기 때문이다.

---

7 bandicoot. 호주에 서식하는 유대 동물의 일종.

콰먼은 인구증가와 국제 수송, 기후 변화와 삼림 파괴, 항생제를 맞고 장거리에 걸쳐 운송되는 가축 등 병원균이 인류의 어깨너머에서 쳐들어오게 만든 변화들을 비판하지만, 생태학적 시스템을 설명하는 것만으로는 충분하지 않다. 그러나 콰먼은 더 위쪽에서 일어나는 일은 거의 언급하지 않는다. 병원균이 자본의 회로에 어떻게 내장되어 있는지를 알게 되면 생태학만으로 내린 결론은 뒤집힌다.

고병원성 H5N1은 1996년 중국 남동부 광둥에서 발생해 1년 뒤 홍콩으로 번졌다.[3)] 하지만 홍콩과 광둥의 경제 관계를 들여다보면 인과관계의 방향이 바뀐다. 홍콩이 전면에 나서 자본과 마케팅을 공급하면서, 1990년대에 주장 삼각주는 공산주의 혁명 이전으로 돌아갔다. H5N1이 출현한 시점, 사스가 광둥성에 발생한 시점에 홍콩의 외국인 직접투자의 5분의 4가 광둥으로 향했다. 여기에는 농업과 토지 이용의 변화를 지원하는 것도 포함됐다.[8] 홍콩을 무고한 희생자처럼 묘사하는 담론들이 반복되지만, H5N1의 출현에 광둥성만큼이나 홍콩도 책임이 있다.

콰먼의 소개를 따라 카메룬의 요카두마Yokadouma에서 5km 떨어진 맘벨레Mambele 교차로로 가보자.

"이곳은 칼 암만Karl Ammann[9]이 통나무트럭의 후드 밑에서 침팬지 팔을 발견한 곳이다. 침팬지 HIV-1의 기원에 대한 브래던 킬Bradon Keele의 논문에 실린 장소이기도 하다. 아주 가까운 곳에 에이즈의 그라운드 제로가 있었다."

콰먼은 앞선 연구자들이 탄성을 질렀던 곳들을 그대로 따라가지만 저런 식의 표현은 역시 인과관계의 혼란을 가져온다. 바이러스가 아프리카

---

8 1부 4.「역외 농업의 바이러스 정치학」 참고.

9 야생동물 사진가이자 유인원 보존 활동가.

에서 최초로 출현한 것은 사실이다. 그러나 원인은 아프리카에만 있는 것이 아니다.

마이크 워로베이Mike Worobey 팀은 15년의 연구 끝에 세계적 유행병의 씨를 뿌린 HIV-M의 출현을 1908년으로 추정했다.[4] 프랑스와 독일 식민당국이 경쟁적으로 현지 사회질서를 바꿔 나갈 무렵이다. 월터 로드니Walter Rodney에 따르면 아프리카의 노동력은 힘과 경제적 압박에 의해 유럽 수출을 위한 생산으로 방향을 틀었다.[5]

한편 산의 나무를 모두 베어 내는 개벌皆伐은 야생동물과 인간의 경계를 무너뜨렸고 마을 수준에 묶여 있던 동물과 동물병원균이 새로운 질서에 노출됐다. 숲의 경계가 무너지면서 전염병의 교류가 늘어났다는 뜻이다.

벌채가 이어지자 이전에는 최소한의 호구지책이던 야생동물 고기가, 수천 곳의 벌목캠프에서 일상적으로 먹는 식량으로 변했다. 쪼그라든 숲 가장자리에 생겨난 농촌들에서도 같은 일이 벌어졌다. 그러니 HIV의 기원을 설명하려면 제국주의 역학으로, 유럽의 수도로까지 거슬러가야 한다.

과학자들이 질병을 특징짓는 방법에도 이런 왜곡이 숨어 있다. 지리학자 피터 굴드Peter Gould가 썼듯이, 콰먼이 애써 설명한 '감수성 감염 복구 모델'[10]에서 복잡한 사회역학은 사라지고 정치적 가정들로 채워졌다.[6] 서민적인 신자유주의자 콰먼은 경제가 질병에 미치는 영향을 다루면서 자본주의의 책임을 애매하게 만드는 두 가지 방법을 썼다. 먼저 환경에 미

---

10 Susceptible-infectious-recovered Modeling(SIR모델)이라고 한다. 가장 기초적인 역학 모델로, S는 병에 걸릴 수 있는 사람, I는 감염된 사람, R은 회복된 사람을 의미한다. 출생, 사망으로 인한 변화 같은 변수는 고려하지 않는다.

친 영향을 기술하면서도 해당 회사의 이름은 밝히지 않았다. 벌채와 농업, 항생제 등등 책에 언급된 소동들에 기업 이름은 하나도 나오지 않는다. 둘째로 그는 빈국의 숲과 식량체계를 둘러싼 비공식 경제와 불법 교역 등을 다루면서도 신자유주의에 강요당한 구조조정은 언급하지 않는다. 생계형 소비가 수출경제로 바뀌었다는 말만 나온다.

네덜란드에서 발생한 큐열을 둘러싼 설명에서는 그나마 낫다.

"그는 맨 먼저 10년 동안 지역의 농업 관행이 달라졌다고 말했다. 무엇보다 염소 사육이 늘어났다. 이런 변화는 1984년부터 시작됐다. 유럽공동체(EC)가 우유의 수출한도를 정하자 네덜란드 농부들이 젖소를 줄인 것이다. 낙농업을 계속한 농부들도 염소젖 생산을 늘렸다. 염소 낙농업은 1997~1998년 이후 더 늘었는데, 이때 전통적인 돼지열병(동물원성 감염이 아닌 바이러스에 의한)이 발생해 돼지가 대량 도살됐다. 큰 타격을 입은 양돈농들도 감염병 재발이 두려워 대체할 가축을 찾아나섰다. 그 결과 1983년 7,000마리였던 염소는 2009년에는 37만 4,000마리가 됐다. 수백, 수천 마리 염소를 기르는 헛간 바닥에는 지층보다 낮은 곳에 콘크리트를 발라 짚, 염소 똥과 오줌을 넣어 뒀다. 그 향기로운 유기 폐기물 더미는 더 깊어지고 부패로 따뜻해지면서 미생물들의 텃밭이 됐다."

그럼에도 콰먼은 더 큰 맥락으로 나아가지 않는다. 그가 인터뷰한 원헬스 관계자들은 일상적인 청소법을 비롯한 처방들만을 권장할 뿐이다.

"준비를 잘 하기 위한 과학적 근거로는 어떤 바이러스 그룹을 관찰해야 하는지에 대한 이해, 지역 발병으로 이어지기 전에 멀리 떨어진 곳에서 발병이 넘어올 수 있다는 걸 인식하는 능력, 팬데믹이 되기 전에 발병을 통제할 수 있는 조직적 능력, 그리고 알려진 바이러스를 빠르게 식별하고 신종 바이러스를 빠르게 감지해 지체 없이 백신과 치료제를 만들 수 있는 도구와 기술을 의미했다."

그러나 비상 대응능력이 아무리 중요하다 한들 기업들의 책임을 쏙 빼놓으면 아무 의미가 없다. 게다가, 콰먼과 그가 찬사를 보낸 연구자들이 한 종류의 바이러스들에 매몰되어 있을 때 한쪽에서는 시료와 통계를 들여다보며 완전히 다른 바이러스들을 연구하는 사람들이 있다. 새로운 병원체들, 그리고 다음 세대의 과학은 정교하게 잘린[11] 분자의 옷을 입고 잉여가치와 수익률을 따라 퍼져 나갈 것이다.

◇

1년이 채 지나지 않아 나는 서아프리카의 에볼라와 관련해 콰먼을 언급했다.[7)] 그는 분노를 담은 트위터 글을 5개나 쏟아내며 CDC와 FAO에 자문까지 했던 "이상한 사람"의 "허튼소리"라고 비난했다.

---

11 유전자 가위(동식물 유전자의 DNA 부위를 자르는 데에 쓰이는 인공효소) 등을 이용한 유전자편집 기술을 의미한다.

2

—

커피 필터

문이 없는 집은 상상하기 어렵다. 몇 년 전 미시간주 랜싱에서 그런 집을 봤다. 프랭크 로이드 라이트Frank Lloyd Wright가 지은 집이었다. 집을 침범한 나무들과 분리할 수 없는 열린 지붕이 보였다. 실내에 있는지 바깥에 있는지도 구분하기 힘들었다. 골프클럽 주변에 거의 비슷한 집 10여 채가 흩어져 있었다. 골프 코스는 완전히 폐쇄됐고 출입구에 경비원들만 일하고 있었다.

- 조르주 페렉Georges Perec (1974)

복용량과 내성이 약이 될지 독이 될지를 가르는 가느다란 경계선을 결정짓는다. 눈에 갇힌 미네소타의 커피숍에서 내 기분을 끌어올려 주는 카페인이 누군가에게는 심박을 빨라지게 하고 심혈관 질환을 일으킬 수 있다.

세계의 수요가 전 세계에서 폭발적으로 늘고 업계의 인수합병도 빨라지면서, 이제는 커피가 어디에서 기원했는지조차 모호해졌다. 커피나무Coffea 속의 원산지는 '아프리카의 뿔' 지역이다. 알칼로이드[12]의 일종인 카페인과 테오브로민theobromine 성분은 초식동물에게는 자극제가 되고 곤충에게는 살충제 역할을 한다.[8)] 매력적인 향미에 온갖 전설들이 더해지면서 커피콩은 지역 특산품을 넘어 제국적인 상품으로 변화했고, 석유에

12 Alkaloid. 질소 원자를 보유한 화합물의 총칭. 대개 염기성을 띤다.

이어 국제교역량이 두 번째로 많은 품목이 됐다. 생산과 무역, 판매 등 전 단계에 걸쳐 5억 명가량이 커피와 관련된 일자리를 갖고 있다.[9)]

블루마운틴, 콜롬비아, 에티오피아 하라, 하와이안 코나, 자바, SL28[13] 등 수많은 품종과 교배종이 70여 개국에서 재배된다. 사향고양이가 삼켰다가 배설한 인도네시아 커피콩은 1킬로그램당 1,000달러에 달하며, 이 때문에 사향고향이의 마릿수는 갈수록 줄고 있다.[10)]

커피의 균형감, 맛과 향, '바디감'은 커피나무의 종류와 생산지의 토질, 햇빛과 재배 방식 등에 영향을 받는다. 미시간대의 이베트 퍼펙토Ivette Perfecto, 존 밴더미어John Vandermeer 연구팀에 따르면 해충과 식물병의 자연적인 통제능력은 커피나무의 종류뿐 아니라 커피를 둘러싼 생태계의 구성에 따라서도 달라진다.

라틴아메리카의 주요 커피 품종인 카네포라는 식물 자체의 생화학과 질병에 대한 저항성을 넘어 먹이그물 속에서 포식과 공생과 경쟁 같은 생태학적 관계망을 형성하고 있다. 식물의 저항력과 회복력은 이런 상호연결로부터 발현하며, 시스템의 한 부분이 무너지면 다른 부분이 가동된다.

퍼펙토와 벤더미어 팀은 멕시코 치아파스Chiapas의 소코누스코Soconusco의 유기농 커피농장에서 해충 피해로부터 커피를 지켜주는 공간생태적인 요인들을 10년 넘게 연구했다.[11)] 300헥타르 넓이에 100년 가까이 된 농장이었다. 200여 종의 해충 가운데 커피녹병곰팡이Hemileia vastatrix, 천공충Hypothenemus hampei, 녹색깍지벌레Coccus viridis, 커피잎나방Leucoptera coffeella 등의 4가지를 주로 살폈다. 아직 그런 적은 없지만 각각이 커피 작물 전체

13 최고급 원두로 분류되는 아라비카 원두의 일종.

를 초토화할 수도 있는 해충들이다. 카페에 앉아 커피를 마시는 사람들은 전혀 모르겠지만, 네 가지 해충을 억제하는 데에 최소 13개의 유기체와 6개의 생태학적 과정으로 이루어진 관계의 그물망이 작용하고 있다는 걸 연구팀은 알아냈다.

아즈테카개미가 이 네트워크의 중심에 있다. 다육개미종인 아즈테카개미의 여왕은 자란 둥지에서 갈라져 나와 동족을 데리고 근처의 커피나무에 새 둥지를 개척한다. 개미군단의 확산은 일개미 속에 번식해 개미머리를 갉아먹는 아주 작은 벼룩파리Pseudacteon phorid fly의 제약을 받는다. 개미 둥지가 많을수록 벼룩파리도 늘어난다.

로버트 알트만Robert Altman은 커피 해충 녹색깍지벌레와 개미의 놀라운 공생을 연구했다. 아즈테카개미는 딱정벌레 성충의 공격에서 깍지벌레를 지켜 주고, 깍지벌레는 개미에게 단물을 분비해 준다. 하지만 개미도 딱정벌레의 유충은 못 이긴다. 유충은 끈적한 돌기가 붙은 턱으로 개미가 움직이지 못하게 만든 뒤 깍지벌레를 씹어 먹는다. 그러나 딱정벌레와 개미는 단순한 적이 아니다. 딱정벌레 유충을 잡아먹는 기생 말벌을 개미가 쫓아낸다. 변증법적 생물학이다.

아즈테카개미는 깍지벌레를 흰헤일로균Lecanicillium lecanii 무리로부터도 보호한다.[12] 이 균류는 앞서 언급한 또 다른 해충인 커피녹병곰팡이를 공격한다. 커피 해충들을 아즈테카개미가 돕는 것이다. 개미의 분포를 농장의 3~5% 정도로 제한하면 커피 해충을 막는 간접적인 방법이 될 수 있다.

그런데 퍼펙토와 벤더미어 팀을 어리둥절하게 한 것이 있었다. 딱정벌레 성충은 아즈테카개미로부터 어떻게 살아남아 무사히 자라서 커피나무에 알을 낳을 수 있을까? 앞서 언급한 개미 머리를 갉아먹는 벼룩파리가 이 시점에 등장한다!

개미는 둥지로 퇴각하거나, 파리가 움직임을 감지하지 못하도록 그 자리에 그대로 멈춰 있거나, 아니면 포식자를 공격하는 방식으로 반응한다. 개미는 파리가 다가오면 동료들에게 방어태세를 갖추라는 신호로 페로몬을 만들어 낸다. 암컷 딱정벌레들은 이 페로몬을 감지할 수 있고, 커피나무에서 아즈테카개미들이 집단 동결 모드로 돌입한 곳을 찾아낸다.

자연적인 해충 방제 시스템에 영향을 미치는 아즈테카개미의 분포에는 하나의 이유만 있는 것이 아니라 생태계 네트워크에 걸친 상호작용의 복합체가 자리 잡고 있다. 이는 가축의 질병과 공중 보건 분야에서 우리에게 중요한 교훈을 준다.

그렇다면 새 둥지를 만들어 이사 간 개미 군단은 어떻게 공생할 깍지벌레를 찾아낼까. 퍼펙토와 벤더미어 팀은 아즈테카개미만큼 효율적이지는 않지만 이 지역에 서식하는 적어도 5개의 다른 종이 깍지벌레를 돌보는 것을 발견했다. 이들도 농장 전체에서 깍지벌레의 밀도를 유지하는 행위자들의 일부다.

아즈테카개미는 커피를 갉아먹는 4개의 해충 가운데 나머지 2개인 커피잎나방과 열매 천공충을 잡아먹는다. 혹개미속 ctp땅개미Pheidole ctp는 딱지벌레를 잡아먹는 동시에, 아즈테카개미의 경쟁자인 수도미르멕스 개미Pseudomyrmex simplex를 물리친다. 반면 깍지벌레를 키우지 않는 다른 개미들은 아즈테카개미의 적수들이다. 그중 하나인 프로텐사혹개미Pheidole protensa는 땅에 떨어진 커피열매에 붙어 산다.

지금 이야기한 것들은 농장의 여러 틈새에서 서로 돕고 경쟁하는 80여 종 개미들의 생태학적 길드가 얼마나 복잡한지 보여 준다.

자연은 여기에 또 다른 층위를 추가한다. 새들이 해충에 미치는 영향을 알아보기 위해 퍼펙토와 벤더미어 팀은 소코누스코에서 커피를 그늘 재배하는 농장과 집약 재배 하는 농장[14]에서 울타리로 구역을 둘러싸고 실험을 했다.[13)] 연구팀은 그늘 농장과 집약 농장에서 각각 가로 10m, 세로 5m, 높이 3m의 그물망으로 최소 10그루의 커피나무를 덮어 새들이 오지 못하게 막았다. 실험구역 옆에는 새들이 접근할 수 있는 대조구역을 설정했다.

연구팀은 실험구역들과 대조구역들에 소금습지나방의 3기와 4기 유충, 나무 하나당 거염벌레 10마리를 떨어뜨리고 평균 밀도가 2.1마리인 유충 숫자가 어떻게 올라가는지 모델링을 했다. 나흘마다 해 뜨기 전 유충을 놔두고 오후 2~3시 사이에 숫자를 셌다.

그늘 농장과 집약 농장에서 커피나무의 벌레를 잡아먹는 새의 숫자와 밀도는 크게 달랐다. 그늘 농장에는 새들 종류가 다양하고 해충을 잡아먹는 새의 숫자도 많았다. 집약 농장에 비해 그늘 농장에서는 울타리를 친 곳과 치지 않은 곳의 차이가 두드러졌다. 그러나 새의 다양성이 커피 해충의 통제와 곧바로 연결되지는 않았다. 붉은머리울새를 포함해 특히 효과적인 몇몇 식충 조류가 주로 벌레를 잡아먹었다. 새의 다양성이나 밀도가 해충에 미치는 영향을 낱낱이 구분하기는 힘들지만, 새의 종류가 늘어날수록 벌레를 잡아먹는 새가 늘어날 가능성은 높다.

벌레들에게 밤의 천적은 따로 있다. 붉은머리울새가 쉬는 동안 커피 씨를 퍼뜨리고 꽃가루를 옮겨 주는 박쥐가 돌아다니는데, 어떤 박쥐들은

14 커피를 재배할 때 키가 큰 나무를 같이 심어 햇빛을 차단하면서 재배하는 방식을 그늘재배 방식, 그렇지 않고 태양에 노출시키는 것을 햇빛재배 방식이라고 한다. 커피는 원래 키 큰 나무들과 어우러져 자라면서 강한 비바람이나 직사광선으로부터 보호를 받았고, 토양 침식도 막아 주면서 화학비료나 제초제의 사용 역시 줄일 수 있었다고 한다. 그러나 최근 들어선 이 방식보다는 태양에 노출 재배되는 경우가 많다. 보통 햇빛재배 방식을 택할 경우 키 큰 나무 대신 커피를 심게 되므로 경작 집중도가 높아진다.

해충을 잡아먹는다. 박쥐와 새의 포식 효과를 측정하기 위해 퍼펙토와 킴 윌리엄스-길런Kim Williams-Guillen 팀은 소코누스코에서 또 다른 울타리 실험을 했다.[14] 새들만 낮에 접근할 수 있는 곳, 박쥐만 밤에 올 수 있는 곳, 새와 박쥐 둘 다 못 오는 곳, 그리고 그물을 치지 않은 대조구역. 곤충, 거미, 통거미, 진드기처럼 무리를 짓지 않고 살아가는 절지동물을 건기에는 7주 동안, 우기에는 8주 동안 2주 간격으로 관찰했다.

새도 박쥐도 못 들어가는 곳에서 곤충들의 밀도가 가장 높았다. 대조구역보다 46%가 많았다. 박쥐는 우기에 상당한 영향을 끼쳤다. 박쥐가 못 오는 곳에는 절지동물이 대조구역보다 89%나 많았다. 건기에는 별 차이가 없었다. 새와 박쥐 간에도 큰 관계는 없었다. 각기 다른 종류의 해충을 먹는다는 뜻이다.

계절적 차이는 부분적으로 건기에 겨울을 나려는 명금류의 유입과 엄마박쥐가 새끼를 돌보기 위해 평소보다 먹는 양을 두 배가량 늘리는 우기에 나타났다. 박쥐의 종류에 따라서도 달라졌다. 연구팀은 44일 넘게 박쥐들을 그물에 넣고, 박쥐들의 음향 신호를 측정해 24종류의 박쥐를 구분해 냈다.[15] 여러 박쥐가 여러 구역을 돌아다녔으나 박쥐 종에 따라 선호도가 달랐다. 큰주머니날개박쥐처럼 열린 공간에서 사는 박쥐들이 더 자주 집중 농장에 출몰했다. 반면 아르헨티나갈색박쥐같이 숲에 사는 박쥐들은 그늘 농장에 많았다.

유전자 검사를 해 보니 박쥐의 배설물에서 커피열매 천공충과 여치cicada Idiarthron subquadratum의 DNA가 발견됐다.[16] 먹이를 먹을 때 나는 윙윙 소리로 측정했을 때 숲에 사는 박쥐는 집중 농장에서는 해충을 덜 잡아먹었다. 열린 곳에서 사는 박쥐는 농장의 경사도에 따라 먹는 양이 달라졌다. 집중 농장이라도 박쥐 같은 식충동물들에게 쉴 곳이 되어 주는 숲이 있으면 해충을 막는 데에 도움이 되지만, 그늘 재배를 포함해 야생 친화적인 농업 환경이 박쥐와 다른 식충동물들에게 더 좋은 은신처를 제공한다고 연구팀은 설명했다. 윌리엄스-길런과 퍼펙토는 빈곤과 식량불안, 조각조각 잘린 숲과 집중농업 때문에 농업생태계가 훼손되고 있고, 지역의 생물다양성이 줄어들 수 있다고 밝혔다.[17]

생태학적 상호작용은 자연적으로 해충을 막아 준다. 그러나 이는 미리 정해진 계획에 따라 움직이지 않으며 상태가 고정된 것도 아니다. 우연이 겹치면서 세월 속에서 만들어진 것이다. 퍼펙토와 벤더미어 팀이 말했듯, 커피녹병곰팡이와 천공충은 아프리카에서 유입됐다. 백색헤일로균류는 열대 지방에 흔하다. 커피잎나방은 서반구의 열대 지방에 흔하고, 아즈테카개미는 멕시코 남부에 산다. 인위적인 재배와 우연한 생물지리학에 따라 이 특별한 유기체들의 조합이 만들어졌다.

자연은 지구의 눈으로 보면 짧고 인간의 눈으로 보면 긴 시간 동안 몇 번이고 스스로를 기능적, 생태학적으로 해체하고 재조립한다. 다음 몇백 년 사이에 인류가 절박한 요구에 따라 농업과 숲을 통합하고 보전한다면 자연의 생태계가 내주는 서비스를 공짜로 누릴 수 있다. 비옥한 땅, 마르지 않는 물, 자연적으로 통제되는 해충. 이것이 어떻게 가능할지 알아내려면 퍼펙토와 벤더미어 팀이 했던 것보다 더 많은 연구가 필요하다. 유전공학? 동굴의 원시인이 스마트폰으로 이 닦는 소리다. 내가 말한 것이야말로 21세기의 최첨단 연구다.

현대 농업은 숲을 없애고 자연이 제공해 주는 통합적인 서비스를 파괴한다. 애그리비즈니스는 그 자체가 동물들을 막는 거대한 울타리다. 그 사이 토양은 황폐화되고 벌레는 작물을 갉아 먹는다. 농부들은 작물과 토양에 화학약품이라는 폭탄을 떨어뜨려 파괴를 반복하는 수밖에 없다. 그나마 남은 숲마저 더 깊숙히 난도질하겠다고 나선 이 모델은 지속가능하지 않다. 집중 농업은 농부들에게 해충을 완벽하게 제거하라는 불가능한 과제를 던진다. 하지만 해충은 살충제 내성을 진화시키는 게 당연하고, 시간과 노력의 낭비만 부를 뿐이다. 성가시더라도 농부들은 애그리비즈니스가 요구하는 수익성에서 한발 물러서 전체적인 생태 시스템의 혜택을 누리는 쪽으로 옮겨 가야 한다.

3

—

질병의 자본 회로•

새로운 '원월드-원헬스' 접근 방식은 야생동물, 가축, 농작물, 인간의 건강에 대한 연구를 생태계적 맥락에서 통합한다. 여러 동물종의 전염병과 만성질환, 환경적 질병에는 공통된 배경이 있다는 전제 아래 의사, 수의사, 생태학자 들의 협력을 요하는 접근 방식이다.

이런 접근이 처음은 아니다. 캘빈 슈와브Calvin Schwabe의 '하나의 의료'나 1993년 11월 매서추세츠주 우즈홀에서 열린 '진화하는 질병Disease in Evolution' 컨퍼런스, 더 거슬러 올라가면 사회의학[15]의 창시자인 루돌프 피

• 이 글은 원헬스에 대한 비평으로 동료인 루크 버그만Luke Bergmann, 리처드 코크Richard Kock, 마리우스 길버트Marius Gilbert, 레니 호거베르프Lenny Hogerwerf, 로드릭 월러스Rodrick Wallace, 몰리 홈버그Mollie Holmberg와 공동 집필했다.

15 Social medicine. 질병이 생기고 퍼지는 원인을 병원균이나 개인 건강 차원에서 접근하는 게 아니라 광범위한 사회경제적 맥락에서 파악하고자 하는 의학 연구의 흐름. 독일 의사 루돌프 피르호(1821~1902)에게서 시작됐다. 18세기 이후 영국의 인구변화를 연구해 경제적 조건에 따라 보건상황과 인구증가율이 달라진다는 것을 보여 준 영국 의학자 토머스 매퀀Thomas McKeown은 '원헬스' 접근법의 선조라 할

르호Rudolf Virchow와 18세기 수의사 펠릭스 비크 다지르Felix Vicq-d'Azyr에 이르기까지 다양한 사회생태학적 맥락 속에서 인간과 동물의 건강을 연결시킨 이들이 있었다.[18)] 생태건강이나 복잡성 과학[16] 같은 관련 분야의 이론적 발전 못지않게 실질적인 문제를 해결하기 위한 방법으로도 이 분야에 새롭게 관심이 쏠리고 있다. 세기말 고병원성 인플루엔자 A(H5N1)가 가금류에서 인간으로 옮겨 온 것이 보건 관련 국제기구들에 충격을 주었고, 인플루엔자와 다른 시급한 질병에 대처하기 위해 여러 분야의 과학자들을 모이게 했다.

새로운 원헬스는 인류 보건을 위해 여러 전문적 접근법들을 조합해 보는 시험대가 되고 있다. 현재 가장 개입하기 어려운 동물과 인간의 질병은 다양한 범위와 생물문화적 영역에 걸쳐 상호작용하는 수많은 원인에 의해 생겨나고 확산된다. 그런 감염을 다루려면 인식의 범위를 넓혀야 한다.

오늘날 가장 많이 퍼진 인간 질병의 상당수는 고대 문명에서부터 시작됐다. 길들여진 가축들이 디프테리아, 인플루엔자, 홍역, 볼거리, 페스트, 백일해, 로타바이러스 A, 결핵, 수면병, 내장 레슈마니아병 등을 인간에게 퍼뜨린 원천이었다. 조류藻類에서 콜레라가, 새들로부터 말라리아가, 야생 영장류로부터 HIV/에이즈와 뎅기열, 말라리아, 황열 등이 시작됐

수 있는 자연주의 사상가 이반 일리치Ivan Illich와 노벨상을 수상한 미국 경제학자 앵거스 디턴Angus Deaton 등에게 큰 영향을 주었으며, 이 때문에 현대 사회의학의 선구자로 꼽힌다. 칠레의 소아과 의사 출신 정치인으로 대통령 임기 도중 미국이 조종한 쿠데타로 암살당한 살바도르 아옌데는 사회의학의 신봉자였고 전 국민 보건 확충을 주된 과제로 삼기도 했다. 20세기 후반 이후로는 공산주의의 몰락 이후 소련의 의료 붕괴 등을 연구한 미국 의사 겸 보건학자 폴 파머Paul Farmer와 세계은행 총재를 지낸 김용Jim Yong Kim 등이 이 분야를 대표하는 인물로 꼽힌다.

16 complexity science. 대상을 분석하고 단순화하는 기존 과학적 접근의 한계를 뛰어넘고자 도입된 개념. 인간, 경제, 생태계 등이 복잡하게 얽혀 상호작용하는 복잡계에 대해 규명하고자 한다.

다. 인간의 행위로 생태학적 변화가 생기면서 벌어진 일들이다.

새로운 병원체는 개인적 치료와 예방, 육지와 바다에서의 검역, 강제 매장, 격리 병동, 물 관리, 환자와 실업자에 대한 보조금 지급 등을 포함해 의료와 공중 보건 분야에서의 혁신을 자극했다. 농업과 산업 발명이 이어지면서 인구구조가 바뀌고 정착지가 늘었고 잠재적 숙주들의 분포가 바뀌면서 감염은 점점 더 늘었다. 환경의 영향, 특히 기후 변화는 지구적인 규모로 확장되어 왔다. 전례 없이 많은 상품들이 생산되면서 자원 채취가 늘어나고 경제와 생태 사이에 물질적, 개념적인 격차가 생겨났다. 서식지와 생물다양성이 줄고 생태계의 기능과 자원의 기반이 약해졌으며 강과 토양의 영양분, 해양생물의 수는 줄었다. 그리고 다양한 숙주들에게서 질병의 출현이 촉진됐다.

특히 소수의 거대 농식품업체들 밑으로 가축의 번식, 가공, 유통 과정이 수직적으로 통합된 '축산혁명' 이후 이런 현상이 반복되고 있다. 축산업은 육류에 대한 수요를 늘리는 동시에, 특히 개도국에서 병원체의 확산을 부추기고 있다. 이 부문의 성장이 경제적 기회를 제공하기도 하지만, 거대 업체에 밀려 소농들은 시장 밖으로 쫓겨난다. 그 결과 식량위기와 환경파괴가 일어난다. 그런데도 이 문제에 대한 인식은 질병을 촉진하는 그 농식품산업 모델의 확산을 옹호하고, 과학이 특정 자본의 이익에 복무하는 걸 합리화하는 쪽으로 가고 있다.

사회과학자들은 질병의 전파를 유발하는 여러 사회적 메커니즘들을 지적한다. 인류학자 골드버그Goldberg 등은 우간다 서쪽의 키발레Kibale 국립공원에서 키발레 에코헬스 프로젝트Kibale EcoHealth Project를 진행하면서 인구 증가와 산림의 파편화, 빈곤과 잘못된 문화적 신조, 농업의 변화 등이 어떻게 사람들과 동물들의 건강과 지역 경관에 영향을 미치는지를 실험했다.[19] 대장균을 포함한 다양한 병원균의 감염 역학은 직접적으로 이어져 있는 행동습관뿐 아니라 더 높은 차원의 농업생태학적 변화와 연관된 것으로 나타났다. 가축을 키우던 농부가 숲 주변으로 밀려나면서 야생 영장류의 대장균 균주에 감염되는 식이다. 서식지가 줄어 농지를 급습하는 붉은꼬리원숭이에게서는 인간과 가축이 가진 대장균이 모두 나타났다.

산업 구조를 더 깊이 파고들어 질병의 경로를 연구한 이들도 있다. 폴Paul 등은 태국 핏사눌록Phitsanoulok의 전통적인 가금류 생산에 가치사슬 분석[17]을 적용했다.[20] 연구팀은 가금류 도매상, 도축업자, 소매상인들을 조사했는데 축산농민과 도축장을 연결하는 도매상들이 고병원성 H5N1 인플루엔자를 자신들도 모르게 전파하는 역할을 했음을 알아냈다. 병이 돌기 시작하자 가금류 재고 처분에 나서면서 인플루엔자는 오히려 더 빨리 퍼졌다. 상품 공급망에 따른 위험을 인식하느냐, 경제적 이익과 보상이 어떻게 이루어지느냐도 영향을 준다는 뜻이다.

원헬스를 지역경제와 글로벌 경제 안에서 바라보는 시각도 있다. 가일스-버닉Giles-Vernick 등은 비교연구를 통해 여러 발병 사례들의 차이와 유사점을 알아보려고 팬데믹들의 역사적 뿌리를 연구했다.[21] 이런 작업은 "세계화에 따르는 고통의 불평등한 부담"을 포함해 단일 지역 연구가 일상적으로 놓치는 사회적 반응에 내재된 복잡성을 끌어내는 것을 목표로 한다. 스파크와 안겔로프Sparke and Anguelov는 전염병의 정치학을 글로벌 노스와 사우스 간의 사회경제적 격차 안에 위치시킨다. 특히 이는 위험 관리, 의약품에 대한 접근, 위험을 전달하는 미디어, 그리고 모든 것의 출발점인 새로운 질병의 출현 등에서 나타난다.[22] 포스터와 샤노즈Forster

17 기업 활동에 있어 생산 과정을 따라 부가가치가 창출되는 과정을 분석하는 기법.

and Charnoz는 이런 불평등이 또한 표면적으로는 격차를 메우기 위해 실행된 강압적인 '글로벌 보건외교'에서 비롯된다는 것을 발견했다.[23] 그것이 한 나라의 정부에 의해서 강요된 것이든, 자선가들이 시행한 것이든 마찬가지다. 케크Keck는 이런 힘의 역학을 식민지 의학의 연장선이라고 말한다.[24] 경제적으로 발전하는 '세계의 변경'은 새로운 동물보건학이 발전하는 곳이자, 여러 학문과 인식론들이 맞부딪치는 교차점이다.

그러나 연구의 공백은 여전히 남아 있다. 월러스 등은 이 점에 착안해 원헬스를 비판적으로 검토하면서 의료인류학과 생태사회학적 동물보건 역학, 생물정치학, 보건 정치생태학을 포함한 다양한 분야의 사회과학자들에게 생각의 출발점을 제시해 왔다.[25] 이 모든 것들이 사회과학과 전염병학의 관계에서 다양한 측면을 다루어 왔다. 인간 보건의 사회적 맥락을 이해하려면 이런 접근이 꼭 필요하다. 크리거Krieger 등은 세계의 자본 축적과 건강을 결정짓는 생태적 요인들의 연관성에 관한 가설을 내놨으나[26] 통계적 검증이 시도된 적은 없다.

이를 위해 우리는 여기서 원헬스도 놓치고 있는, 더 넓은 사회경제학적 맥락이 종간 전염을 일으키게 만드는 메커니즘을 모델화하기 위한 접근법을 소개하고자 한다. 특히 우리는 최초로 새로운 질병을 부르는 자본 회로, 그 속에서 병원체가 차지하는 이점과 유전적 진화, 사회공간적 확산 등을 정량화하는 연구를 설명하려 한다. 이 연구는 현재 진행 중이다.

우리는 자본이 주도하는 변화 속에 야생이 어떻게 달라지는지, 그 과정에서 농업과 인간의 건강은 어떤 변화를 겪는지를 실증적으로 보여 주는 '구조적 원헬스Structural One Health' 접근을 제안한다. 이런 노력이 성공한다면 연구자들은 팬데믹을 부르는 농업생태학적 환경과 경제관계의 조합을 찾아내 통계적으로 뒷받침할 수 있을 것이다.

원헬스의 과학과 정치경제

종에 걸친 건강 연구를 통합하면 질병 예측과 통제를 한 걸음 진전시킬 수 있다. 로비노위츠Rabinowitz 등은 문헌 조사를 통해 부문 간 협력이 필요함을 보여 주고 있다. 이들은 지역의 질병 역학을 더 잘 예측하고 성공적으로 개입할 수 있게 해 주는 개선된 연구들도 검토했다.[27] 그러나 원헬스 접근법도 인과관계의 근본 원천을 계속 놓치고 있어, 몇몇 분석에서는 결론의 앞뒤가 바뀌고는 한다. 접촉 경로를 추적하는 것이나 예방접종, 살처분 등을 위한 생물안전 조치 같은 것들은 발병의 근본 원인과 겉으로 드러난 위험을 혼동하게 만들 수 있다. 질병은 병원균이나 감염 분포와 동의어가 아니다. 인간, 가축, 야생동물의 생태를 한데 묶는 원헬스의 맥락에서도 이런 실수가 눈에 띈다.

프레스턴Preston 등은 페루의 토지 이용이 질병의 출현에 미치는 영향을 연구했다.[28] 그런데 아마존 숲이 황폐해지면서 말라리아가 늘어난 과정은 잘 정리했지만, 이 연구는 병원균이 출현한 지점들과 인과관계의 지리학을 혼동한다. 세계 경제의 행위자들이 사회공간에서 어떤 관계를 맺고 있는지를 놓치면 역학의 모델링에도 영향을 미칠 수 있다. 로빈슨은 세계의 가축 분포도를 정리하면서 "다른 지역에서 재배된 사료가 수입되는 식으로 땅과 자원이 분리되면 지역의 농업생태학에 기반한 예측이 더 어려워진다"고 밝혔다.

"집중식 농장은 그 지역의 농업생태학적 특징보다는 시장 접근성이나 어떤 자원을 생산에 투입하느냐와 더 관계를 맺게 되며, 이는 특히 양계업과 양돈업에서 두드러진다."[29]

원헬스를 절대적으로 신봉하는 북미와 유럽의 과학자들은 빈국들을 향해 산림 황폐화와 질병의 위험성을 가르치려 든다. 이런 경향의 뿌리는 식민지 의학으로까지 거슬러 올라간다. 로빈슨이 인용한 에코헬스 EcoHealth 소속 과학자의 말을 들어보자.

"숲이 잠식되는 현황을 지도로 만들면 다음번 질병이 어디서 발생할지 예측할 수 있다. 그래서 우리는 마을 변두리, 막 개발된 광산, 막 건설된 도로가 있는 곳 들로 가서 그 지역 주민들에게 '이런 행위는 위험을 부를 수 있다'고 경고한다."[30)]

그런 충고를 하는 마음은 이해할 수 있지만, 환경 위기는 전염병이 출현한 그 지역에 국한되어 있지 않으며 구조조정이나 수출경제 등 다차원적인 경제논리에 크게 좌우된다. 그런데 저런 접근에서는 질병을 일으키는 자본의 정체는 감춰진 채, 빈국에서 이루어지는 개발이 원인인 것처럼 되어 버린다. 국부펀드, 국영기업, 바이오 연료 업체, 연기금과 대학기금, 사모펀드 들은 세계의 저개발국에서 계속 땅을 사들이고 있다. 랜드매트릭스관측소[18]는 2014년 현재 세계에서 파악된 959건의 초국가적 토지거래를 목록으로 만들었는데, 거래된 땅의 전체 면적이 3,600만 헥타르에 달한다.[31)] 오클랜드연구소는 아프리카 농지에만 5억 달러가 투자된 것으로 추정했다. 땅을 사들인 기업이나 기관은 땅값 상승에 따른 수익은 물론이고, 물 사용료 면제나 세금 감면 같은 여러 종류의 혜택을 누리고는 한다.[19 32)]

그런데 원헬스는 전염병의 원인과 결과를 모호하게 만들 수 있다. 칸 Kahn 등은 1998년 말레이시아에서 삼림이 파괴되자 니파바이러스가 출

---

18 Land Matrix Observatory. 개발도상국이나 저소득 국가에서 벌어지는 대규모 토지 인수를 추적하는 온라인 모니터링 플랫폼.

19 5부 2.「누구의 식량발자국?」 참고.

현한 과정을 연구했다.[33] 숲에 살던 과일박쥐는 서식지가 사라지자 축사 근처로 옮겨 왔고, 돼지에게 니파바이러스를 퍼뜨렸다. 니파바이러스는 돼지에게서 다시 사람들에게로 퍼졌다. 하지만 칸 역시 그 지역에서 돼지 집중산업을 주도한 기업과 토지거래 실태는 익명으로 남겨 둔다.

원헬스를 지지하는 이들이 더 큰 맥락을 모르는 것은 아니다. 진스탁Zinsstag 등은 《에코헬스》에 기고한 글에서 "인간과 동물의 관계에 대해 접근할 때, 원헬스에 대한 관점을 결정짓는 개인적, 문화적, 윤리적 배경은 무엇인지 등을 돌아보며 스스로의 관심사를 명확히 할 필요가 있다"고 지적한다.[34] 그럼에도 원헬스 접근법을 지지하는 학자들은 구체적인 소유자와 생산자를 밝히려는 노력은 거의 하지 않았던 것으로 보인다. 질병에 관련된 사람들의 분류는 잠재적 감염자, 발병자, 완치자로 구성될 뿐이다. 심지어 전염병의 사회적 맥락에 관심이 없는 이들조차 질병과 관련해 광범위한 물류를 추적한다. 예를 들어 호세이니Hosseini 등은 2009년 신종플루 확산을 추적하면서 발병을 탐지할 수 있는 국가별 능력을 알아보기 위해 항공편과 가금류·돼지 무역, 건강 관련 지출을 조합해 봤다.[35]

이런 연구들이 필요하다. 우리가 자본주의 속에서 살고 있든 아니든 간에 신종 병원균이 동물과 인간에게 퍼지는 것을 막아 내는 일은 중요하다. 그러나 동시에 이런 연구들은 애초 위협을 초래한 것이 구체적으로 무엇이었는지 알아내는 데에는 방해가 될 수도 있다. 지금 진행되고 있는 대규모 연구 프로젝트들이 보여 주는 편협한 접근법들이 대안적인 것인 양 포장되고 기술중심주의 이데올로기가 강화되는 것이다.

현재의 글로벌 보건인프라가 전염병학의 이슈를 어떻게 다루는지 살펴보자. 세계은행이나 WHO는 자신들에 돈을 대는 그 시스템으로부터 비롯되는 질병에, 원헬스적인 관점에서 접근하고 있다. 스미스Smith 등이 정리한 2012년 세계은행 보고서는 행동하지 않으면 비용이 더 들 수 있다면서 생태계의 건강과 보존에 투자하라고 촉구했다. 보고서에 따르면 1997~2009년 니파, 웨스트나일열, 사스, 고병원성 조류 인플루엔자(HPAI), 소해면상뇌증(BSE·광우병), 리프트밸리열 등으로 인한 손실은 최소 800억 달러에 이르렀다.[36] 보고서는 139개국이 매년 총 19억~34억 달러를 쓸 경우 전염병 피해를 상당히 줄일 수 있다고 제안한다. 빈곤 경감이나 식량안보, 식품 안전 캠페인이 결합되면 이익이 더욱 커질 것이라고 했다. 보고서는 동물과 인간에 대한 프로젝트를 연구하는 연구시설과 예방접종 예산을 합치는 식으로 보건서비스를 통합할 수 있을 것이라며, 원헬스를 재정긴축의 한 방법으로 제시했다.

보고서는 자본이 치명적인 병원균을 선택하게 만든다는 점은 빼 버린 채, 병원균을 부르는 시스템을 무덤덤하게 기술하고 있다. 그러나 자연을 상품으로 바꾸고, 질병에 대한 생태학적 회복력을 떨어뜨리고, 가축과 병원균이 세계를 이동하게 만드는 것은 자본의 의한 생산주기다. 지리학자 제이슨 무어가 지적하듯이, 자본주의적 생산은 그 안에 전염병을 품고 있는 게 아니라 그 자체가 전염병이다.[37]

어쩌면 근본적인 문제를 풀지 못하기 때문에 오히려 의도하지 않은 파국과 새로운 해법이 나타날 수 있을지 모른다. 세계의 불황 속에서 동물 전염병을 확산시키는 땅뺏기와 대규모 삼림 벌채, 농업 집중화는 점점 경제성을 잃어 가고 있다. 애그리비즈니스는 대규모 자본이 필요한 '생물안전'을 거론하며 빈국의 전통 농업을 무너뜨리고 집약식 생산으로 대체해 버린 걸 정당화하고는 한다. 그러나 이 생물보안은 점점 더 '규모의 비경제'를 향해 가고 있다. 게다가 저병원성 조류인플루엔자(LPAI), HPAI, 큐열, 구제역, 서아프리카 에볼라 등 최근 나타난 감염병과 변종 바이러

스들이 단종 사육과 빠른 도축, 수출 증가 등과 관련 있다는 사실이 갈수록 드러나고 있다.[38)]

시야를 넓힌 원헬스 연구자들도 있다. 엔거링Engering 등은 감염병 발생을 4가지 범주로 나눴다.[39)] 각 범주에는 특징적인 원인들이 있지만, 생산과 자본의 흐름 사이의 연결고리 역시 분명하다. 예를 들어 첫 번째 범주인 풍토병은 주로 저개발국에서 나타나며, 빈곤과 관련이 깊다. 병원균이 새로운 숙주를 찾아내는 것은 야생동물의 서식지를 파괴하는 경제적 모델과 관련 있다. 이로부터 야생동물의 질병이 사람에게로 흘러들어오는데, 이는 축산업 모델들과 연관되며 무역 또는 토지 이용 변화나 기후 변화와도 이어진다. 마지막으로 이전에 감염시키지 못했던 종에게로 병원균이 '점프'를 하거나 내성을 진화시킨 병원균이 출연하는 것은 집중 사육이나 가축 항생제 투여의 관행과 연관된다.

구조적 원헬스의 3가지 제안

대안적인 과학은 어떤 것이어야 할까. '구조적 원헬스'는 건강 생태학의 기초가 되는 모든 근본적인 과정을 포괄한다. 여기에는 소유권과 생산, 오래된 역사적 유물, 그리고 건강을 위협하는 지형 변화 뒤에 숨은 문화 인프라 등이 포함된다. 예를 들어 월러스 등은 중국 남부에서 발생한 인플루엔자를 여러 시대의 농업생태학이 혼합되면서 독성 균주들의 재조합이 발생했다는, '역사적 현재'라는 관점으로 설명한다.[20] 이런 식의 원헬스는 다른 접근법들이 가진 문제를 푸는 데에 도움이 되는 동시에,

20 2부 2. 「인플루엔자의 역사적 현재」 참고.

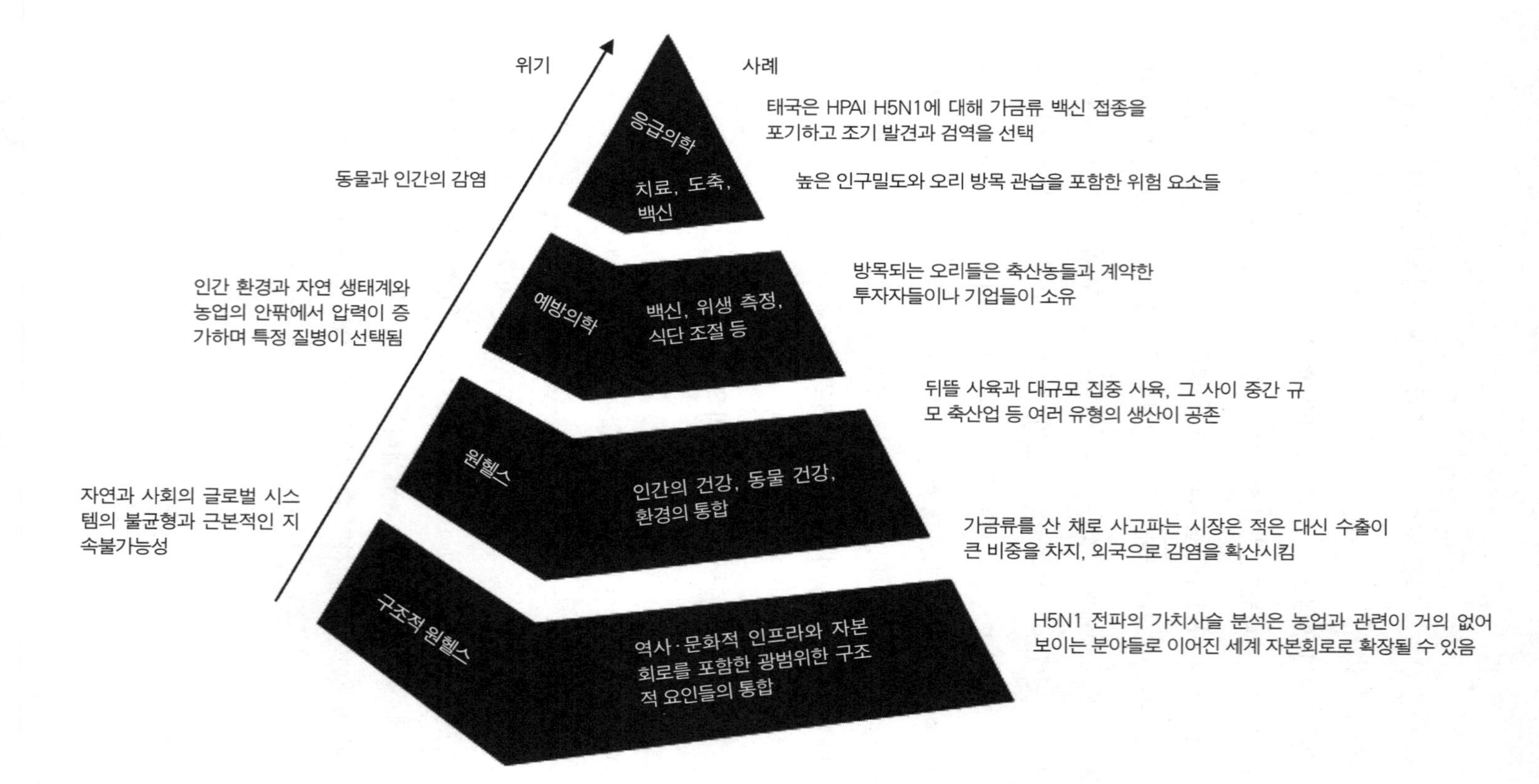

그림 1. 태국의 고병원성 조류인플루엔자 H5N1 사례로 본 질병에 대한 접근의 단계들. 특정 지역 주민들이 건강을 위협받을 사안에 대해서는 예방의학과 응급의학이 동원된다. 하지만 질병을 촉진하는 원인을 시간적·공간적으로 폭넓게 파악할수록, 즉 피라미

한계가 될 수도 있다.

그림 1은 태국의 조류인플루엔자 대응을 사례로 삼아 질병에 접근하는 관점을 도식화한 것이다. 피라미드의 밑바닥에 가까운 접근 방식일수록 질병 연구와 방역에서 고려할 것이 많아진다. 질병을 촉진하는 메커니즘이 질병이 발생한 시기나 지역과 일치하지 않을 수 있기 때문이다. 피라미드 맨 위의 접근법을 따를 때에는 병원균의 특성이나 개인의 식습관 같은 직접적인 질병 역학만 따지면 된다. 너무 단순화된 그림이기는 하지만, 질병에 대한 취약성이 어디서부터 시작되었는지를 개념화하는 출발점이 될 수는 있다.

지리적 접근을 '생활사'로 보완할 수도 있다. 실험실, 축사, 상품사슬에서 시장의 요구가 어떻게 질병의 역학을 형성하는지를 추적하는 것이다.[40] 전통적인 수학모델들도 이미 경제와 질병을 융합하기 시작했다.[41] 농업의 미시경제학은 전염병의 정치경제학으로 확장될 수 있다. 이런 식으로 연구 범위를 계속 넓혀 갈 수 있을 것이다. 그러기 위해서 필요한 세 가지 제안을 소개한다.

1. 어떤 위기인지 파악하라

그림 1에서 보이듯, 인간과 동물 등 다양한 농생물학의 행위자들이 관련된 위기의 원인은 월헬스가 초기에 제안했던 것보다 훨씬 넓은 범위에 걸쳐 있다. 철학자 이스트반 메사로슈는 구조 속에서 발생하는 주기적인 위기와, 구조 자체에 영향을 미치는 근본적 위기를 구분한다.[42] 후자에서는 구조의 한계 자체에서 위기가 터져 나오면서 제도적 모순들이 서로 충돌하기 시작한다. 세계은행 보고서가 제시한 일시적인 노력으로는 구조적 위기를 해소하지 못하며 오히려 위기를 심화시킬 수 있다. 제노와

지배적 패러다임 밑에 깔린 광범위한 경제구조를 인식해야 의료의 위기를 체계화할 수 있다.

2. 질문은 위기의 종류에 따라 달라진다

원헬스 과학자들은 역학모델에 사회적 결정들을 변수로 포함시킨다.[43] 어떤 데이터를 넣고 뺄지를 비롯해, 연구자의 선택은 결과에도 중요한 영향을 미친다. 사회적 연구를 할 때에 연구자들은 계속해서 연구의 전제들을 수정해 가며 탐색을 한다. 그러다 보면 구조적인 문제와 일회성 사건들이 뒤섞이고, 연구가 거꾸로 가기도 한다.

인류학자 라일 피언리Lyle Fearnley는 원헬스 실무자 그룹의 연구 과정을 추적했다.[44] 이 연구팀은 중국 포양호 주변에서 동물원성 인플루엔자가 어떻게 생겨났는지 연구하려 했지만, 그 핵심 전제였던 토착 가금류와 야생 물새의 구별은 무의미했다(그림 2 참조).

"농장을 방문한 FAO 생태학자 스콧 뉴먼Scott Newman에게 왕씨는 야생 거위 수백 마리와 청둥오리 떼를 보여 주면서 가금류 생산을 쉽게 늘릴 수 있고 해외로 수출할 수 있다고 말했다. 왕씨는 자신이 기르는 거위들이 '야생'이어서 특히 가치가 있다고 강조했다."

피언리가 밝혔듯이 포양 지역의 농부들은 야생과 사육의 구분을 뒤흔들면서, 전염병 위험을 부르는 요인들을 돈벌이 수단으로 바꿔 버린다. 위기의 종류에 따라 질문을 정했어야 함에도, 원헬스 연구팀은 인플루엔자 재조합이 어떻게 일어났는지 알아내는 데에만 몰두한 까닭에 질문을 정해 놓고 위기를 규정하는 실수를 저질렀다.

©마리우스 길버트

그림 2. 2007년 10월 중국 장시성 포양호에서 하루 동안 돌아다니며 먹이를 찾아먹은 뒤 농장으로 돌아오는 오리들.

3. 원인을 통합하라.

라이블러Leibler 등은 가치 사슬 가운데 특정 연결고리를 찾아내 질병 취약성을 설명함으로써, 산업용 축산의 생태건강을 강조하고 있다.[45] 예를 들어 가금류가 생산되는 어떤 지역은 다른 지역들보다 특히 인플루엔자 발생에 더 취약하다. 하지만 다른 원헬스 연구에서와 마찬가지로 라이블러 팀의 정교한 분석조차 잘못된 전제를 깔고 있다. 연구팀이 설명한 것처럼 새의 개체 발생과 상품 생산은 함께 이루어진다. 하지만 연구팀은 생물학과 경제를 통합적으로 다루면서도, 인과관계는 다루지 않은 채 둘을 병렬적으로만 묘사한다. 그러나 생물학과 경제는 인간과 가축과 병원균의 복잡한 거미줄 속에서 복합적으로 상호작용을 한다. 월러스는 조류독감이 애그리비즈니스의 생산 스케줄에 수렴되어 버렸다고 가정한다.[46]

애그리비즈니스 안에서 바이러스는 감수성 높은 개체들을 다음번 확산에 이용하기 위해 숙주들을 '사육'한다.

구조적 원헬스의 연구 방식

에코헬스의 지리학자 루크 버그만의 그룹은 생물학과 경제의 융합을 단일 상품망을 넘어 세계 경제의 구조로 확장시킨다. 그는 세계화가 질병의 출현과 지속에 어떻게 기여했는지를 조사해 왔다. 질병의 생태적 적소를 분석할 때 버그만의 연구팀은 토지 상태와 숙주종의 분포, 기후 같은 지역 생태 변수뿐 아니라 사회적 변수와 인간-생태의 상호작용도 고려한다. 더불어 인구밀도 같은 실용적 개념에 더해, 글로벌 상호연결성이 미치는 영향도 탐구한다. 현대 사회과학에서 널리 받아들여진 관점이지만 원헬스 안에서는 간과되어 온 것들이다.

버그만 등은 들판과 숲 같은 지역의 농업생태학 지형과 자연적, 문화적 과정이 얼마나 세계화되었는지를 측정해 수량화한다.[47)] 지형은 초국가적인 상품 사슬과 금융 등 자본의 회로에 의해 변하며, 동시에 지역적 특성으로부터도 영향을 받는다. 새로운 생산 지리학과 '공간적 조정을 통해 세계무역과 이어지면서 인간과 환경의 관계가 달라지고, 병원균의 진화와 확산에도 통계로 확인할 수 있는 변화가 나타난다. 버그만 등은 이런 가설을 세우고, 세계경제의 연결고리를 모형화하는 데 흔히 쓰이는 세계무역분석프로젝트Global Trade Analysis Project[21] 데이터를 재구성해[48)] 자본의 농업생태학적 발자국을 추정했다(그림 3 참조). 세계화된 농경지나 숲에서

---

21 1993년 만들어진 다국적 무역데이터베이스(https://www.gtap.agecon.purdue.edu).

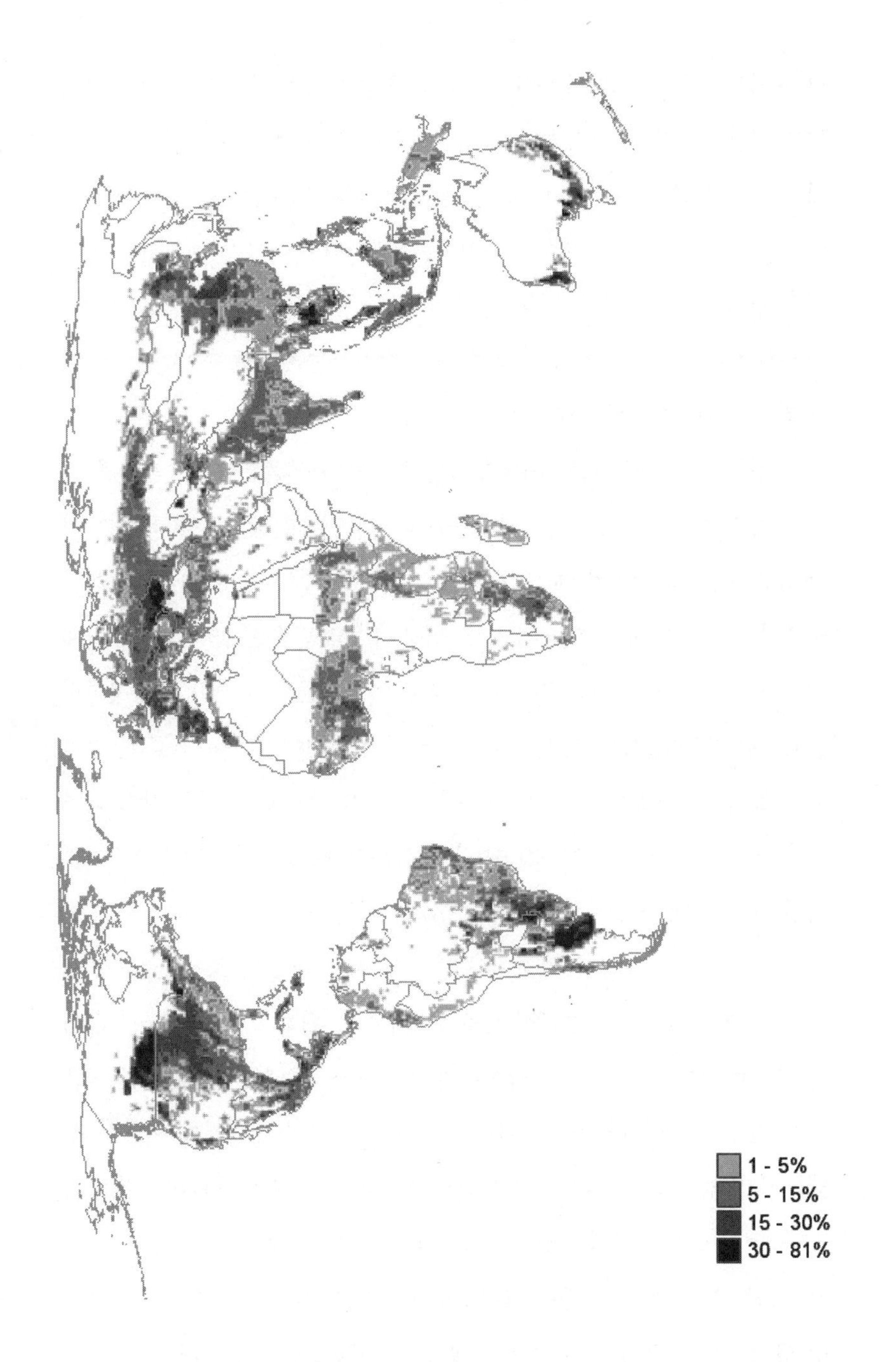

그림 3. 2004년 세계화된 경작지의 분포도. 외국에서 소비되는 농축산물을 생산하는 기업화된 농경지가 지역에서 차지하는 비중을 백분율로 표시한 것.(버그먼과 홈버그의 계산).

나온 생산품들은 다른 나라의 소비나 자본축적으로 이어지며, 지역 안에서도 생산과 교환의 지점들이 복잡하게 얽혀 있다. 버그만은 전통적인 농업 수출품 생산지형을 알아보는 것을 넘어, 해외자본을 위한 상품이나 서비스 생산을 지원하는 지점으로 연구를 확장한다. 나아가 과일이나 곡물처럼 직접 수출되는 농축산물, 정제·가공된 농축산물, 이 과정과 연결된 전자제품이나 차량 같은 공산품, 이를 뒷받침하는 항공운송이나 보험·교육 같은 서비스를 분류한다.

자본의 지구적 회로가 어떻게 긴급한 질병과 직접적으로 연결될까? 세계 토지 이용 지도보다는 세계식량계획의 긴급예방시스템(EMPRES)이나 동물질병정보시스템(EMPRES-i)을 들여다보는 게 낫지 않을까? 그러나 구조적 원헬스는, 토지 이용과 특정 질병 사이의 단순한 공간적 상관관계 이상을 추구한다. 이러한 접근법을 통해 연구자들은 질병이 수출지향적 농업이나 제조업 혹은 서비스업과 어떻게 연결되어 있는지에 대한 감각을 키울 수 있어야 한다. 질병들이 점점 더 시너지적인 특성을 갖게 되면서, 지역을 넘어선 비선형적인 접근 방식은 원헬스 안에서 점점 더 기본적인 것이 되어 가고 있다.

월러스 등은 2013년 상하이 주변에서 처음 발견된 조류인플루엔자 A(H7N9)가 출현한 사회공간적 경로를 확인하기 위해 1980년대로 거슬러 올라가, 아시아 H7과 N9 분리주들의 계보에 버그만의 자본 회로를 적용하는 연구를 준비하고 있다. 이런 연구에서는 어떤 데이터를 이용할 수 있는지가 중요하며, 특히 각 바이러스 변종과 수출의 상관관계를 지수화할 수 있어야 한다. 어떤 병원균은 지역의 농업관행 때문에 나타날 수 있고, 어떤 병원균은 농업과 직접적으로 관련된 어떤 조합에 의해서, 또 어떤 병원균은 멀리 떨어진 제조된 상품과 서비스로 인해 세계로 퍼져 나갈 수 있다. 통계적으로 검증하고 수치로 측정할 수 있어야 지금까지 서술해 온 '애그리비즈니스의 질병'이라 말할 수 있을 것이다. 그러려면 질병의 경제적 특성을 설명할 새롭고 이해하기 쉬우면서도 엄밀한 수단을 제시해야 한다.

원헬스는 그동안 학자들이 회피해 온 질문들을 과학적으로 조사할 길을 열었다. 그러나 접근 방식이 단편적이고 추상적이어서, 구조적인 원인을 가리는 덮개에서 탈피하지 못했다. 구조적 원헬스는 단편적인 상황들, 근본적이고 역사적인 맥락, 과학적 관행 자체를 포함해 원인과 결과의 모든 원천을 테이블 위에 올려놓는다.

4

—

질병의 수도

노예제에 관한 한, 남부의 우리들은 헌법 아래에서 최후까지 우리의 권리를 옹호할 것이며 필요하다면 우리는 칼에 호소할 것이다. 나는 마지막 한 사람이 될 때까지 한 치도 양보하지 않을 것이다.

—재커리 테일러(1847)

남북전쟁 이전에 대통령 3명이 노예가 지은 백악관에서 물을 마시다가 사망했다.[49] 수십 년 동안 쓰레기장에서 7블럭 정도 떨어진 곳에서 물을 길어다 백악관으로 가져갔으니, 대통령들이 잇달아 죽은 것도 어찌 보면 당연하다.

제임스 포크James Polk 대통령과 재커리 테일러Zachary Taylor 대통령은 재임 기간 동안 노예들을 부렸고 심한 위장병을 앓았다. 테일러는 재임 중에, 포크는 임기가 끝나고 석 달 만에 세상을 떴다.[50]

제인 맥휴Jane McHugh와 필립 맥코위크Philip Mackowiak에 따르면 윌리엄 헨리 해리슨William Henry Harrison 대통령은 주치의가 관장제를 잘못 처방하는 바람에 발진티푸스와 파라티푸스로 인해 생긴 장 궤양이 파열됐고, 패혈성 쇼크로 고통스러운 죽음을 맞았다.[51] 영광스런 이 농장에서 노예들에게 부과된 의무가 주인을 앙동이 물로 죽이는 일이었던 셈이다.

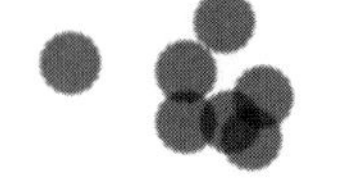

7부

20세기 작가들과 사상가들이 말한 현대성에 대해 잘 들어보고 1세기 전의 그것과 비교해 본다면, 시각이 급격히 평평해지고 상상력의 범위가 줄어들었다는 것을 알게 된다. 19세기 사상가들은 현대적 삶의 열성적 지지자이자 동시에 적이었으며 그것의 모호함 그리고 모순과 끊임없이 싸웠다. 자아모순과 내적 갈등은 그들의 창조력의 원천이었다. 20세기 후계자들은 엄격한 양극성과 평평한 전체주의로 훨씬 기울었다. 현대성은 맹목적이고 무비판적인 열정으로 포용되거나, 신올림피아주의적 외설성과 경멸에 의해 비난받는다. 어떤 경우이든 그것은 현대인에 의해 형상화되거나 변화될 수 없는 폐쇄된 것으로 여겨진다.

– 마샬 버먼(1982)

우리는 몽상가이지만 쉽게 감동받지는 않는다. 이것은 매력적인 조합이다. 그것은 자체적인 회계 시스템에 따르며 열들은 결코 정렬되지 않는다.

– 메건 허스태드(2014)

1

—

숲과 에볼라•

서아프리카에서 발병한 자이르 에볼라Zaire ebolavirus의 변종인 에볼라 마코나Ebola Makona 바이러스의 백신이 개발되었다는 예비 결과가 나왔다.[2] 기니 일대에서 약 8,000명에게 무작위 군집 실험을 해 보니 백신을 맞고 나서 감염자와 접촉한 사람들 중 감염된 사람은 없었다. 다만 26일 뒤에는 16명의 감염자가 발견됐다.

진짜 좋은 소식이었다. 비록 이어진 임상 실험에서는 백신의 효과가 덜했지만. 시장의 실패나 백신 거부운동 같은 것만 없다면, 백신은 공중보건의 가장 기본적인 개입 수단이다. 그런데 인수합병이 이어지면서, 인플루엔자 이외의 질병 백신을 생산하는 제약회사는 글락소스미스클라인

• 이 글은 리처드 코크Richard Kock, 루크 버그만Luke Bergmann, 마리우스 길버트Marius Gilbert, 레니 호거베르프Lenny Hogerwerf, 클라우디아 피티글리오Claudia Pittiglio, 라파엘레 마티올리Raffaele Mattioli, 그리고 로드릭 월리스Rodrick Wallace가 함께 《국제보건서비스저널International Journal of Health Services》에 쓴 것[1]이다.

GlaxoSmithKline, 사노피 파스퇴르Sanofi Pasteur, 머크Merck, 화이자Pfizer 4개만 남았다. 이들은 주로 개발된 나라들의 시장을 겨냥한다. 경쟁이 거의 없다 보니 대부분의 백신은 너무 비싸서, 빈국에서는 이용하기 힘들다. 이번 서아프리카의 에볼라 백신 실험은 WHO와 웰컴트러스트Wellcome Trust, 국경없는의사회Médecins Sans Frontières, 그리고 노르웨이와 캐나다 정부의 지원을 받았다.

하지만 백신 실험의 성공에 가려지기 쉬운 것이 있다. 백신은 분자 단위에서 작동한다. 물론 바이러스와 면역은 분자 수준에서 상호작용한다. 그러나 백신의 성공에만 집중하게 되면, 그걸로도 전염병을 막는 데에는 충분하다는 생각을 갖게 된다. 일례로 과학전문지 《네이처》는 이런 논평을 실었다.

"더 많은 이들에게 백신을 공급하면 효과를 더 잘 확인할 데이터를 얻을 수 있겠지만, 감염자와 접촉한 가족과 친구나 의료봉사자에게만 투여해도 에볼라의 발병을 막을 수 있다. 1970년대 천연두를 끝낸 전략이 그런 것이었다. 이번 실험의 타이틀인 '에볼라! 이제 그만해!Ebola, ça suffit!'가 보여 주듯, 이제 서아프리카의 에볼라 팬데믹을 끝낼 때다."[3)]

질병이 이런 영웅적 호소를 따라준다면 얼마나 좋을까. HIV, 말라리아, 결핵 같은 많은 난치성 병원균에는 분자 수준의 치료제가 효과를 거두는 게 사실이다. 그러나 바이러스와 박테리아가 농업, 교통, 제약, 공중보건, 과학, 정치 등 인간의 다면적 인프라 속에서 진화한다면 우리의 인식의 한계가 곧 방역의 장애물이 될 수 있다.

생물학 모델과 그 뒤의 경제 논리는 수학적 형식주의와 밀접하게 얽혀 있다. 하지만 사회생태학적으로 더 복잡한 병원균들은 연구개발로는 대응할 수 없는 방식으로 진화한다. 그들은 진화의 경로를 스스로 정하고, 다른 병원균들과 협력하면서 인간의 대응에 맞설 방법을 찾는다. 이런 병원균들의 진화는 시장의 기대나 과학 가설을 따르지 않는다.

신자유주의 에볼라

에볼라는 의학적 현상과 치료 방법론이 맞아떨어지지 않는 전형적인 예다. 치사율이나 잠복기나 감염과 감염 사이의 시간 간격 등으로 볼 때, 마코나 변종은 별로 특이할 게 없다. 바이러스는 몇 년째 그 지역에 퍼지고 있었고, 쇼프Schoepp 등은 시에라리온의 에볼라 환자들에게서 자이르 변종을 비롯해 여러 변종들의 항체를 발견했다.[4)] 계통발생학적 분석을 해 보면 이미 10년 넘게 서아프리카에서 변종들이 순환해 왔음을 알 수 있다. 마코나는 주로 항원소폭변이[1]를 통해 진화했지만, 아프리카 전역에 퍼진 에볼라 균주들과 뉴클레오티드를 교환하는 쪽으로 나아갔다.

그 결과 2만 8,000명이 감염되고 1만 1,000명이 숨졌다. 라이베리아 수도 몬로비아Monrovia와 기니 수도 코나크리Conakry 거리에 시체가 쌓일 정도였다.[5)] 이 사태에서 과학자들의 연구와 설명이 필요한 것이 적지 않다. 현재 전염률이 1 미만, 즉 감염자 1명이 전염시킬 수 있는 사람이 1명이 채 못 되는데도 발병이 이어지고 있다. 감염에서 살아남은 이들 중에는 눈병, 청력 손실, 관절통, 거식증, 수면장애, 외상후스트레스장애 같은 장기 후유증을 겪는 사람이 많다. 바이러스가 성행위를 통해 전파된 사례도 있었다.[6)]

서아프리카는 지난 10년 동안 구조조정을 겪어 왔고 공중 보건 예산

1 Antigenic drift. 돌연변이가 생기며 새로운 항원과 변종이 생기는 현상.

은 줄었으며, 이것이 에볼라 확산에 영향을 미쳤다. 근본적으로 바뀐 것은 에볼라가 아니라 서아프리카였다.

대니얼 바우쉬Daniel Bausch와 라라 슈왈츠Lara Schwarz는 이 지역 삼림지대가 정치적 영향력도 없고 사회적 투자도 받지 못한 여러 민족/종족 집단들의 모자이크로 이루어져 있다고 했다.7) 이웃나라에서 내전을 피해 온 난민들이 몰려들면서 삼림 경제와 생태계의 긴장은 더 높아졌다.[2] 그와 동시에, 민간자본이 광산·삼림개발이나 집중 농업을 위해 토착민들을 내쫓는 작업이 병행됐다.

에볼라의 진원지는 기니의 넓은 사바나[3] 지대에 있다. 세계은행이 "세계에서 가장 큰 미개발 농업용지가 있는 곳"이라 묘사했던 곳이다.

새로 출범한 기니 민주정부[4] 아래에서 미국 네바다에 본사를 두고 영국이 투자한 팜랜드기니Farm Land of Guinea는 다볼라 지역의 마을 2곳에 9,000헥타르, 쿠루사에 9만 8,000헥타르의 땅을 99년 기한으로 임대했다.8) 에볼라가 퍼진 지역들이다. 기니 농림부는 150만 헥타르를 조사하고 지도를 만드는 임무도 팜랜드에 맡겼다.

이런 개발이 에볼라 확산과 직접 연관되어 있지 않다 하더라도, 마코나 변종의 출현을 설명해 주는 농업생태학적 지표가 될 수 있다. 에볼라 역학과 숙주들의 생태학을 연결 짓기 위해 우리는 논문에서 팜오일을 분석했다. 각기 다른 야자나무가 자라난 자연적이고 반야생적인 기니의 숲

---

2 대서양에 면한 기니, 시에라리온, 라이베리아는 차례로 이어져 있다. 1990년대 후반부터 2000년대 초반까지 시에라리온과 라이베리아에 내전이 일어나면서 난민들이 이 지역 곳곳에 흩어졌다.

3 Savanna. 아프리카의 건조한 초원지대.

4 기니의 란사나 콩테Lansana Conté 대통령이 1984년 이래로 장기집권을 하다가 2008년 사망했다. 그 후 군부 쿠데타와 혼란을 거쳐 2010년 역사적 대선이 실시되었으며, 야당 지도자 출신 알파 콩데Alpha Condé 대통령이 이끄는 새 정부가 출범했다.

은 레드팜 오일[5]의 공급원이었다. 숲지대 주민들은 수백 년 동안 이런저런 형태로 야자를 키워 왔다. 그러나 토양이 회복할 수 있는 휴경 기간은 1930년대의 20년에서 1970년대에 10년으로 줄었으며 2000년대가 되자 더 줄어들었다. 그 결과 숲의 밀도가 높아졌고, 반야생적이던 생산이 집중적인 교배종 생산으로 대체됐다. 레드팜 오일은 공업용 오일이나 커넬 오일[6]과 섞이거나 대체됐다.

주민들은 숲에서 그늘농업으로 커피, 카카오, 콜라나무도 키운다. 화전 방식으로 첫해에는 쌀, 옥수수, 히비스커스, 알줄기 등을 재배하고 2년차에 땅콩, 카사바를 기른 뒤 휴경하는 방식이다.[9)] 저지대의 하천 범람 덕에 쌀농사가 가능하다. 분류하자면 이 지역에는 여전히 농업과 임업이 섞여 있으나 자본 투입이 없이도 농임업의 집중도가 높아지고 있었다.

그나마 남아 있던 혼합생산에 또 다른 변형이 가해졌다. 기니오일팜&러버The Guinean Oil Palm and Rubber Company·SOGUIPAH는 1987년 반공기업 형태로 시작되었으나 점차 국영기업화했다.[10)] 이 회사는 상품 수출을 위해 2006년부터 교배종 야자수 집중 생산농장을 늘려 왔다. 농지를 강제 수용해 지금까지도 거센 저항이 이어지고 있다. 에볼라가 퍼졌을 때 지역 주민들을 교육하고 살균용 염소를 나누어 주려던 이 회사 의료팀은 돌팔매를 맞았고, 라이베리아 국경 부근 요무 지역에선 잠시 인질로 붙잡히기도 했다.[11)] 신뢰가 무너지는 것은 그 자체로 역학적 변수가 된다.

국제 원조도 산림 산업화를 가속화했다. SOGUIPAH는 유럽투자은행European Investment Bank의 돈을 지원받아 팜유 생산공장을 지었다.[12)] 2010년 말까지 지역 주민들 대부분이 이 공장에 고용됐다. 성수기에는 수확량이

---

5 Red palm oil. 팜 열매의 붉은 과육에서 짜내는 기름.

6 Palm kernel oil. 팜 열매의 씨앗을 압착해 짜낸 기름.

공장의 능력을 초과했고, 비수기에는 수확량이 떨어져 공장을 완전 가동할 수 없었다. 일감이 없어진 농업노동자 2,000명과 회사 사이에 갈등이 빚어졌다. 농업노동자들은 돈줄이 끊겼다며 항의하다가 체포될 위험에 처했다. 이는 땅뺏기에서 전형적으로 나타나는 현상이다. 야자열매를 따려면 이제는 농장주의 허가를 받아야 하며, 숲의 공유지 전통은 사라졌다.

기케두는 새로운 농업지형 속에서 에볼라가 발병한 그라운드 제로였다.[13] 울창한 초목으로 둘러싸여 있거나 야자나무 밭 사이에 군데군데 자리 잡은 마을들, 그리고 개방된 숲과 갓 재생된 어린 숲들이 모자이크를 이루는 곳이다. 멜리안두같이 더 작은 마을에서도 비슷한 패턴이 발견됐다.

이런 에볼라 발병 진원지들의 특징은 인간과 과일을 주로 먹는 박쥐와의 접촉점이 늘어난 것이다.[14] 망치머리박쥐, 작은목도리과일박쥐, 프란켓견장과일박쥐 등은 에볼라 바이러스의 저장소들이다. 샤피Shafie 등은 다양한 과일박쥐가 서식지 교란 탓에 야자농장으로 유입되고 있다고 기록했다.[15] 농장의 넓게 난 길을 통해 박쥐는 쉼터와 사냥터를 오가기 쉬워졌다.

사냥과 도축도 감염을 확산시킬 수 있지만, 농업 경작 자체만 해도 충분한 확산 메커니즘이 된다. 앤티Anti 등은 가나에서 조사한 감염자의 3분의 1이 개미에게 물렸거나 박쥐 오줌에 노출되었다고 밝혔다.[16] 플로라이트Plowright 등은 박쥐 둥지의 구조가 물방울이나 공기 중의 미립자인 에어로졸에 의한 바이러스의 확산에 도움이 된다며, 지속적인 노출이 "전염 가능성을 높일 수 있다"고 경고했다.[17] 방글라데시의 대추야자 농장에서는 과일박쥐 배설물이 인간에게 니파바이러스를 퍼뜨렸다.[18] 사냥에 의한 전파도 농업과 관련이 있을 수 있다. 르로이Leroy 등은 콩고의 룰루아

강을 따라 오랫동안 박쥐들이 살고 있었는데, 대규모 야자농장들이 버려지면서 박쥐 사냥이 늘었다고 밝혔다. 그 뒤 에볼라가 발병했다.[19)]

사에즈Saéz 등은 기니의 멜리안두 마을 외곽에서 생긴 에볼라 최초 발병은 동네의 나무에서 앙골라자유꼬리박쥐와 놀던 아이들이 감염된 것이었다고 발표했다.[20)] 이 식충 박쥐들은 에볼라 바이러스의 매개체로 기록된 것들이다. 하지만 바이러스가 어느 동물에 저장되어 있었든, 농업경제학의 변화는 여전히 중요한 배경이다. 이전의 연구들을 보면 서아프리카에서 사탕수수, 목화, 마카다미아 같은 환금작물 재배가 늘면서 자유꼬리박쥐들이 유입되었다는 것을 알 수 있다.

실제 지금까지 발생한 거의 모든 에볼라는 벌목, 광산, 농업 등과 연관되어 있다. 1976년 에볼라가 처음 발생한 수단의 은자라에는 영국계 면화공장이 있었다. 1972년 내전이 끝나자 사람들이 다시 몰려들었고, 목화 재배지가 늘면서 박쥐들이 살던 열대 우림이 파괴됐다.[21)] 노동자들이 감염된 바로 그 공장이 박쥐 수백 마리의 서식처였다.

숲의 앞쪽 가운데

병원체와 발병을 맥락과 분리하는 것은 거짓된 이분법이다. 현실은 훨씬 더 복잡하며, 원인들은 서로 깊이 연관되어 있다. 이것이 저것의 조건이 된다. 에볼라를 비롯한 병원균이 출현하는 곳은 숲이지만 '배경'으로 보이던 것이 사실은 발병을 설명해 주는 중심일 수 있다.

우리는 병원균의 기하급수적 증가를 보여 줄 간단한 모델을 개발했다.[22)] 이 모델에는 숲의 복잡한 생태계에서 일어나는 '생태학적 노이즈noise(소음)', 즉 여러 종들의 상호작용이 포함된다. 소음이 충분할 때, 즉 종간 상호작용이 활발할 때에는 병원균의 폭발적 급증이 일어나지 않는다. 하지만 소음이 줄어들면 병원균이 임계치를 넘어 폭증한다. 숲은 스스로 역학적 자기보호를 하는데 우리가 그 능력을 파괴함으로써 치명적인 팬데믹 위험을 자초하고 있음을 암시한다.

방역 노력도 비슷한 영향을 받는다. 백신이나 위생 관행에 의한 공중보건적 개입의 대부분은 감염의 앨리Allee 한계치[7] 이하로 발병률을 낮추는 것을 목표로 한다.[23)] 이런 상황에서는 죽은 개체를 대체할 충분한 개체군이 재생산될 수 없다. 그런데 숲이 파괴되면서, 병원균의 재생산을 가능하게 하는 임계치 자체가 낮아졌을 수 있다. 병원균이 다른 종들에게 흘러갔다는 것은 감염력이 커졌다는 뜻이다. 전염병 곡선의 또 다른 끝에서는 다시 확산될 잠재력을 가진 채 병원균들이 계속 순환하고 있다.

삼림 황폐화와 집중 농업은 바이러스의 확산을 막아 주던 농임업 혼재 경작지를 없앴다. 요약하면 신자유주의적 개발과 구조조정은 에볼라 비상사태의 단순한 배경이 아니며 바이러스 자체만큼이나 중요한 변수다. 정부 정책에 힘입어 소유권과 생산 방식이 바뀌고, 토지 이용이 달라진 것은 에볼라의 지역적 특색을 설명해 준다.

우리는 경제와 수의역학 사이의 관계를 더 잘 보여 주기 위해, 생태적 소음과 산업용 축산과 재래식 농업에서 각각 감염병 발생이 일어났을 때의 비용을 모델링했다. 재정비용은 두 가지 생산 방식에서 전염병을 통제하는 데에 필요한 자원의 비용을 말한다.

우리 모델은 비용이 환경 소음을 약화시키는 비례 상수에 의존한다는 것을 보여 준다. 농업과 임업이 혼합된 지역에서는 상수가 0에 가깝기 때

---

7 Allee threshold. 동물생태학자 워더 앨리Warder Allee가 고안한 개념. 앨리 효과는 개체군의 크기가 일정 수준 이하가 되면 성장률과 번식률이 떨어지는 것을 의미한다.

문에 전염병을 막는 데에 드는 비용은 정부 정책에 따라 달라진다. 산업적 생산에서는 상수가 0을 초과하기 때문에 비용이 선형적으로 증가한다. 즉 직접 비용과 기회비용을 포함해 발병에 따르는 전반적인 재정비용은 농업경제 정책이 환경에 미치는 영향에 의해 결정된다. 농업의 상품화에 따른 비용은 이제 너무 높아졌다. 바트슈Bartsch 등은 2014년 12월 중순까지 기니, 라이베리아, 시에라리온에서 발생한 에볼라의 직접적 사회비용을 8,200만~3억 5,600만 달러로 추정했다.[24)]

다양한 가설을 검증하기 위해 우리는 원격 감지, 인구 통계 자료, 무역 자료를 합쳐 기니 사바나 지역의 또 다른 발병 위험을 예측했다. 숙주 저장소, 보건 인프라, 인구밀도, 이동성, 토지 이용 변화, 경작지와 목초지와 숲에서 세계화된 자본의 축적과 소비가 이루어지는 양상 등 사회생태학적 요인이 시간이 지나면서 어떻게 달라지는지를 계속 추적하면 에볼라 발병의 위험을 예상해 볼 수도 있을 것이다. 위험 지역들은 제각기 고유한 농업생태학적 궤적을 거쳐 왔다.

그러나 이런 연구는 시급한 필요에도 불구하고 자금 지원을 받기 힘들다. 병원균 생물학에 치중한 공중 보건은 방역의 촉진제인 동시에 브레이크가 되기도 한다. 에볼라를 백신으로 예방한다 해도 에볼라의 순환을 막을 사회구조를 구축할 수는 없다. 후자를 무시하면 백신도 결국엔 실패할 가능성이 높아진다.

2

저당잡힌 농부들

거대 정육업계 실태를 폭로한 크리스토퍼 레너드Christopher Leonard는 이제 인플루엔자 역학의 은밀한 중심부인 양계 산업에 뛰어들었다.[25)]

애그리비즈니스가 수직적으로 통합되었다는 건 상식이다. 미국의 가금류와 돼지 생산은 모두 빅5에게로 수렴된다. 카길, 스미스필드, JBS스위프트, 필그림스프라이드Pilgrim's Pride 그리고 타이슨은 수정기계를 거쳐 냉동기에 이르기까지 새들과 돼지들을 키운다. 다만 이것이 완벽하게 정확한 설명은 아니다. 레너드는 "타이슨은 다른 업체들과는 달리 한 가지는 소유하지 않았다. 대부분의 영역이 통합된 업체 밑으로 편입되었지만 정작 가금류가 생의 대부분을 보내는 농장들은 추방당했다"고 했다.[26)]

지역 농민들은 현대의 소작농이 되어 기업과 새를 살찌우는 계약을 맺는다. "1960년대 타이슨은 양계업이 저물어 가는 업종임을 알아챘다. 경영진의 검토 결과 수익은 적고 위험했다."

가금류를 도축하고 가공하는 최첨단 기계는 수천 시간의 노동을 절약해 주지만 실제 토지에서 새를 기르는 일은 부가가치가 한정되어 있다. 레너드는 타이슨의 변호사로 일했던 짐 블레어Jim Blair를 인용해 이렇게 전한다.

"가로 400피트, 세로 40피트짜리 닭장에서 닭을 키울 수는 없다. 닭이 너무 많으면 질병이 생기고 효율성이 떨어진다. 닭장에서 생산 증가곡선을 계속 유지할 수 없다."

기업들도 이제는 수천 마리 동물들을 쥐어짜내는 것이 파괴적인 발병을 부른다는 걸 암묵적으로 인정하고 있다. 레너드는 타이슨의 현장 기술자 출신 타미 브라운Tommy Brown을 인터뷰한 뒤 이렇게 적었다.

"닭들은 실내에 쌓인 눈처럼 예민했다. 선풍기 날개가 부러지거나 사료 라인이 고장 나거나 물탱크가 오염되는 것 같은 작은 결함만으로 새들은 녹아내리는 얼음처럼 죽을 수 있었다. 무엇보다 닭을 기르는 데에는 조심성이 필요했다. 이것이 브라운이 농부들에게 가르친 것이다. 농장에서 사육자가 다치고 새들끼리 서로 쪼아 죽이는 것을 보고 내놓은 해결책이었다."

제보자들이 전하는 이런 실태는 구조적인 문제다. 이런 식으로 동물을 기르는 것은 지속 불가능하다. 그래서 기업들은 사육을 통합된 작업 안으로 넣지 않고 아웃소싱 한다. 관료적인 기업들은 계약 농부들에게 모든 위험을 떠넘기면서, 권한은 주지 않는다.

"타이슨은 농장 소유권을 넘긴 뒤에도 통제권은 계속 가졌다. 그 회사는 항상 닭들을 소유한다. 농장에 배달된 뒤에도 닭은 회사의 것이다. 농부는 가장 중요한 자산을 가질 수가 없는 것이다. 새들이 먹는 사료도 타이슨 것이다. 사료는 회사의 조리법에 따라 타이슨 공장에서 혼합된 뒤, 타이슨이 지시한 날에 타이슨의 트럭에 실려 농장에 배송된다. 타이슨은 새들의 질병을 막고 무게를 늘리기 위해 어떤 약을 주입할지도 정해 준다."

이걸로도 충분하지 않다는 듯 타이슨은 농부들의 경쟁을 부추긴다.

"타이슨은 가금류 값을 쳐 줄 때 자신들이 공급한 사료의 값을 제하고 준다. 그런데 농부들이 받는 돈은 균일하지 않다. 이 돈은 순위제에 따라 지급되는데, 농민들은 이를 '토너먼트'라고 부른다. 타이슨은 농부들이 닭들을 얼마나 잘 살찌웠는지 다른 농부들과 비교한다."

브라운이 말한 성실함과 조심성으로는 결코 충분하지 않았다.

"농부들이 무엇을 했든지, 몇 시간을 일했든지, 어떤 장비를 새로 샀든지, 어떤 혁신을 시도했든지, 벌어들이는 돈에는 영향을 미치지 않았다. 수익성은 병아리들을 닭장에 넣기 전에 이미 결정되기 때문이다. 수입은 새끼들이 얼마나 건강한지에 달려 있었다. 타이슨이 좋은 사료를 주었는지 아니면 사료분쇄기 바닥에서 긁어낸 찌꺼기들을 주었는지에 달려 있었다. 엄마닭의 나이도 중요했다. 늙은 암탉들이 낳은 병아리는 약했고, 젊고 건강한 암탉들이 낳은 병아리는 생기가 넘쳤다."

병아리와 사료의 품질, 그리고 순위제는 농부를 통제하는 수단이었다. 앤드류 제너Andrew Jenner는 "농부들은 회사를 화나게 했다가 돈을 못 받을까 늘 걱정했다"고 적었다. 더 심각한 것은 계약 해지였다.

"타이슨은 보통 계약을 종료하기 90일 전에 농부에게 통보한다. 빚을 내 농장을 운영하던 농부들에게 계약 해지는 치명적이다. 그래서 자신들의 어려움에 대해 기꺼이 공개적으로 말하려는 농부들은 매우 드물다."[27]

레너드가 인터뷰한 타이슨의 한 직원에 따르면, 몇몇 농부들에게는 가장 우수한 병아리를 내주면서 다른 농부들에게는 나이 든 암탉이 낳은 약한 병아리들만 보냈다고 한다. "불평하는 사람들", 특히 동료 양계업자들을 조직해 보려던 사람들이 상태가 나쁜 병아리를 받았던 것이다.

"어떤 농부들은 시스템이 원활하게 운영되도록 협조했지만 어떤 이들은 불평을 하거나, 사무실로 전화를 하거나, 더 많은 돈을 요구했다. 불평하는 사람들을 표시해 둔다는 것을 사무실에서는 누구나 알고 있었다. 게시판에 적힌 명단처럼 분명했다."

가격, 사료, 그리고 병아리만으로 농장을 운영할 수 있는 게 아니다. 재정적 위험, 특히 은행 빚도 농부들을 옭아맨다. 레너드는 "농부들은 운영 자금을 조달하려고 은행에서 대출을 받는다"고 설명한다.

"지방 은행들은 농부들이 빚을 내도록 하는 데에 능숙했다. 은행들은 농부들이 닭의 생애주기에 딱 맞춰서 대출금을 갚을 수 있도록 빚을 쪼개는 법을 고안했다. 타이슨으로부터 급여가 도착하면 농부들은 6주 정도마다 은행에 돈을 갚는다. 타이슨이 농부의 급여에서 대출액만큼을 은행에 곧바로 보내는 경우도 많았다. 가축을 키우면서, 농부는 빚과의 전쟁도 치른다. 닭들이 수도요금에 은행 원리금까지 갚을 수 있는 무게가 되어 주길 바라면서 말이다."

농가의 빚은 수십 년에 걸쳐 갚아야 하는데, 회사가 마음만 바꾸면 사육 계약은 몇 주 만에 시행된다. 애그리비즈니스는 이런 식으로 농부들을 빚과 질병의 희생양으로 만든다. 소농들이 짊어진 손해는 재정적 파멸을 넘어선다. 인도 농부들처럼 미국 농부들도 좌절감에 자살하는 이들이 급속히 늘고 있다.[28] "[1980년대] 경제적 책임을 짊어진 것은 농장에 목숨을 바친 사람들이었다. 남성 농부의 자살률은 농부가 아닌 남성보다 4배나 높았다"고 《뉴스위크》는 보도했다.[29]

3

—

홍역 걸린 미키마우스

우리 모두가 하나만은 잊지 않기를 바란다. 그것은 모두 생쥐 한 마리에서 시작되었다는 것을.

-월트 디즈니(1954)

캘리포니아주 애너하임의 디즈니랜드에서 시작된 전염성 강한 홍역이 미국 8개 주와 멕시코로 번졌다.[30)] 감염자가 생긴 애리조나주는 현재 디즈니랜드 방문객들과 접촉자들 1,000명을 모니터하고 있다.[31)] 백신거부 운동[8]이 홍역의 발생과 확산에 영향을 미쳤는지에 관심이 집중된 것은 당연하다. 2014년 미국의 홍역 발생은 10년 전(644건)의 3배에 달했다.[32)] 하지만 홍역 확산과 관련된 스캔들은 그것만이 아니다.

2009년 신종플루가 유행할 때 디즈니는 연간 방문객이 1,500만 명에 이르는 테마파크와 리조트가 잠재적 증폭기라는 지적을 무시했다. 그해 말, 돼지독감 H1N1이 여전히 유행하던 시기에 나는 한 동료와 함께 유

8 2000년대 들어 미국과 유럽에서 백신의 위험성에 대한 잘못된 정보를 믿거나 개인적인 신념으로 백신을 거부하는 이들이 늘면서, 홍역 환자가 급증했다.

나이트히어[9] 디즈니랜드 지부를 위해 인플루엔자의 직업 역학에 대한 보고서를 만들었다.[33)] 우리는 매년 세계에서 수백만 명이 방문하고 일주일씩 머물기도 하는 디즈니의 테마파크들은 인플루엔자 병원균이 유입되기 쉬운 곳임을 지적했다. 질병의 지리학 관점에서 보자면 디즈니의 리조트는 바이러스 확산을 증폭시킬 잠재력이 있고, 감염된 사람들이 한데 모이게 만드는 깔때기 효과를 낼 수 있다고 썼다.

명백한 선례가 있었다. 마리아 콜리우Maria Koliou와 동료들은 유럽의 섬나라 키프로스에서 맨 먼저 H1N1에 감염된 사람들은 관광지의 리조트를 방문한 젊은이들이었다고 밝혔다. 미국에서도 멕시코에서 봄방학을 보내고 온 젊은이들 사이에 감염이 퍼졌다.

디즈니랜드를 포함해 디즈니가 운영하는 테마파크와 호텔들이 신종플루를 미국에 퍼뜨리는 허브가 되었다는 증거는 언론을 통해서도 나왔다. 그해 5월 중순 호주 멜버른에 살던 세 남매가 가족과 함께 미국 디즈니랜드를 방문하고 귀국하는 길에 양성 판정을 받았다. 호주 보건당국은 감염된 아이들의 급우들에게 항바이러스제를 투여하고 격리했다. 7월 중순에는 디즈니의 팝센츄리호텔에 머물렀던 미시시피주 출신 관광객들이 의심 증상으로 플로리다의 병원에서 치료를 받았다.

테마파크에서는 고객이든 직원이든 한 사람이 감염되면 여러 사람에게 바이러스를 전파할 수 있다. 손님들은 디즈니랜드를 방문하기 위해 장거리 여행을 시작한 시점에는 자신이 감염된 걸 모를 수 있다. 게다가 이미 값비싼 휴가 비용을 지불한 터다. 현장의 직원들은 감염된 손님들에게 노출되는 위험을 안을 수밖에 없다. 게다가 호텔 노동자들은 자신들이 위

---

9 UNITE HERE. 미국과 캐나다의 호텔·식당·리조트·카지노 등에서 일하는 숙박·서비스업 종사자들의 노동조합. 2004년 창립되었고 회원 수가 30만 명이 넘는다.

험에 노출되는 것과 동시에 공중 보건 인력으로서의 역할도 해야 한다. 보건당국이 중증 투숙객이 있는 호텔을 격리할 경우에 대비한 미국호텔숙박업협회의 시나리오가 있는데, 이때 호텔 노동자들은 투숙객과 동료들을 위한 격리병동을 준비해 운영해야 한다. 병원 의료진 못지않게 높은 위험에 노출될 수 있는 것이다.

인플루엔자만이 문제가 아니다. 그래서 우리는 팬데믹에 대비해 공공과 민간, 서비스업 노동자와 경영진의 방역 태세를 더 잘 조직할 수 있도록 돕는 권고사항을 보고서에 집어넣었다. 직원들과 고용주의 협업으로 팬데믹 대응 계획을 만들고, 근무지 밖에서 감염증에 대응할 팀을 만들고, 직원들의 일상을 포괄하는 지역적 대응을 하라는 것 등이었다. 우리는 회사의 책임을 명시하기 위해 보고서에 이렇게 적었다.

"매년 1,500만 명을 테마파크에 입장시키고 호텔에 수천 명을 투숙시키는 디즈니랜드 리조트에는 엄청난 책임이 있다. 기업의 의무는 직원과 고객의 일상적인 건강과 안전을 넘어, 지역사회와 공중 보건이 위협받는 최악의 상황에서도 책임감 있게 행동하는 것으로까지 확장된다. 비상사태라 해서 기업의 책임이 면제되지는 않는다. 캘리포니아 남부의 최대 고용주 중 하나로서 디즈니랜드는 직원들과 그 가족들이 최대한 보호받을 수 있게 해야 한다."

보고서의 내용을 눈치챈 디즈니는 CDC를 통해 파장을 차단하고 나섰다. CDC 여행자 보건 부문 책임자는《뉴욕타임스》에 "영화관, 쇼핑몰, 대중교통 등 일상에서 개인이 접할 수 있는 붐비는 공간은 너무나 많다"며 "따라서 H1N1 전염과 관련해 디즈니랜드와 디즈니월드를 지목하는 것은 적절하지 않다"는 이메일을 보냈다.[34] 디즈니랜드는 저런 곳들과 똑같으니 직업안전위생관리국(OSHA)도, 국토안보부도 아무 준비를 할 필요가 없다는 것이다. 이 글은 CDC가 신종플루 때 내놓은 방역 지침에도 위배되는 것이었다.

샤훌 에브라힘Shahul Ebrahim 등은 매년 세계의 무슬림 250만 명이 사우디아라비아의 메카로 모여드는 하지[10]의 역학을 살펴봤다.[35] 연구팀은 "북미(1만 5,000명 이상)와 유럽(4만 5,000명 이상)에서 온 순례자들은 세계의 주요 항공 요충지를 거쳐 가면서 H1N1 바이러스를 퍼뜨릴 수 있다"며 하지에 대한 방역 통제 권고를 제시했다. 대규모 행사가 바이러스 확산의 도구가 될 수 있다고 판단되면 신중하게 행동해야 한다는 것이었다. 하지의 주최 측이 여행업계와 다른 점은 불량 로비스트와 정치 후원금을 동원하지 않는다는 것이다.[36]

우리가 보고서를 내고 5년 뒤, 캘리포니아 공중보건부는 이렇게 경고했다.

"홍역은 2000년 이후 미국에서 사라졌다. 그러나 최근 서유럽과 파키스탄, 베트남, 필리핀에 홍역이 퍼지면서 이 지역 방문자들이 미국에 홍역을 다시 유입시킬 수 있다."[37]

소아 전염병 전문가 제임스 체리James Cherry는 《로스앤젤레스타임스》에 "세계 여러 나라, 미국 여러 주 사람들이 방문하는 디즈니랜드는 감염증 발병의 이상적인 장소"라고 말했다.[38] 인정하고 싶지 않다 해도 진실을 숨길 수는 없다.

---

10 Hajj. 이슬람교도의 성지순례를 말한다. 무슬림의 의무에는 성지순례가 포함된다. 이슬람력으로 마지막 달인 '순례의 달'에 이루어진다.

◇

디즈니랜드 직원 5명이 홍역에 감염된 것으로 확인됐다. 그들과 접촉했을 수 있는 다른 직원들은 검사 결과를 기다리는 동안 유급 휴가를 받았다. 그 후 디즈니랜드 방문자가 눈에 띄게 줄었는데도, 디즈니 회장 겸 CEO 밥 아이거Bob Iger는 방문자와 예약이 늘었다고 주장했다.

디즈니랜드에서 홍역이 발생한 것은 처음이 아니다. 1982년 14건, 2001년 5건이 발생했다. 두 번 모두 외국에서 온 감염자의 방문으로 일어났다고《샌프란시스코크로니클》은 보도했다.

4

메이드 인 미네소타

밖에서 보면 칸코르 헬스그룹Cankor Health Group의 본부는 차고를 닮았다. 내부는 산업 가금류 공장을 본떠 만들었다. 로비는 눅눅하고 천장이 낮은 콘크리트 방이다. 들어가자마자 직원들과 방문객들은 작은 캡슐을 삼키라고 요구받는다……. 빠르게 효과가 나타나는 이 약은 일련의 생생한 환각을 만든다.

—벤 캐처(2013)

고병원성 조류인플루엔자 A(H5N2)가 미네소타 등 미국 중서부와 남부를 강타했다. 칠면조와 닭 수백만 마리가 죽거나 도살됐다.

유행병은 처음엔 별것 아닌 듯 시작되어 2014년 12월에 워싱턴주와 오리건주 텃밭 농장과 야생조류를 공격한 뒤 동쪽으로 옮겨 갔다.[39] 이듬해 3월 초 H5N2는 미네소타주 포프 카운티의 산업형 농장에서 칠면조 1만 5,000마리를 휩쓸었다. 23개가 넘는 카운티의 108개 농장에서 900만 마리의 새가 죽거나 도살된 사태의 첫 사례였다.[40] 바이러스는 노스다코타와 사우스다코다의 칠면조, 아이오와 북부의 달걀 생산벨트, 위스콘신의 산업용 칠면조와 닭, 그리고 미시시피 강을 따라 미주리와 아칸소 북서부 카길의 가금류 집중 생산지역으로 흘러 들어갈 것이다.

오터테일 카운티의 칠면조 2만 1,000마리. 미커 카운티 4만 5,000마리. 칸디요히 5만 마리. 레드우드 5만 6,000마리. 스턴스 6만 7,000마리. 스턴스에서 7만 6,000마리 더. 위스콘신 서부 호멜[11] 농장에서 12만 7,000마리. 칸디요히에서 15만 2,000마리가 추가로 감염된 뒤, 발병은 농장 40곳으로 번졌다. 포스트홀딩스[12] 계열의 마이클푸드Michael Foods가 소유한 니콜렛 카운티의 암탉 100만 마리.[41)] 미네소타주 워딩턴 바로 남쪽에 있는 아이오와주 오세올라 카운티의 400만 마리. 《스타트리뷴》 소유주 글렌 테일러Glen Taylor가 가지고 있는 아이오와주 부에나비스타 카운티의 렘브란트 엔터프라이즈[13] 550만 마리.[42)] 그리고, 그리고, 그리고……

H5N2는 극도로 치명적인 것으로 판명되었다.[43)] 새들이 기침을 한다. 눈물을 흘린다. 식욕을 잃는다. 설사를 한다. 바이러스가 농장을 쓸어버리는 데에는 2~4일밖에 걸리지 않았다. 감염된 조류는 알을 낳지 않든가, 약하거나 껍질이 잘못된 알을 낳는다. 포프 카운티 칠면조 농장에서는 99%가 전멸했다. 두 번째 농장에서 바이러스는 사육장 3곳 중 한 곳에서만 칠면조 2만 2,000마리를 죽였다.

미네소타는 미국 최대 칠면조 생산지다. 농무부 자료에 따르면 2012년 기준으로 이 주에서는 칠면조 4,700만 마리, 닭 4,200만 마리와 알 30억 개를 생산한다. 가금류 부문의 매출은 연간 20억 달러에 달한다.[44)]

첫 발병 사례가 알려지자마자 40개국이 미네소타에서 생산된 칠면조 수입을 금지했다.[45)] 그러자 거대 축산기업들을 비롯해 소농들과 농장 노동자, 야생조류와 날씨, 바람, 파리, 설치류 등 모든 것에 비난이 쏟아졌다. 그와 함께 어떤 대가를 치르더라도 산업을 보호해야 한다는 강력한

11 Hormel. 미국의 식품기업. 스팸SPAM이 유명하다.

12 Post Holdings. 시리얼 등을 만드는 식품 업체.

13 Rembrandt Enterprises. 달걀 생산 및 가공 업체.

경제적 강박관념이 되살아났다.

책 첫머리에서 철새의 이동경로와 대륙 간 축산물 교역이 겹쳐져 인플루엔자 재조합이 상시화된 아시아 문제를 언급했다. 동물 감염병이 스스로 소멸하지 않는다면, 인간이 개입해 멈출 필요가 있는 게 사실이다. 그러나 거대 가금류산업을 보호하는 6개의 이념적 엔진이 발병 직후부터 돌아가기 시작했다.

첫째는 묵살과 부인이다. 칠면조를 키우는 축산농 존 짐머만John Zimmerman은 "처음엔 H5N2가 서구로 넘어올 것이라고는 전혀 예상하지 못했다. 미국 북서부를 강타했을 때에는 로키산맥을 넘어오지 않을 것으로 믿었다"고 했다.[46] 미네소타 칠면조생산자협회의 스티브 올슨Steve Olson 상임이사는 "감염은 제한적일 것이라고 보지만 확산 가능성도 우려하고 있다"고 말했다.[47] 미네소타대학 수의학 교수인 캐롤 카르도나Carol Cardona는 주 안에서 두 번째 발병이 일어났을 때 사육장 3곳 중 한 곳만 감염된 것을 들며 "칠면조들에게 광범위하게 퍼질 것 같지는 않다"고 했다. 불과 몇 주 만에 H5N2가 주 전체로 퍼지자 카르도나는 주 하원 농업위원회에 낸 전문가 의견서를 '3년에서 5년 더 지속될 수 있다'는 내용으로 수정했다.[48] 그러면서도 물새 개체군에서 바이러스가 출현하는 경우를 상정해, 결국 야생조류의 탓으로 돌렸다. 4월 말이 되자 카르도나는 견해를 한 번 더 바꿨다. "연구 중이다. 우리가 모르는 것이 많이 있다"고.[49]

국립면역호흡기질환센터National Center for Immunization and Respiratory Diseases의 앨리샤 프라이Alicia Fry는 H5 변종이 사람 간 감염으로 이어지는 일은 극히 드물다고 주장했다.[50] 하지만 인플루엔자가 위험한 이유 중 하나는 그것이 진화한다는 사실이다. 다양한 재조합이 반복되고 숙주가 될 조류 수백만 마리가 존재한다면, 가능성이 낮다 해도 변종 가운데 어느 하나는 필연성을 향해 방향을 틀게 된다. 프라이는 "이 바이러스는 그렇게 진화할 징후를 보이지 않는다"고 했다. 마치 바이러스의 진로를 예측이라도 할 수 있는 것처럼.

노스캐롤라이나 주립대학 수의학과 부교수이면서 동시에 모순적으로 축산업 컨설턴트 일도 하고 있는 사이먼 셰인Simon Shane은 가금류 방역의 실패를 대성공으로 포장하기까지 했다.[51)] 셰인은 2011년 만들어진 살모넬라균 방역 조치 덕에 산업 분야의 생물안전이 향상되었다면서 "그 조치가 조류독감 같은 바이러스성 질병으로부터 달걀 산업을 보호하는 데 도움이 됐다"고 주장했다. 그러나 애그리비즈니스는 연방정부의 달걀 생산 안전규칙이 시행되지 않도록 20년 동안 저항해 왔으며, 결국 2010년 달걀 살모넬라 오염으로 미국인 수천 명이 식중독에 걸렸다.[14] 게다가 그런 경험은 이번에 미국 전역에서 닭 3,800만 마리가 죽는 것을 막는 데에 아무 기여도 하지 않았다.

"통제 불가능한 대규모 인플루엔자가 발생할 것이라고는 믿지 않는다"던 셰인은 결국 '통제 불가능한 대규모 인플루엔자의 발생'에 대해 거론해야만 하는 처지가 됐다.[52)]

둘째, 업계 대변인들과 보건당국에 있는 그 동료들은 농장의 규모를 키우고 생물안전을 강화해야 한다며 집약적 생산의 중요성을 거듭 반복하고 있다. 큰 농장이 안전하다는 것이다. 호멜은 "제니오 터키Jennie-O Turkey[15]는 인플루엔자 바이러스를 부르는 악천후나 포식자, 철새 들에게서 칠면조를 보호하기 위해 농장에서 사육하고 있다"며 "농장에서 기르는 칠면조는 인플루엔자 감염에 내성이 없지만, 바이러스에 노출될 위험은 적

---

14 4부 4. 「닭이냐 알이냐」 참고.

15 칠면조 생산 브랜드로, 호멜Hormel의 자회사다.

다"고 주장했다.[53] 그러나 전국적으로 집중 농업에서 수백 건의 감염이 일어난 것과 달리 소농들이 마당에서 키운 새들의 감염 사례는 12건에 불과했다.

기업들은 이런 내용이 보도되지 않게끔 봉쇄하려 애쓰지만 그럼에도 보도된 사례들이 있다. 오톤빌의 소규모 축산농 레베카 화이트Rebecca White는 미네소타주 라크퀴파를 카운티의 농가 13곳에서 마당에 풀어 키운 가금류들과 포프 카운티 농가 30곳의 마당 가금류들이 인플루엔자 음성 판정을 받은 걸 거론하면서 이렇게 말했다.[54]

"기존 시스템을 따라가려고 애쓰기보다는 시스템 자체에 의문을 제기할 때인지도 모른다. 제한된 공간에서 수천 마리의 새나 소, 돼지를 기르는 게 효율적이라고 생각할 수 있지만, 가축들의 스트레스를 높여 전염병에게 레드카펫을 깔아 주는 짓이다. 칠면조를 가장 많이 생산하는 주가 되기보다는 가장 좋은 칠면조를 생산하는 주가 된다면 어떨까."

그러나 업계로부터 돈을 지원받아 연구하는 이들은 그런 제안을 좋아하지 않는다. 이유야 분명하지만. 물론 그들이 다른 이유를 들이댈 수도 있다. 계절적인 요인으로, 면역성과 상관없이 풀어 키우는 칠면조들 또한 바이러스에 감염될 수 있다. 뒷마당 가금류들이 떼죽음을 당한다면, 산업형 가금류가 면죄부를 받을까? 그렇지는 않을 것이다. 세계에서 발생한 조류인플루엔자의 맹독성은 바이러스가 산업형 농장을 거쳐 간 뒤에 커졌고 나중에는 물새들에게로 되돌아가 치명적인 타격을 입혔다.

기업과 손잡은 미네소타 대학의 과학자들은 나중에는 '감염증이 퍼진 농장의 규모와 조직 형태가 중요한 게 아니다'라는 논리를 들고 나왔다. 큰 농장이 안전하다는 주장을 스스로 뒤집어버린 꼴이다. 미네소타대 수의학 교수 몬츠 토레모럴은 《스타트리뷴》에 "주 정부의 대응은 틈새를 메우는 것에 그쳐야 한다"며 "이는 질병 위험을 줄이고 식량 공급을 관리하는 문제인 동시에, 업계 수익률과 식품 시스템의 안정성을 지키는 문제"라고 했다.

"전국의 가금류는 모두 취약하다. 중요한 것은 동물들이 어떻게 사육되는가가 아니라 어떻게 질병으로부터 동물을 보호할 것인가이다."[55]

거대 가금류 산업을 보호하는 세 번째 기둥은, 포프 카운티의 농장을 비롯해 타격을 입은 농장들이 결코 공개되지 않는다는 것이다. 2005년 주 법은 동물보호 단체들이 '개인정보' 공개를 요구하는 것에 대해 업계가 우려하고 있다면서 '동물 사업구역 정보'를 기록공개 대상에서 제외했다. 칼럼니스트 제임스 시퍼James Shiffer는 《스타트리뷴》 기고에서 "동물보건위원회는 법 집행이나 공공안전, 또는 동물 보건에 도움이 될 것이라고 판단할 경우 농장 정보를 공개할 수 있다"고 지적했다. "하지만 베스 톰슨Beth Thompson 주 동물보건위원회 부위원장은 대중에게 공개하는 문제를 논의한 적이 없다고 했다. 톰슨은 할 필요가 있다는 논의를 한 적은 없다고 말했다"고 적었다.[56]

시퍼는 톰슨의 말에 대해 "정부 기관들이 총출동하고 가금류 수십만 마리가 도살되고 있는 상황에서, 이런 비밀주의가 대중들에게 어떤 영향을 미칠지는 예측하기 힘들다. 지금이 정보를 공개할 때가 아니라면 대체 그때는 언제일까."[57]라고 하였다.

당국의 관심이 대중이 아닌 농축산업계에 가 있다는 건 확실하다. 2015년 4월 중순 현재 농장 노동자 101명이 관찰을 받고 있으며 주 정부는 93명에게 타미플루를 복용하도록 권고했다.[58] 주 당국이 사람 간 감염을 걱정하고 있는 것은 분명하다.

업계로부터 돈을 받는 과학자들과 달리, 좀 더 실용적인 업계 관계자들은 이 모든 게 야생조류에게서 시작되었다는 개념에서 벗어나기 시작했다. 미네소타대학의 감염병연구정책센터(CIDRAP)의 보고에 따르면 60개 농장을 소유하고 있는 위스콘신주 포트워싱턴의 축산회사 에그이노베이션[16]의 존 브런켈John Brunquell 사장은 "지금까지 들어온 모든 감염은 시설에서 시설로 이어졌다"며 철새들은 더 이상 바이러스의 주요 매개체가 아니라고 인정했다.[59)]

그런데도 국가와 주 정부들은 독립적인 연구자들이나 대중들에게 제공하는 바이러스 지리 정보를 자꾸만 줄이고 있다. 바이러스의 경로를 GPS 좌표로 확인할 수 있는 시대에 말이다. 심지어 지금은 발병 상황을 보여 주는 사진들조차 찾아보기 힘들다. 아이오와에서는 죽은 새 더미들을 찍은 사진 몇 장이나마 공개되었지만, 미네소타에서는 한 장도 나오지 않았다. 《스타트리뷴》이 농장 주변을 촬영했으나 농장 이름은 밝히지 않았다. 기껏해야 멜로즈 인근의 사욱 강Sauk River 바로 위쪽이고 출입금지 팻말이 붙어 있다는 것만 보여 줄 뿐이다.[60)] 조류 인플루엔자를 10년 동안 연구해 왔지만 나는 이런 식의 보도 통제는 본 적이 없다. 사스 때 중국에서조차 감염된 조류 사진과 매장되는 사체들 사진이 언론에 찍혀 나왔는데 말이다.

넷째, 업계는 바이러스의 역학과는 관련 없는 대상을 비난하기 바빴다. 철새들이 다양한 유전자 재조합의 원천인 게 중요한가? 그게 사실이라 해도, 산업형 농장에서 나타난 바이러스의 치명률에 대한 책임을 면할 수는 없다.

인과관계를 짚어 내야 병독성을 설명할 수 있다는 비판이 제기되자,

---

16 Egg Innovations. 미국의 달걀 생산 기업. 동물복지와 지속농업을 강조하며 목초지에서 닭을 풀어 키워 달걀을 생산한다.

관리들은 물새가 원인이라고 중언부언했다. 주 농무부 수의학 책임자 T. J. 마이어스T. J. Myers는 "지도를 보면 미네소타에는 칠면조 농장도 많고 호수도 많다"고 했다.[61] 마이어스가 의도한 것은 아니겠지만, 그 말에는 함의가 있다. 오리과 철새 들이 이주하면서 거쳐 가는 습지들은 세계에서 엄청난 개발 압박을 받고 있다. 거위는 아예 이동경로를 바꿔 새로운 월동지를 찾아냈는데, 망가진 습지 대신 식량이 가득한 농장으로 가는 것이었다. 놀라운 행동 적응력이다. 흰거위들은 멕시코만 일대의 습지가 아닌 미네소타 북쪽의 드넓은 농지로 방향을 틀었다.[62]

2013년 워싱턴의 비영리기구 환경워킹크룹Environmental Working Group이 발표한 보고서는 프레리포톨레Prairie Pothole 지역의 습지가 급격히 감소하고 있음을 보여 준다.[63] 농지를 늘리기 위해 물을 빼고 갈아엎은 탓이다. 환경워킹그룹의 지도는 미네소타와 노스다코타 전역의 H5N2 초기 발병지와 겹치며, 그 지역에서 야생 물새와 가금류의 접점이 늘었음을 암시한다. 이런 변화들은 모두 애그리비즈니스에 책임이 있다.

물새들을 비난하려는 시도를 무위로 돌리는 자료는 많다. 4월 말 현재, 야생 조류 2,200마리의 샘플이 바이러스 진단 결과 음성으로 나타났다.[64] 농무부는 전국에서 H5N2에 양성 반응을 보인 물새의 배설물 샘플은 없다고 보고했다. 전국적으로 물새 50마리가 양성반응을 보였는데, 그중에는 청둥오리뿐 아니라 거위도 있었다. 미네소타의 매 한 마리도 양성 판정을 받았지만, 미네소타 대학 맹금류센터의 팻 레디그Pat Redig가 밝혔듯 이 새는 바이러스가 아니라 창문에 부딪혀 죽었다. 센터는 그 이후 살아 있는 독수리, 올빼미, 매 등을 검사했으나 인플루엔자는 발견되지 않았다.[65]

천연자원부 야생동물 연구책임자 루 코니첼리Lou Cornicelli는 보다 광범위한 의미를 가지는 결과를 도출했다. 그는 바이러스가 밀폐된 무리 안에서는 빨리 퍼지지만, 맹금류나 야생 칠면조 같은 야생조류들은 흩어져 살기 때문에 그 정도로 취약하지 않다고《스타트리뷴》에 말했다.[66) 우회적으로나마 산업용 가금류로 초점을 돌린 것이다. 그는 감염된 매가 발견되었다고 해서 야생조류의 바이러스가 인플루엔자의 직접적인 원인이라는 뜻은 아니라며, 매가 발견된 옐로메디신 카운티는 가금류 발생이 단 한 건도 없었다고 지적했다.

다섯째, 생물안전을 강화해야 한다는 것도 산업의 논리 중 하나다. 작업복과 작업화를 교체하고, 장비와 차량을 소독하고, 노동자들이 이 농장 저 농장을 돌아다니지 못하게 하고, 야생조류를 유인하지 않도록 사료를 실내에 두라는 식이다. 그중 마지막에 언급한 사료 보관 문제는 물새와 가금류의 접촉과 관련되어 있다. 하지만 몇 달 전에 경고음이 나왔음에도 감염병은 중서부와 그 너머로 번졌다. H5N2가 미네소타의 가금류 산업에 균열을 일으키면서, 방역이 이루어지는 동안에도 계속 퍼지고 있음을 말해 준다.

어떤 생물안전 조치로도 더 이상 충분하지 않다는 것은 분명하지만, 저런 조치들이 개별 농가들에는 도움이 될 수 있다.[67) 독감을 운반하는 매개체로부터 가금류를 보호하려면 기업들은 적자를 보더라도 농장을 보호할 장치들을 만들어야 한다. 결국 생산모델이 문제의 핵심이다. 산업의 지원을 받는 과학자들은 이를 모른다 해도, 업계는 이미 이 사실을 알고 있다. 수직으로 사업을 통합하면서 정작 사육은 계약농들에게 맡기는 것[17]이 이를 보여 준다. 기업과 계약한 농부들은 빚더미에 앉고, 사육의

17 7부 2.「저당잡힌 농부들」참고.

비용은 기업이 아닌 농부들이 짊어진다.

이와 함께 업계가 치러야 할 비용이 외부로 떠넘겨진 것으로는 감염된 조류의 살처분 비용을 농무부가 치른다는 것을 들 수 있다. 납세자들, 그리고 아무런 보험도 없는 농부들이 새들의 떼죽음에 따른 값을 치른다. 죽은 새들은 4주 동안 썩혀 퇴비로 만드는데, 그 기간에 농부들이 간접적으로 부담해야 하는 비용도 있다. 그러고도 다시 농장을 돌릴 수 있기까지 3주를 더 기다려야 한다. 은행빚에 허덕이는 계약농들은 너무 절박한 마음에 더 일찍 농장을 가동하게 해 달라고 당국에 요구한다. 전염병학보다는 경제학이 앞서는 것이다.[68)]

그러나 바이러스는 저들의 여섯 번째 기둥인 계량경제학적 측정에는 관심이 없다. 공장도 가격, 처리량, 판매 가치, 이윤. 이런 것들은 생태계와는 분리되어 있다고 저들은 주장한다. 그러나 수요와 공급이 현실 세계를 모두 설명해 주지는 않는다.

소비자들은 달걀 값 인상에 묶여 있다. 렘브란트와 호멜은 정리해고로 가공 라인을 강타했다.[69)] 사태의 책임은 모두가 지고 있다.

농축산 기업들이 고분고분해지는 것은 시장분석가들 앞에서만이다. 그들의 발언이 주가를 떨어뜨릴 수 있기 때문이다. 현대판 사제들인 분석가들과 전화 회견을 하던 호멜의 CEO 제프리 에팅거Jeffrey Ettinger의 태도는 조심스럽기 그지없었다.[70)] 언론이나 대중 앞에서와 달리 그는 세세한 것들까지 설명했다. 미커 카운티의 호멜 농장에서 칠면조 31만 마리가 죽었을 때에는 언론에 경영진 코멘트 한마디 내보내지 않던 회사가 말이다.

한 분석가가 칠면조 생산 지역을 다변화하는 것을 고려하고 있느냐고 묻자 에팅거는 이렇게 대답했다.

"전례 없고 드문 사건이 터지면서, 집중생산 전략의 약점이 다소간 노출됐다. 장기적, 전략적으로 논의해 볼 문제이지만, 타당한 질문이라고 본다."[71)]

발병이 '전례가 없고 드문' 것이라면, 왜 미네소타 밖으로 칠면조를 옮기는 것을 고려할 필요가 있는지를 설명해야만 한다. 그러나 이런 물음은 제쳐두더라도, 에팅거의 대답은 전염병 대응의 핵심에 있는 정부와 자본의 결탁에 대한 의문을 제기하게 만든다. 미국의 가금류 업계와 규제당국은 연간 2,600억 달러 규모에 이르는 산업을 지켜 내기 위해 양계업 노동자들과 물새들을 비난해 왔다.[72)] 하지만 부담 떠넘기기와 규모의 비경제로 버텨 온 그 업계에 결국 비용이 돌아갈 것이다.

호멜에게 좋은 것이 미네소타에 반드시 좋은 것은 아니다.[18] 호멜에게 좋은 게 미네소타에 좋은 시기도 분명 있겠지만 말이다. 거대 농식품업체를 움직이는 것은 식품 생산을 개선하려는 노동자와 환경주의자들이 아니다. '메이드 인 미네소타' 바이러스를 지켜본 기업들이 경제적 필요에 따라 움직인다.

---

18 1950년대 국방장관을 지낸 찰스 윌슨Charles Wilson의 말을 빌려 비꼰 것. 자동차회사 제너럴모터스(GM) 사장을 지낸 윌슨은 1952년 장관 지명자 청문회에서 "장관이 되어 GM의 이익에 반하는 결정을 할 수 있느냐"는 질문을 받자 "미국에 좋은 것은 GM에 좋은 것이며 그 반대도 마찬가지"라 답한 것으로 유명하다.

◇

2016년 1월 글렌 테일러가 소유한 《스타트리뷴》은 호멜이 후원한 미네소타대학의 연구 결과를 보도했다. 중서부 일부 지역 농부들이 가금류 농장 근처의 밭을 경작하는 과정에서 매개체가 널리 퍼져 H5N2의 확산을 부추겼을 수 있다는 것이었다.[73] 연구팀은 감염된 농장과의 거리, 농장 주변의 조류 분포, 그리고 감염을 막기 위해 배치했던 트럭 세차장 등을 근거로 제시했다. 결국 농민들의 잘못이라는 이야기다.

현장에선 언제나 문제를 찾아낼 수 있다. 산업 모델을 제외한 채, 현장의 문제를 찾아내기 위한 연구이기 때문이다. 그러니 이런 결론은 놀랍지도 않다.

연구팀은 위험 요인을 알아내기 위해 칠면조 농가에 농장과 주변 환경, 야생 조류의 존재, 농장 관리 관행 등을 물었다.[74] 분석은 비록 단순하지만 위험 모델링에서는 올바르다. 그럼에도 불구하고 그 연구는 부패했다. 만약 근접성이 가장 큰 문제라면 왜 개별 농장에 초점을 맞추는가? 카운티 전역의 가금류 농장 밀도와 상호 연결성은? 규제기관과 지역 카운티들에 업계가 미치는 정치적 영향은? 연구팀이 호멜에 대해 조사하지 않은 이유는? 대학이 업계를 위한 연구로 방향을 틀면서 잃어버린 것이 무엇인지, 이 연구가 보여 주고 있다.

5

잃어버린 인간애

찬란한 푸른색 어치가 위아래로, 위아래로 뛰어 오른다 / 가지 위에서 / 나는 웃는다. 그가 그 자신을 버리는 것을 보면서 / 매우 기쁘게도 그는 나만큼 잘 알고 있다 / 가지는 부러지지 않을 것이다.

– 제임스 라이트(1963)

데이비드 콰먼의 『스필오버Spillover』는 환경 파괴가 초래한 병원체의 역류를 자세히 다루고 있다. 《카운터펀치CounterPunch》의 편집장 제프리 세인트 클레어Jeffrey St. Clair가 그 내용을 소개한 유튜브 동영상을 페이스북 페이지에 올렸고, 여러 코멘트가 달렸다.[75)]

"지구는 스스로를 치유한다. 티베트인들은 개가 벼룩을 털 듯 어머니 지구가 우리를 털어 낼 것이라고 말한다."

물론 지구는 사람이나 개가 아니다. 그리고 아무리 훌륭한 우화적 경고라 해도, 굳이 인간 혐오를 담을 필요는 없다. 친환경론자들을 포함해 우리 모두가 지구가 통합된 생태계임을 인식하게 되기를 나는 바란다. 우리 '벼룩들' 모두가 내일 멸종된다 해도 우리가 저지른 짓들 때문에 지구 생태계의 궤적은 영원히 바뀔 것이다.

"인간을 혐오하지 않는다면 당신은 망상에 빠진 것이다."

이런 논평도 있었다. 이 말을 곱씹어 본다. 어쩐지 환경운동의 날갯짓에서 인구통제의 냄새가 나는 것 같다. 정치 프로그램으로서는 영 별로다.

파국을 자초하면서도 아마겟돈을 피할 수 있을 것으로 기대하는 자본가들을 경멸하는 사람도 있을 것이다. 그동안 대가로 치른 것들이 너무 많다. 다시 클레어의 페이지에 적힌 글.[76)]

"기후 변화, 멸종, 열대우림의 파괴, 그리고 충분히 예측 가능한 지구 생태학적 연쇄작용들. 이런 것들을 멈출 수 있는 정치프로그램은 없다. 심지어 이런 이슈들은 논의조차 되지 않는다. 우리에겐 인간 희생자들과 인간 아닌 희생자들 모두에 대한 공감과 분노만 남았다. 이제 공감과 분노마저 포기해야 하는 것일까. 성과가 없지는 않았다. 어떤 이슈들은 이제 논의되기 시작했다. 다만 얼마나 속도를 낼 수 있을지가 문제다. 또한 나는 인간을 혐오하는 것이 맬서스주의와는 다르다는 점에 주목해야 한다고 생각한다. 맬서스주의는 한 종만이 우월하다고 주장하지만, 인간 혐오는 억압받는 모든 종들과 억눌린 종들과 공격당하는 종들의 합창이다."

맬서스주의와 생태학적 인간 혐오 뒤에는 인류가 수용 한계치를 넘어섰다는 생각이 들어 있다. 하지만 둘은 일치하지 않고 교차할 뿐이다. 우리의 영웅들이 처한 상황이 좋다고는 말할 수 없지만, 세계에서 보존농업 프로젝트들이 진행되고 있다. 그중 몇몇은 수백만 명에게 식량을 공급하면서, 현재의 생산 시스템을 생생히 반박하고 있다.

나는 처음부터 끝까지 냉소주의자이지만, 더 이상 혼자만 패배자로 남지는 않기로 했다. 얼마 전 세상을 떠난《카운터펀치》의 저널리스트 알렉산더 콕번Alexander Cockburn의 표현대로 "기껏해야 유토피아를 상상하는 수준은 몽상가에 불과할지라도" 우리에겐 승리를 거둬야 할 세계가 있다. 콕번은 이렇게 적었다.

"우리는 헤시오도스와 오비디우스가 탄식했던 '철의 시대'[19]를 살아가고 있다. 그렇기에 더욱 용기를 잃지 않아야 할 이유가 있다. 상황을 바꾸면 풍요가 있다. 세상은 뒤집힐 수 있다. 올바른 길로 갈 수 있다. 우리가 어디를 보고 무엇을 생각해야 하는지 안다면 황금 시대는 우리 안에 있다."[77)]

19 고대 그리스의 시인인 헤시오도스와 오비디우스는 인류가 황금 시대, 은銀의 시대, 청동의 시대, 영웅의 시대를 거쳐 왔고 현세는 가장 타락한 철鐵의 시대라고 했다.

본문 출전

서문_발전을 위한 농업지식·과학기술 국제평가(IAASTD), 2020. 5.

1부
1. 조류독감 비난 대전쟁 _ H5N1 블로그, 2007. 12. 27.
2. 나프타 독감 _ 파밍파토젠스Farming Pathogens, 2009. 4. 28.
3. 공장식 축산업의 역습 _ 파밍파토젠스Farming Pathogens, 2009. 6. 1.
4. 역외 농업의 바이러스 정치학 _ 앤티포드Antipode, 2009. 11.
5. 병원균의 시간여행 _ 파밍파토젠스Farming Pathogens, 2010. 1. 12.

2부
1. 우리가 역병이라면 _ 파밍파토젠스Farming Pathogens, 2010. 10. 25.
2. 인플루엔자의 역사적 현재 _ 파밍파토젠스Farming Pathogens, 2010. 6. 1.
3. 인플루엔자는 여러 시제에서 진화한다 _ 파밍파토젠스Farming Pathogens, 2010. 10. 6.
4. 바이러스 덤핑 _ 파밍파토젠스Farming Pathogens, 2010. 11. 11.
5. 티키는 떨어졌지만 _ 파밍파토젠스Farming Pathogens, 2010. 12. 16.

3부
1. 에일리언 대 프레데터 _ 파밍파토젠스Farming Pathogens, 2010. 12. 31.
2. 사이언티픽 아메리칸 _ 파밍파토젠스Farming Pathogens. 2011. 1. 18.
3. 바이러스의 '악의 축' _ 파밍파토젠스Farming Pathogens, 2010. 9. 14.
4. 미생물은 인종주의자? _ 파밍파토젠스Farming Pathogens, 2012. 7. 2.

4부
1. 학자들의 수다 _ 2011. 6. 9.
2. 위키리크스에 등장한 식품 제약 회사 _ 자코뱅Jacobin, 2012. 9. 5.
3. 닭장 안에서 병원균은 진화한다 _ 2010.10.22.
4. 닭이냐 알이냐 _ 2012. 6. 8.
5. 가면을 쓴 의사들 _ 파밍파토젠스Farming Pathogens, 2013. 9. 23.

5부
1. 힘없이 부서진 날개 _ 2011. 6. 21.
2. 누구의 식량발자국? _ 휴먼지오그래피Human Geography, 2012. 11.
3. 착한 미생물들 _ 2011. 6. 14.
4. 이상한 목화 _ 파밍파토젠스Farming Pathogens, 2013. 8. 16.
5. 동굴과 인간 _ 파밍파토젠스Farming Pathogens, 2012. 4. 21.

6부
1. 낡은 바이러스, 새 바이러스 _ 카운터펀치CounterPunch, 2013. 6. 14.
2. 커피 필터 _ 파밍파토젠스Farming Pathogens, 2013. 2. 4.
3. 질병의 자본 회로 _ 사회과학과 의학 저널Social Science & Medicine, 2015. 3.
4. 질병의 수도 _ 파밍파토젠스Farming Pathogens, 2014. 4. 8.

7부
1. 숲과 에볼라 _ 국제보건서비스저널International Journal of Health Services, 2016. 1.
2. 저당잡힌 농부들 _ 파밍파토젠스Farming Pathogens, 2014. 5. 8.
3. 홍역 걸린 미키마우스 _ 파밍파토젠스Farming Pathogens, 2015. 1. 29.
4. 메이드 인 미네소타 _ 파밍파토젠스Farming Pathogens, 2015. 6. 10.
5. 잃어버린 인간애 _ 파밍파토젠스Farming Pathogens 블로그, 2012. 10. 9.

미주

프롤로그_농축산업, 자본, 전염병

1. Jones B.A., D. Grace, R. Kock, S. Alonso, J. Rushton, M.Y. Said, D. McKeever, F. Mutua, J. Young, J. McDermott, and D.U. Pfeiffe(2013). Zoonosis emergence linked to agricultural intensiﬁcation and environmental change. PNAS 110: 8399–8404.
2. Wallace, R.G., L. Bergmann, R. Kock, M. Gilbert, L. Hogerwerf, R. Wallace and M. Holmberg(2015). "The dawn of Structural One Health: A new science tracking disease emergence along circuits of capital." *Social Science & Medicine*, 129:68-77.
3. Wallace, R., L.F. Chaves, L.R. Bergmann, C. Ayres, L. Hogerwerf, R. Kock, and R.G. Wallace(2018). *Clear-Cutting Disease Control: Capital-Led Deforestation, Public Health Austerity, and Vector-Borne Infection.* Springer, Cham.
4. Wallace, R.G. and R. Wallace (eds)(2016). *Neoliberal Ebola: Modeling Disease Emergence from Finance to Forest and Farm*. Springer, Cham.
5. Rulli, M.C., M. Santini, D.T.S. Hayman, and P. D'Odorico(2017). "The nexus between forest fragmentation in Africa and Ebola virus disease outbreaks." *Nature Scientific Reports*, 7:41613.
6. Olivero, J., J.E. Fa, R. Real, A.L. Marquez, M.A. Farfan, J.M. Vargas, D. Gaveau, M.A. Salim, D. Park, J. Suter, S. King, S.A. Leendertz, D. Sheil, and R. Nasi(2017). "Recent loss of closed forests is associated with Ebola virus disease outbreaks." *Nature Scientific Reports*, 7:14291.
7. Dhingra, M.S., J. Artois, S. Dellicour, P. Lemey, G. Dauphin, et al(2018). "Geographical and historical patterns in the emergences of novel Highly Pathogenic Avian Influenza (HPAI) H5 and H7 viruses in poultry." *Front. Vet. Sci.*, 05 https://doi.org/10.3389/fvets.2018.00084
8. Olson, S.H., J. Parmley, C. Soos, M. Gilbert, N. Latorre-Margalef, J.S. Hall, P.M. Hansbro, F. Leighton, V. Munster, and D. Joly(2014). "Sampling strategies and biodiversity of influenza A subtypes in wild birds." *PLoS One*, 9(3):e90826.
9. Hu, W., B. Bai, Z. Hu, Z. Chen, X. An, L. Tang, J. Yang, H. Wang, and H. Wang(2005). "Development and evaluation of a multitarget real-

time Taqman reverse transcription-PCR assay for detection of the severe acute respiratory syndrome-associated coronavirus and surveillance for an apparently related coronavirus found in masked palm civets." *J. Clin. Microbiol.*, 43:2041-2046.
10. Challender, D.W.S.,M. Sas-Rolfes, G.W.J. Ades, J.S.C.Chin, N. Ching-Min Sun, et al.(2019). "Evaluating the feasibility of pangolin farming and its potential conservation impact." *Global Ecology and Conservation*, 20:e00714.
11. Xiao, K., J. Zhai, Y. Feng, N. Zhou, X. Zhang, et al.(2020). "Isolation and characterization of 2019-nCoV-like coronavirus from Malayan pangolins." bioRxiv. https://www.biorxiv.org/content/10.1101/2020.02.17.951335v1.
12. Li, X., Y. Gao, C. Wang, and B. Sun(2020). "Influencing factors of express delivery industry on safe consumption of wild dynamic foods." *Revista Cientifica*, 30(1):393-403.

1부

1. 조류독감 비난 대전쟁

1. Salzberg SL, C Kingsford, G Cattoli, DJ Spiro, DA Janies et al.(2007). "Genome analysis linking recent European and African influenza (H5N1) viruses." *Emerg Infect Dis*. 13: 713.
2. Chen H, GJD Smith, JS Li, J Wang, XH Fan et al.(2006). "Establishment of multiple sublineages of H5N1 influenza virus in Asia: implications for pandemic control." *Proc Natl Acad Sci USA* 103: 2845.
3. Smith GJD, XH Fan, J Wang, KS Li, K Qin, JX Zhang et al.(2006). "Emergence and pre-dominance of an H5N1 influenza variant in China." *Proc Natl Acad Sci SA* 103: 16936.
4. Reuters(2006). "China shares bird flu samples, denies new strain report." 10 November. Available online at http://www.alertnet.org/the news/ newsdesk/ PEK2663.htm.
5. Greenfeld KT(2007). *China Syndrome: The True Story of the 21st Century's First Great Epidemic*. Harper Perennial. In 2003 the Chinese government took months to inform the world of SARS, a deadly respiratory coronavirus that originated in the southeastern province of Guangdong before infecting 8000 people across several countries worldwide.

6. Anonymous(2006). "Ministries refute bird flu virus rumour in China." *China Daily*. 3 November. Available online at http://english.peopledaily.com.cn/200611/03/eng20061103_317874.html.
7. Wallace RG, H HoDac, RH Lathrop and WM Fitch(2007) "A statistical phylogeography of influenza A H5N1." *Proc Natl Acad Sci USA* 104: 4473.
8. Wan X-F, T Ren, K-J Luo, M Liao, G-H Zhang et al.(2005). "Genetic characterization of H5N1 avian influenza viruses isolated in southern China during the 2003 - 04 avian influenza outbreaks." *Archives of Virology* 150: 1257.
9. Huang K and MA Benetiz(2007). "Guangdong ridicules H5N1 claims." *South China Morning Post*. 7 March.
10. CIDRAP News(2007) "H5N1 death in Laos confirmed; Chinese reject research report." 8 March. Available online at http://www.cidrap.umn. edu/cidrap/cotent/influenza/avianflu/news/mar0807avian.html.
11. Tang X, G Tian, J Zhao and KY Zhou(1998) "Isolation and characterization of prevalent strains of avian influenza viruses in China." *Chin. J. Anim. Poult. Infect. Dis*. 20: 1 (in Chinese); Mukhtar MM, ST Rasool, D Song, C Zhu, Q Hao et al.(2007). "Origins of highly pathogenic H5N1 avian influenza virus in China and genetic characterization of donor and recipient viruses." *Journal of General Virology* 88: 3094. In 1999, the 1996 genotype was again isolated in Hong Kong in a shipment of geese from Guangdong. Mainland scientists recently hypothesized the 1996 Guangdong genotype arose from a recombination of H3 and H7 strains isolated in nearby Nanchang and a Japanese H5 virus. Low-pathogenic H5 strains circulate worldwide, including a recent outbreak in Pennsylvania.
12. Kang-Chung N(1997). "Chicken imports slashed by third." *South China Morning Post*. 15 December.
13. Yang Y, ME Halloran, JD Sugimoto and IM. Longini, Jr.(2007). "Detecting human-to-human transmission of avian influenza A (H5N1)." *Emerg Infect Dis*. 13: 1348.
14. Reuters(2007). "Indonesia dismisses human-to-human bird flu report." 3 September. Available online at http://www.reuters.com/article/ healthNews/idUSPAR36484220070903.
15. Encrink M and D Normille(2007). "More bumps on the road to global sharing of H5N1 samples." *Science* 318: 1229.

16. Barry JM(2004). *The Great Influenza: The Epic Story of the Deadliest Plague in History*. Viking Penguin, New York.
17. Revere(2007). "Flu virus sharing summit: wrap up." Effect Measure blog. 24 November. Available online at http://scienceblogs.com/effectmeasure/2007/11/flu_virus_sharing_summit_wrap_1.php. Hammond reports the conference was crawling with pharmaceutical representatives that WHO invited.
18. Shortridge KF(1982). "Avian influenza A viruses of southern China and Hong Kong: ecological aspects and implications for man." *Bull World Health Organ*. 60: 129.
19. Sun AD, ZD Shi, YM Huang and SD Liang(2007). "Development of out-of-season laying in geese and its impact on the goose industry in Guangdong Province, China." *World's Poultry Science Journal* 63: 481; Luo X, Y Ou and X Zhou(2003). Livestock and Poultry Production in China. Paper presented at Bioproduction in East Asia: Technology Development & Globalization Impact, a pre-conference forum in conjunction with the 2003 ASAE Annual International Meeting, 27 July 2003, Las Vegas, Nevada. ASAE Publication Number 03BEA-06, ed. Chi Thai. Available online at http://asae.frymulti.com/request.asp?JID=5&AID=15056&CID=bea2003&T=2; Burch D(2005). "Production, consumption and trade in poultry: Corporate linkages and North-South supply chains." In N Fold and W Pritchard (eds). *Cross-continental Food Chains*. Routledge, London.
20. Shortridge KF(1995). "The next pandemic influenza virus?" *Lancet* 346: 1210.
21. Shortridge KF and CH Stuart-Harris(1982). "An influenza epicenter?"
22. Greenfeld KT(2007). *China Syndrome: The True Story of the 21st Century's First Great Epidemic*.
23. York G(2005). "China hiding bird-flu cases: expert." *Globe and Mail*. 9 December.
24. Zamiska N(2006). "How academic flap hurt effort on Chinese bird flu." *Wall Street Journal*. 24 February.
25. Greenfeld KT(2007). *China Syndrome: The True Story of the 21st Century's First Great Epidemic*.
26. Wan X-F, T Ren, K-J Luo, M Liao, G-H Zhang et al.(2005). "Genetic characterization of H5N1 avian influenza viruses isolated in southern China

during the 2003 –04 avian influenza outbreaks."
27. AFX News Limited(2007). "Parts of China not fully ready against bird flu—official." 19 September.
28. Greenfeld KT(2007). *China Syndrome: The True Story of the 21st Century's First Great Epidemic*.

2. 나프타 독감

29. Vijaykrishna D, Bahl J, Riley S, Duan L, Zhang JX et al.(2008). "Evolutionary dynamics and emergence of panzootic H5N1 influenza viruses." *PLoS Pathog 4*(9): e1000161. doi:10.1371/journal.ppat.1000161.
30. Burch D(2005). "Production, consumption and trade in poultry: corporate linkages and North – South supply chains." In N Fold and W Pritchard (eds). *Cross-Continental Food Chains*, 166 –78. Routledge, London.
31. Batres-Marquez SP, R Clemens, and HH Jensen(2006). *The Changing Structure of Pork Trade, Production, and Processing in Mexico*. MATRIC Briefing Paper 06-MBP 10. Midwest Agribusiness Trade Research and Information Center, Iowa State University. Available online at http://www.card.iastate.edu/publications/DBS/PDFFiles/06mbp10.pdf.
32. Davis M(2009). "Capitalism and the flu." *Socialist Worker*. 27 April. Available online at http://socialistworker.org/2009/04/27/capitalism-and-the-flu.
33. Associated Press(2009). "Where did swine flu start? Official says it's not necessarily Mexico, could be Texas, Calif." 28 April. Available online at http://www.nydailynews.com/news/world/swine-flu-start-official-not-necessarily-mexico-texas-calif-article-1.359793.

3. 공장식 축산업의 역습

34. World Health Organization(2009). "Global Alert and Response: Influenza A(H1N1) – update 41. 29 May 2009." Available online at http://www.who.int/csr/don/2009_05_29/en/.
35. Barry JM(2004). *The Great Influenza: The Epic Story of the Deadliest Plague in History*. Viking Penguin, New York.
36. Garten R et al.(2009). "Antigenic and genetic characteristics of Swine-Origin 2009 A(H1N1) Influenza viruses circulating in humans." *Science* 325: 197-201.
37. Kahn M(2009). "Swine flu source spawns wild theories." Reuters, 30 April.

Available online at http://www.reuters.com/article/2009/04/30/us-flu-theories-idUSTRE53T3ZK20090430.
38. Pope L(2009). "Smithfield Swine Herd in Veracruz, Mexico Tests Negative for Human A(H1N1) Influenza." Available online at http://www.prnewswire.com/news-releases/smithfield-swine-herd-in-veracruz-mexico-tests-negative-for-human-ah1n1-influenza-61875212.html.
39. Randewich N and M Rosenberg(2008). "UPDATE 2-Mexico clears more US meat plants, beefs up controls." Reuters, 30 December. Available online at http://www.reuters.com/article/2008/12/30/mexico -meat-ban-idUSN3035118520081230.
40. Cohen J(2009). "Out of Mexico? Scientists ponder swine flu's origins." *Science* 324: 700-702. Available online at http://www.sciencemag.org/content/324/5928/700.full.
41. Lopez JH(2009). "Astillero." *La Jornada*. 29 April. Available online at http://www.jornada.unam.mx/2009/04/29/index.php?section=politica&article=004o1pol.
42. Carvajal D and S Castle(2009). "A U.S. hog giant transforms Eastern Europe." *New York Times*. 5 May. Available online at http://www.jornada.unam.mx/2009/04/29/index.php?section=politica&article=004o1pol.
43. Blackwell JR(2009). "Smithfield seeks to ease flu concerns." *Richmond Times-Dispatch*. 6 May. Available online at http://www.richmond.com/business/article_3477015d-0e1e-5e9a-bb1c-fae06f1bee80.html.
44. Philpott T(2009). "Smithfield: Don't worry, we're testing our Mexican hogs for swine flu." *Grist*. 7 May. Available online at http://grist.org/article/2009-05-06-smithfield-self-regulate/.
45. Anonymous(2009). "Swine Influenza A (H1N1) infection in two children—Southern California, March–April 2009." *MMWR* 58 (Dispatch): 1-3. Available online at http://www.cdc.gov/mmwr/preview/mmwrhtml/mm58d0421a1.htm.
46. Gillan C(2009). "Farmers fear pigs may get 'swine' flu from people." Reuters, 1 May. Available online at http://www.reuters.com/article/2009/05/02/us-flu-hogs-idUSTRE5401DJ20090502.
47. Branswell H(2009). "Circumstantial evidence the only proof of person-to-pig H1N1 infection: CFIA." *The Canadian Press*. 9 May. Available online at http://www.winnipegfreepress.com/special/flu/Circumstantial-evidence-

the-only-proof-of-person-to-pig-H1N1-infection-CFIA.html.
48. Carvajal D and S Castle(2009). "A U.S. hog giant transforms Eastern Europe."
49. Singer P(2005). "Who pays for bird flu?" Commentary available at http://www.projectsyndicate. org/commentary/singer5.
50. Gibbon E(1788). *The History of the Decline and Fall of the Roman Empire*. Vol. 6. Strahan and Cadell, London.
51. Kelly H, Peck HA, Laurie KL, Wu P, Nishiura H et al.(2011). "The age-specific cumulative incidence of infection with pandemic Influenza H1N1 2009 was similar in various countries prior to vaccination." *PLoS ONE* 6(8): e21828. doi:10.1371/journal.pone.0021828.
52. Nelson MI, J Stratton, ML Killian, A Janas-Martindale, and AL Vincent(2015). "Continual re-introduction of human pandemic H1N1 influenza A viruses into US swine, 2009-2014." J Virol. April 1. pii: JVI.00459-15; Stincarelli M et al.(2013). "Reassortment ability of the 2009 pandemic H1N1 influenza virus with circulating human and avian influenza viruses: public health risk implications." *Virus Res*. 175(2): 151-54.

4. 역외 농업의 바이러스 정치학

53. Yuen KY and SS Wong(2005). "Human infection by avian influenza A H5N1." *Hong Kong Medical Journal* 11: 189-99.
54. Buxton Bridges C et al.(2000). "Risk of influenza A (H5N1) infection among health care workers exposed to patients with influenza A (H5N1), Hong Kong." *Journal of Infectious Diseases* 181: 344-48; de Jong MD et al.(2006). "Fatal outcome of human influenza A (H5N1) is associated with high viral load and hypercytokinemia." *Nature Medicine* 12: 1203-7.
55. Smith GJD et al.(2006). "Emergence and predominance of an H5N1 influenza variant in China." *Proceedings of the National Academy of Sciences USA* 103: 16936-41.
56. Kandun IN et al.(2006). "Three Indonesian clusters of H5N1 virus infection in 2005." *New England Journal of Medicine* 355: 2186-94; Yang Y, ME Halloran, J Sugimoto and IM Longini(2007). "Detecting human-to-human transmission of avian influenza A (H5N1)." *Emerging Infectious Diseases* 13: 1348-53.

57. Braun B(2007). "Biopolitics and the molecularization of life." *Cultural Geographies* 14: 6 –28.
58. Castree N(2008). "Neoliberalising nature: The logics of deregulation and reregulation." *Environment and Planning* A 40: 131 –52; Castree N(2008). "Neoliberalising nature: Processes, effects, and evaluations." *Environment and Planning A* 40: 153 –73.
59. Benton T(1989). "Marxism and natural limits." *New Left Review* 178: 51 –81.
60. Dieckmann U, JAJ Metz, MW Sabelis, and K Sigmund (eds)(2002). *Adaptive Dynamics of Infectious Diseases: In Pursuit of Virulence Management*. Cambridge University Press, Cambridge, UK; Ebert D and JJ Bull(2008). "The evolution and expression of virulence." In SC Stearns and JC Koella (eds), *Evolution in Health and Disease*, 153 –67. Oxford University Press, Oxford.
61. Capua I and DJ Alexander(2004). "Avian influenza: Recent developments." *Avian Pathology* 33: 393 –404.
62. Graham JP, JH Leibler, LB Price, JM Otte, DU Pfeiffer, T Tiensin, and EK Silbergeld(2008). "The animal –human interface and infectious disease in industrial food animal production: Rethinking biosecurity and biocontainment."
63. Otte J, D Roland-Holst, D Pfeiffer, R Soares-Magalhaes, J Rushton, J Graham, and E Silbergeld(2007). *Industrial Livestock Production and Global Health Risks*. Food and Agriculture Organization Pro-Poor Livestock Policy Initiative research report. Available online at http://www.fao.org/ag/againfo/programmes/en/pplpi/docarc/rephpai_industrialisationrisks.pdf.
64. Garrett KA and CM Cox(2008). "Applied biodiversity science: Managing emerging diseases in agriculture and linked natural systems using ecological principles." In RS Ostfeld, F Keesing and VT Eviner (eds), *Infectious Disease Ecology: Effects of Ecosystems on Disease and of Disease on Ecosystems*, 368 –86. Princeton University Press, Princeton.
65. Striffler S(2005). *Chicken: The Dangerous Transformation of America's Favorite Food*. Yale University Press, New Haven.
66. Duan L et al.(2007). "Characterization of low-pathogenic H5 subtype influenza viruses from Eurasia: Implications for the origin of highly pathogenic H5N1 viruses." *Journal of Virology* 81: 7529 –39.
67. Vijaykrishna D, J Bahl, S Riley, L Duan, JX Zhang, H Chen, JS Peiris,

GJ Smith and Y Guan(2008). "Evolutionary dynamics and emergence of panzootic N5N1 influenza viruses." *PLoS Pathogens* 4(9): e1000161.
68. Cecchi G, A Ilemobade, Y Le Brun, L Hogerwerf and J Slingenbergh(2008). "Agroecological features of the introduction and spread of the highly pathogenic avian influenza (HPAI) H5N1 in northern Nigeria." *Geospatial Health* 3: 7 – 16.
69. Lu CY, JH Lu, WG Chen, LF Jiang, BY Tan, WH Ling, BJ Zheng and HY Sui(2008). "Potential infections of H5N1 and H9N2 avian influenza do exist in Guangdong population of China." *Chinese Medical Journal* 121: 2050 – 53.
70. Wang M, C-X Fu, and B-J Zheng(2009). "Antibodies against H5 and H9 avian influenza among poultry workers in China." *New England Journal of Medicine* 360: 2583 – 84.
71. Zhang P, Y Tang, X Liu, D Peng, W Liu, H Liu, S , and X Lin(2008). "Characterization of H9N2 influenza viruses isolated from vaccinated flocks in an integrated broiler chicken operation in eastern China during a 5-year period(1998 – 2002)." *Journal of General Virology* 89: 3102 – 12.
72. Smith GJD et al.(2006). "Emergence and predominance of an H5N1 influenza variant in China."
73. Yaron Y, Y Hadad, and A Cahaner(2004). "Heat tolerance in featherless broilers." Proceedings of the 22nd World Poultry Congress, Istanbul, Turkey, 8 – 12 June.
74. Sun AD, ZD Shi, YM Huang, and SD Liang(2007). "Development of out-of-season laying in geese and its impact on the goose industry in Guangdong Province, China." *World's Poultry Science Journal* 63: 481 – 90.
75. Marx K(1867;1990). *Capital: A Critique of Political Economy*. Vol 1. Penguin, London.
76. Boyd W and M Watts(1997). "Agro-industrial just in time: The chicken industry and postwar American capitalism." In D Goodman and MJ Watts (eds), *Globalising Food: Agrarian Questions and Global Restructuring*. 139 – 65. Routledge, London.
77. Striffler S(2005). *Chicken: The Dangerous Transformation of America's Favorite Food*; Manning L and RN Baines(2004). "Globalisation: A study of the poultry-meat supply chain." *British Food Journal* 106: 819 – 36.
78. Graham JP, JH Leibler, LB Price, JM Otte, DU Pfeiffer, T Tiensin,

and EK Silbergeld(2008). "The animal–human interface and infectious disease in industrial food animal production: Rethinking biosecurity and biocontainment."

79. Food and Agriculture Organization of the United Nations(2003). *World Agriculture: Towards 2015/2030: An FAO Perspective*. Earthscan, London.
80. Burch D(2005). "Production, consumption and trade in poultry: Corporate linkages and North–South supply chains." In N Fold and W Pritchard (eds). *Cross-Continental Food Chains*, 166–78. Routledge, London.
81. Harvey D(1982/2006). *The Limits to Capital*. Verso, New York.
82. Davis M(2005). *The Monster at Our Door: The Global Threat of Avian Flu*.
83. Delforge I(2007). *Contract Farming in Thailand: A View from the Farm*. Occasional. Paper 2, Focus on the Global South, CUSRI. Bangkok, Thailand: Chulaongjorn University. Available online at http://www.focusweb.org/pdf/occasional-papers2-contract-farming.pdf.
84. Wan XF et al.(2005). "Genetic characterization of H5N1 avian influenza viruses isolated in southern China during the 2003–04 avian influenza outbreaks." *Archives of Virology* 150: 1257–66.
85. Wang J et al.(2008). "Identification of the progenitors of Indonesian and Vietnamese avian influenza A (H5N1) viruses from southern China." *Journal of Virology* 82: 3405–14.
86. Mukhtar MM et al.(2007). "Origins of highly pathogenic H5N1 avian influenza virus in China and genetic characterization of donor and recipient viruses." *Journal of General Virology* 88: 3094–99.
87. Li KS et al.(2004). "Genesis of a highly pathogenic and potentially pandemic H5N1 influenza virus in eastern Asia." *Nature* 430: 209–13.
88. Tseng W and H Zebregs(2003). "Foreign direct investment in China: Some lessons for other countries." In W Tseng and M Rodlauer (eds), *China, Competing in the Global Economy*, 68–88. International Monetary Fund, Washington DC.
89. Perkins FC(1997). "Export performance and enterprise reform in China's coastal provinces." *Economic Development and Cultural Change* 45: 501–39.
90. Hertel TW, A Nin-Pratt, AN Rae, and S Ehui(1999). "Productivity growth and catching-up: Implications for China's trade in livestock products." Paper presented at the International Agricultural Trade Research Consortium meeting on China's Agricultural Trade and Policy, San

Francisco, CA, 25 – 26 June. Available online at http://www.agecon.ucdavis.edu/people/faculty/facultydocs/Sumner/iatrc/hertel.pdf.
91. Carter CA and X Li(1999). "Economic reform and the changing pattern of China's agricultural trade." Paper presented at International Agricultural Trade Research Consortium San Francisco, 25 – 26 June. Available online at http://www.agecon.ucdavis.edu/people/faculty/facultydocs/Sumner/iatrc/colin.pdf.
92. Whalley J and X Xin(2006). "China's FDI and non-FDI economies and the sustainability of future high Chinese growth." Working paper no. 12249. National Bureau of Economic Research, Cambridge, MA. Available online at http://unpan1.un.org/intradoc/groups/public/documents/APCITY/UNPAN026113.pdf.
93. Yeung F(2008). "Goldman Sachs pays US$300m for poultry farms." *South China Morning Post*, 4 August.
94. Wong E(2008). "Hints of discord on China land reform." *New York Times*. 16 October.
95. Harvey D(2006). *Spaces of Global Capitalism: A Theory of Uneven Geographical Development*. Verso, London.
96. Heartfield J(2005). "China's comprador capitalism is coming home."
97. Rozelle S, C Pray and J Huang(1999). "Importing the means of production: Foreign capital and technologies flows in China's agriculture."
98. Haley G, CT Tan, and U Haley(1998). *The New Asian Emperors: The Chinese Overseas, Their Strategies and Competitive Advantages*. Butterworth Heinemann, London.
99. Gu C, J Shen, W Kwan-Yiu, and F Zhen(2001). "Regional polarization under the socialist market system since 1978: A case study of Guangdong province in south China"; Lin GCS(2000). "State, capital, and space in China in an age of volatile globalization." *Environment and Planning* A 32: 455 – 71.
100. Simpson JR, Y Shi, O Li, W Chen, and S Liu(1999). "Pig, broiler and laying hen farm structure in China, 1996." Paper presented at IARTC International Symposium, 25 – 26 June. Available online at http://sumner.ucdavis.edu/facultydocs/Sumner/iatrc/simpson.pdf.
101. Tan KS and HE Khor(2006). "China's changing economic structure and implications for regional patterns of trade, protection and integration."

102. Li M(2008). "An age of transition: The United States, China, Peak Oil, and the demise of neoliberalism." *Monthly Review* 59: 20 –34.
103. Hart-Landsberg M and P Burkett(2005). *China and Socialism: Market Reforms and Class Struggle*.
104. Davis M(2006). *Planet of Slums*. Verso, London.
105. Tucker JD, GE Henderson, TF Wang, YY Huang, W Parish, SM Pan, XS Chen, and MS Cohen(2005). "Surplus men, sex work, and the spread of HIV in China." *AIDS* 19: 539 –47.
106. Carter CA and X Li(1999). "Economic reform and the changing pattern of China's agricultural trade." US Trade Representative(1998). "National trade estimate report on foreign trade barriers: China." Washington, DC. Available online at http://www.ustr.gov/assets/Document_Library/Reports_Publications/1998/1998_National_Trade_Estimate/asset_upload_file20_2798.pdf.
107. Lin GCS(2000). "State, capital, and space in China in an age of volatile globalization."
108. Hertel TW, K Anderson, JF Francois, and W Martin(2000). *Agriculture and Nonagricultural Liberalization in the Millennium Round*. Policy Discussion Paper No. 0016, Centre for International Economic Studies. University of Adelaide, Adelaide, Australia. Available online at https://www.gtap.agecon.purdue.edu/resources/download/689.pdf.
109. Gilbert M, P Chaitaweesub, T Parakamawongsa, S Premashthira, T Tiensin, W Kalpravidh, H Wagner and J Slingenbergh(2006). "Free-grazing ducks and highly pathogenic avian influenza, Thailand." *Emerging Infectious Diseases* 12: 227 –234; Gilbert M et al.(2008). "Mapping H5N1 highly pathogenic avian influenza risk in Southeast Asia." *Proceedings of the National Academy of Sciences USA* 105: 4769 –74.
110. Leff B, N Ramankutty, and JA Foley(2004). "Geographic distribution of major crops across the world." *Global Biogeochemical Cycles* 18. Available online at http://www.sage.wisc.edu/pubs/articles/F-L/Leff/Leff2004GBC.pdf.
111. Phongpaichit P and C Baker(1995). *Thailand, Economy and Politics*. Oxford University Press, Oxford.
112. Molle F(2007). "Scales and power in river basin management: The Chao Phraya River in Thailand." *The Geographical Journal* 173: 358 –73.

113. Jeffries RL, RF Rockwell, and KF Abraham(2004). "The embarrassment of riches: Agricultural food subsidies, high goose numbers, and loss of Arctic wetlands—a continuing saga." *Environmental Reviews* 11: 193-232; Van Eerden MR, RH Drent, J Stahl, and JP Bakker(2005). "Connecting seas: Western Palearctic continental flyway for water birds in the perspective of changing land use and climate." *Global Change Biology* 11: 894-908.
114. Hammond E(2007). "Flu virus sharing summit: Wrap-up." Effect Measure blog. http://scienceblogs.com/effectmeasure/2007/11/flu_virus_sharing_summit_wrap_1.php; Hammond E(2008). "Material transfer agreement hypocrisy." Immunocompetent blog. http://immunocompetent.com/index.php?op=ViewArticle&articleId=4&blogId=1.
115. Harvey D(1982/2006). *The Limits to Capital*.
116. Lewontin R and R Levins(2007). "The maturing of capitalist agriculture: Farmer as proletarian."

2부

1. 우리가 역병이라면

1. Goodman A and S Žižek(2010). "Slavoj Žižek: Far right and anti-immigrant politicians on the rise in Europe." *Democracy Now!* 18 October 2010. Available online at http://www.democracynow.org/2010/10/18/slavoj_zizek_far_right_and_anti.
2. Wallace RG and H Stern. "By protease uracil load Qinghai-like and southern Chinese influenza A (H5N1) appear closest to evolving human-to-human infection." Unpublished ms.
3. Levins R(1998). "The internal and external in explanatory theories." *Science as Culture* 7 :557-82.

2. 인플루엔자의 역사적 현재

4. Wallace RG, L Bergmann, L Hogerwerf, and M Gilbert(2010). "Are influenzas in southern China byproducts of the region's globalising historical present?" In S Craddock, T Giles-Vernick, and J Gunn (eds), *Influenza and Public Health: Learning from Past Pandemics*. EarthScan Press, London.

5. Hogerwerf L, RG Wallace, D Ottaviani, J Slingenbergh, D Prosser, L Bergmann, and M Gilbert(2010). "Persistence of highly pathogenic influenza A (H5N1) defined by agro-ecological niche." *EcoHealth*. DOI: 10.1007/s10393-010-0324-z.
6. BBC News(2000). "Duck patrol advances on China's locusts." 12 July. Available online at http://news.bbc.co.uk/2/hi/asia-pacific/830435.stm.
7. Simoons FJ(1991). *Food in China: A Cultural and Historical Inquiry*. CRC Press, Boca Raton, FL.
8. Wang J, et al.(2008). "Identification of the progenitors of Indonesian and Vietnamese avian influenza A (H5N1) viruses from southern China." *Journal of Virology* 82: 3405–14.
9. Seto KC and M Fragkias(2005). "Quantifying spatiotemporal patterns of urban land-use change in four cities of China with time series landscape metrics." *Landscape Ecology* 20: 871–88.

3. 인플루엔자는 여러 시제에서 진화한다

10. Itoh Y et al.(2009). "In vitro and in vivo characterization of new swine-origin H1N1 influenza viruses." *Nature* 460: 1021–25.
11. Waddington CH(1952). "Genetic assimilation of an acquired character." *Evolution* 7: 118–26.

4. 바이러스 덤핑

12. Wise TA(2010). *Agricultural Dumping under NAFTA: Estimating the Costs of U.S. Agricultural Policies to Mexican Producers*. Mexican Rural Development Research Report No. 7, Woodrow Wilson International Center for Scholars. Available online at http://www.ase.tufts.edu/gdae/policy_research/AgNAFTA.html.
13. Wise TA(2010), *Agricultural Dumping under NAFTA: Estimating the Costs of U.S. Agricultural Policies to Mexican Producers*.
14. Saviano R(2007). *Gomorra*. Farrar, Straus and Giroux, New York.
15. Hayes S(2009). "Tag, we're it." *New York Times*, 10 March. Available online at http://www.nytimes.com/2009/03/11/opinion/11hayes.html?_r=1&scp=1&sq=farm+animals&st=nyt.

5. 티키는 떨어졌지만

16. Against the Grain(2010). *Harvey on Left Organization; Coyle on Cutting the Work Week*. 15 November. Available online at http://www.againstthegrain.org/program/368/id/461234/mon-11-15-10-harvey-left-organization-coyle-cutting-work-week; Hari J(2010). "How Goldman gambled on starvation." *The Independent*. 2 July. Available online at http://www.independent.co.uk/voices/commentators/johann-hari/johann-hari-how-goldman-gambled-on-starvation-2016088.html.
17. Fassler J(2010). "Conventional vs. organic: An Ag Secretary race to watch." *The Atlantic*, 27 October. Available online at http://www.theatlantic.com/health/archive/2010/10/conventional-vs-organic -an-ag-secretary -race-to-watch/65144/.
18. Pretty J(2009). "Can ecological agriculture feed nine billion people?" *Monthly Review* 61(6): 46 – 58. Available online at http://monthlyreview.org/2009/11/01/can-ecological-agriculture-feed-nine-billion-people.
19. Blum D(2010). "Arsenic and Tom Turkey." *Los Angeles Times*. 24 November. Available online at http://articles.latimes.com/2010/nov/24/opinion/la-oe-blum-turkey-arsenic-20101124.
20. Chrisman S(2010). "Looking back at a year of ag industry consolidation workshops, ahead of finale this week." *Civil Eats*. 6 December. Available online at http://civileats.com/2010/12/06/looking-back-at-a-year-of-ag-industry-consolidation-workshops-ahead-of-finale-this-week/.

3부

1. 에일리언 대 프레데터

1. Ehrenberg R(2008). "NASA unveils arsenic life form." *WIRED*. 2 December. Available online at http://www.wired.com/2010/12/nasa-finds -arsenic-life-form/.
2. Wolfe-Simon F et al.(2010). "A bacterium that can grow by using arsenic instead of phosphorus." *Science* 332: 1163 – 66.
3. Torrence PF(ed)(2007). *Combating the Threat of Pandemic Influenza: Drug Discovery Approaches*, Wiley, New York; Webster RG(2001). "A molecular whodunit." *Science* 293: 1773 – 75; Cinatl J, M Michaelis, and HW

Doerr(2007). "The threat of avian influenza A (H5N1), Part 1: Epidemiologic concerns and virulence determinants." *Medical Microbiology and Immunology* 196(4): 181-90.

4. Sankaranarayanan K, MN Timofeeff, R Spathis, TK Lowenstein, and JK Lum(2011). "Ancient Microbes from Halite Fluid Inclusions: Optimized Surface Sterilization and DNA Extraction." *PLoS ONE* 6(6): e20683. doi:10.1371/journal.pone.0020683; Lowenstein T(2011). "Bacteria back from the brink." *Earth magazine*. April. Available online at http://jahrenlab.com/storage/EARTH%20Magazine%202011.pdf.
5. Koribanics NM et al.(2015). "Spatial distribution of an uranium-respiring betaproteobacterium at the Rifle, CO Field Research Site." *PLoS ONE* 10(4): e0123378. doi:10.1371/journal.pone.0123378.
6. Reid C(2015). "Scientists find bacteria that 'breathe' uranium." *IFL Science!* 15 June. Available online at http://www.iflscience.com/environment/scientists-find-bacteria-thrive-uranium.

2. 사이언티픽 아메리칸

7. Lyall J et al.(2011). "Suppression of avian influenza transmission in genetically modified chickens." *Science* 331: 223-26.
8. Branswell H(2011). "Flu factories." *Scientific American*. January. Available online at http://www.scientificamerican.com/article/pandemic-flu-factories/.
9. Meyers KP et al.(2006). "Are swine workers in the United States at increased risk of infection with zoonotic influenza virus?" *Clin Infect Dis*. 42(1): 14-20.
10. Yowell E and FG Estrow(2011). "Farm Bill 1.01: An introduction and brief history of the Farm Bill." Food Systems Network NYC. Available online at http://www.foodsystemsnyc.org/articles/farm-bill-jan-2011.

3. 바이러스의 '악의 축'

11. Grmek MD(1990). *History of AIDS: Emergence and Origin of a Modern Pandemic*. Princeton University Press, Princeton.
12. Marcelin A-G et al.(2004). "Quantification of Kaposi's Sarcoma-Associated Herpesvirus in blood, oral mucosa, and saliva in patients with Kaposi's Sarcoma." *AIDS Research and Human Retroviruses* 20(7): 704-8,

doi:10.1089/0889222041524689.

13. Huang L-M et al.(2001). "Reciprocal regulatory interaction between Human Herpesvirus 8 and Human Immunodeficiency Virus Type 1." *Journal of Biological Chemistry* 276: 13427-32.
14. Sun Q, S Zachariah, and PM Chaudhary(2003). "The human herpes virus 8-encoded viral FLICE-inhibitory protein induces cellular transformation via NF-kappaB activation." *J Biol Chem* 278(52): 52437-45; Sun Q, H Matta, PM Chaudhary(2005). "Kaposi's sarcoma associated herpes virus-encoded viral FLICE inhibitory protein activates transcription from HIV-1 Long Terminal Repeat via the classical NF-kappaB pathway and functionally cooperates with Tat." *Retrovirology* 2: 9.
15. Guo HG, S Pati, M Sadowska, M Charurat, and M Reitz(2004). "Tumorigenesis by human herpesvirus 8 vGPCR is accelerated by human immunodeficiency virus type 1 Tat." *J Virol.* 78(17): 9336-42.
16. Gage JR, EC Breen, A Echeverri, L Magpantay, T Kishimoto, S Miles, and O Martínez-Maza(1999). "Human herpesvirus 8-encoded interleukin 6 activates HIV-1 in the U1 monocytic cell line." *AIDS* 13(14):1851-55; Song J, T Ohkura, M Sugimoto, Y Mori, R Inagi, K Yamanishi, K Yoshizaki, and N Nishimoto(2002). "Human interleukin-6 induces human herpesvirus-8 replication in a body cavity-based lymphoma cell line." *J Med Virol.* 68(3): 404-11.
17. Lehrnbecher TL et al.(2000). "Variant genotypes of FcgammaRIIIA influence the development of Kaposi's sarcoma in HIV-infected men." *Blood.* 95(7): 2386-90.
18. Gandhi M et al.(2004). "Prevalence of human herpesvirus-8 salivary shedding in HIV increases with CD4 count." *J Dent Res.* 83(8): 639-43.
19. Cohen MS(2000). "Preventing sexual transmission of HIV—new ideas from Sub-Saharan Africa." *N Engl J Med* 342: 970-72.
20. Lawn SD(2004). "AIDS in Africa: the impact of coinfections on the pathogenesis of HIV-1 infection." *Journal of Infection* 48: 1-12.

4. 미생물은 인종주의자?

21. Wallace RG(2010). "The axis of viral." *Farming Pathogens*, 14 September. Available online at http://farmingpathogens.wordpress.com/2010/09/14/the-axis-of-viral/.

22. Arumugam M, J Raes, E Pelletier, D Le Paslier, T Yamada et al.(2011). "Enterotypes of the human gut microbiome." *Nature* 473: 174 – 80.
23. Ley RE, PJ Turnbaugh, S Klein and JI Gordon(2006). "Microbial ecology: Human gut microbes associated with obesity." *Nature* 444: 1022 – 23.
24. Smillie CS, MB Smith, J Friedman, OX Cordero, LA David, and EJ Alm(2011). "Ecology drives a global network of gene exchange connecting the human microbiome." *Nature* 480: 241 – 44.
25. Human Microbiome Project Consortium(2012). "Structure, function and diversity of the healthy human microbiome." *Nature* 486(7402): 207 – 14; Human Microbiome Project Consortium(2012). "A framework for human microbiome research." *Nature* 486(7402): 215 – 21, doi: 10.1038/nature11209; Human Microbiome Project recent publications are available online at http://www.hmpdacc.org/pubs/publications.php.
26. Duster T(2003). "Medicine and People of Color: Unlikely Mix—Race, Biology, and Drugs." *San Francisco Chronicle*. 17 March.
27. Leroi AM(2005). "A family tree in every tree." *New York Times*. 14 April. Available online at http://www.nytimes.com/2005/03/14/opinion/a-family-tree-in-every-gene.html; Wallace RG(2005). "A racialized medical genomics: Shiny, bright and wrong." *RACE: The Power of an Illusion*. Available online at http://www.pbs.org/race/000_About/002_04-background-01-13.htm.
28. Saletan W(2008). "Unfinished race: Race, genes, and the future of medicine." *Slate*. 27 August. Available online at http://www.slate.com/articles/health_and_science/human_nature/2008/08/unfinished_race.html.
29. Pollack A(2010). "His corporate strategy: The scientific method." *New York Times*. 4 September. Available online at http://www.nytimes.com/2010/09/05/business/05venter.html.
30. Kahn J(2007). "Race in a bottle: Drugmakers are eager to develop medicines targeted at ethnic groups, but so far they have made poor choices based on unsound science." *Scientific American* 297(2): 40 – 45.
31. Duster T(2003). "Medicine and People of Color: Unlikely Mix—Race, Biology, and Drugs."
32. Ackerman J(2012). "How bacteria in our bodies protect our health." *Scientific American* 306(6): 36.
33. Miller GE, Engen PA, Gillevet PM, Shaikh M, Sikaroodi M, Forsyth CB

et al.(2016). "Lower neighborhood socioeconomic status associated with reduced diversity of the colonic microbiota in healthy adults." *PLoS ONE* 11(2): e0148952, doi:10.1371/journal.pone.0148952.

4부

1. 학자들의 수다

1. FAO/OIE/WHO Joint Scientific Consultation Writing Committee(2011). *Influenza and Other Emerging Zoonotic Diseases at the Human-Animal Interface*. Proceedings of the FAO/OIE/WHO Joint Scientific Consultation, 27–29 April 2010, Verona, Italy; FAO Animal Production and Health Proceedings, No. 13. Rome, Italy. Available online at http://www.who.int/influenza/human_animal_interface/I1963E_lowres.pdf.
2. Enserlink M(2006). "As H5N1 keeps spreading, a call to release more data." *Science* 311: 1224.
3. 1st International One Health Congress Abstracts(2011). "Plenary abstracts." *EcoHealth* 7(1): 8–170.
4. One Health Platform. Available online at http://onehealthplatform.com/.
5. Han E(2016). "Colgate-Palmolive, Johnson & Johnson, and PepsiCo fail to keep palm oil promises." *Sydney Morning Herald*. 3 March. Available online at http://www.smh.com.au/business/retail/colgatepalmolive-johnsonjohnson-and-pepsico-fail-to-keep-palm-oil-promises-20160302-gn87r4.html; EcoHealth Alliance(2016) "EcoHealth Alliance Selects Colgate-Palmolive to Honor at Annual Benefit." 23 March. Available online at http://www.prnewswire.com/news-releases/ecohealth-alliance-selects-colgate-palmolive-to-honor-at-annual-benefit-300239930.html.

2. 위키리크스에 등장한 식품 제약 회사

6. Harris P(2011). "WikiLeaks has caused little lasting damage, says US State Department." *The Guardian*. 19 January. Available at http://www.guardian.co.uk/media/2011/jan/19/wikileaks-white-house-state-department; Elliot J(2010). "How the U.S. can now extradite Assange." *Salon*. 7 December. Available online at http://www.salon.com/2010/12/07/julian_assange_extradition/.

7. Žižek S(2011). "Good manners in the Age of WikiLeaks." *London Review of Books*. 20 January. Available online at http://www.lrb.co.uk/v33/n02/slavoj-zizek/good-manners-in-the-age-of-wikileaks.
8. Embassy Abuja(2009). "Nigeria: Pfizer Reaches Preliminary Agreement For A $75 Million Settlement." Dated 20 April 2009. Available online at http://cablegatesearch.net/cable.php?id=09ABUJA671&q=pfizer; Boseley S(2010). "WikiLeaks cables: Pfizer 'used dirty tricks to avoid clinical trial payout.'" *The Guardian*. 9 December. Available online at http://www.guardian.co.uk/business/2010/dec/09/wikileaks-cables -pfizer-nigeria.
9. Embassy Warsaw(2009). "Biotechnology Corn Event Demarche." 23 February. Available online at http://cablegatesearch.net/cable.php?id=09WARSAW199&q=gmo .
10. Page G(2008). *Speech: Trusting Photosynthesis*. Chautauqua Institute. 12 August. Available online at http://www.cargill.com/news/speeches-presentations/trusting-photosynthesis/index.jsp.
11. Embassy Paris(2006). "Judicial Decisions Favorable to Biotech Cultivation." 31 July. Available online at http://cablegatesearch.net/cable.php?id=06PARIS5154&q=france%20gmo%20greenpeace%20spain.
12. Embassy Paris(2007). "French Biotech Farmers Face Multiple Problems and Challenges." 13 August. Available online at http://cablegatesearch.net/cable.php?id=07PARIS3399&q=france%20gmo%20greenpeace%20spain.
13. Embassy Madrid(2009). "Spain's Biotech Crop under Threat." Dated 19 May. Available online at http://cablegatesearch.net/cable.php?id=09MADRID482&q=france%20gmo%20greenpeace%20spain.
14. Embassy Vatican(2009). "Pope Turns Up the Heat on Environmental Protection." 19 November. Available online at http://cablegatesearch.net/cable.php?id=09VATICAN119&q=gmos%20ideological%20vatican.
15. Embassy Nairobi(2009). "Cautious Kenya Finally Enacts Long Awaited Biosafety Act Of 2009." 11 March. Available online at http://cablegatesearch.net/cable.php?id=09NAIROBI496&q=genetically%20kenya%20modified.
16. Wallace RG and RA Kock(2012). "Whose food footprint? Capitalism, agriculture and the environment." *Human Geography* 5(1): 63 – 83. Available online at http://farmingpathogens.files.wordpress.com/2012 /05/hg-12-5-wallace-2.pdf.

17. Wallace RG(2010). "Virus dumping." *Farming Pathogens*. 11 November. Available online at http://farmingpathogens.wordpress.com/2010/11/11/virus-dumping/.
18. Embassy Nairobi(2009). "Cautious Kenya Finally Enacts Long Awaited Biosafety Act Of 2009."
19. Aarhus P(2012). "Africa's Frankenfoods." *The Indypendent*. 2 May. Available online at http://indypendent.org/africas-frankenfoods.
20. Embassy Nairobi(2009). "Cautious Kenya Finally Enacts Long Awaited Biosafety Act Of 2009."
21. Aarhus P(2012). "Africa's Frankenfoods."

3. 닭장 안에서 병원균은 진화한다

22. Webster RG(2001). "A molecular whodunit." *Science* 293: 1773-75; Cinatl J Jr, M Michaelis, and HW Doerr(2007). "The threat of avian influenza A (H5N1). Part I: Epidemiologic concerns and virulence determinants." *Med Microbiol Immunol* 196(4): 181-90.
23. Frank SA(1996). "Models of parasite virulence." *Quarterly Review of Biology* 71: 37-78.
24. Atkins K et al.(2010). *Livestock Landscapes and the Evolution of Virulence in Influenza*.
25. Vijaykrishna D, J Bahl, S Riley, L Duan, JX Zhang, H Chen, JS Peiris, GJ Smith, and Y Guan(2008). "Evolutionary dynamics and emergence of panzootic H5N1 influenza viruses." *PLoS Pathogens* 4(9): e1000161.
26. Capua I and DJ Alexander(2004). "Avian influenza: recent developments." *Avian Pathology* 33: 393-404.
27. Wang M, C-X Fu and B-J Zheng(2009). "Antibodies against H5 and H9 avian influenza among poultry workers in China." *New England Journal of Medicine* 360: 2583-84.
28. Zhang P, Y Tang, X Liu, D Peng, W Liu, H Liu, S Lu, and X Lin(2008). "Characterization of H9N2 influenza viruses isolated from vaccinated flocks in an integrated broiler chicken operation in eastern China during a 5-year period(1998-2002)." *Journal of General Virology* 89: 3102-12.
29. Graham JP, JH Leibler, LB Price, JM Otte, DU Pfeiffer, T Tiensin, and EK Silbergeld(2008). "The animal-human interface and infectious disease in industrial food animal production: rethinking biosecurity and

biocontainment." *Public Health Reports* 123: 282–99.
30. Atkins K et al.(2010). *Livestock Landscapes and the Evolution of Virulence in Influenza*; Alizon S, A Hurford, N Mideo, and M van Baalen(2009). "Virulence evolution and the trade-off hypothesis: History, current state of affairs and the future." *Journal of Evolutionary Biology* 22: 245–59.
31. Atkins K et al.(2010), *Livestock Landscapes and the Evolution of Virulence in Influenza*.
32. Atkins K et al.(2010). *Livestock Landscapes and the Evolution of Virulence in Influenza*; Van Baalen M and MW Sabelis(1995). "The dynamics of multiple infection and the evolution of virulence." *American Naturalist* 146: 881–910.
33. Lipsitch M and MA Nowak(1995). "The evolution of virulence in sexually transmitted HIV/AIDS." *Journal of Theoretical Biology* 174: 427–440.
34. Shim E and AP Galvani(2009). "Evolutionary repercussions of avian culling on host resistance and influenza virulence." *PLoS ONE* 4(5): e5503.
35. Shim E and AP Galvani(2009). "Evolutionary repercussions of avian culling on host resistance and influenza virulence." Tiensin TP, Chaitaweesub, T Songserm, A Chaisingh, W Hoonsuwan, C Buranathai, T Parakamawongsa, S Premashthira, A Amonsin, M Gilbert, M Nielen, and A Stegeman(2005). "Highly pathogenic avian influenza H5N1, Thailand, 2004." *Emerging Infectious Diseases* 11: 1664–72; Tiensin TP, M Nielen, H Vernooij, T Songserm, W Kalpravidh, S Chotiprasatintara, A Chaisingh, S Wongkasemjit, K Chanachai, W Thanapongtham, T Srisuvan, and A Stegeman(2007). "Transmission of the highly pathogenic avian influenza Virus H5N1 within flocks during the 2004 epidemic in Thailand." *Journal of Infectious Diseases* 196: 1679–84.
36. Soares Magalhães RJ, A Ortiz-Pelaez, K Lan Lai Thi, Q Hoang Dinh, J Otte, and DU Pfeiffer(2010). "Associations between attributes of live poultry trade and HPAI H5N1 outbreaks: A descriptive and network analysis study in northern Vietnam." *BMC Veterinary Research* 6/10: doi:10.1186/1746-6148-6-10.

4. 닭이냐 알이냐

37. Meyes PZ(2010). "Chickens, eggs, this is no way to report on science." *Pharyngula* blog. Available online at http://scienceblogs.com/

pharyngula/2010/07/chickens_eggs_this_is_no_way_t.php.

38. CNN.com(2010). "Chicken and egg debate unscrambled." 26 May. Available online at http://articles.cnn.com/2006-05-26/tech/chicken.egg_1_chicken-eggs-first-egg-first-chicken?.
39. Gura S(2007). *Livestock Genetics Companies. Concentration and Proprietary Strategies of an Emerging Power in the Global Food Economy*. League for Pastoral Peoples and Endogenous Livestock Development, Ober-Ramstadt, Germany. Available online at http://www.pastoralpeoples.org/docs/livestock_genetics_en.pdf.
40. Bugos GE(1992). "Intellectual property protection in the American chicken-breeding industry."; Koehler-Rollefson I(2006). "Concentration in the poultry sector." Presentation at "The Future of Animal Genetic Resources: Under Corporate Control or in the Hands of Farmers and Pastoralists?" International workshop, Bonn, Germany, 16 October. Available online at http://www.pastoralpeoples.org/docs/03Koehler-RollefsonLPP.pdf.
41. Associated Press(2009). "Video shows chicks ground up alive at Iowa egg hatchery." 1 September. Available online at http://articles.nydailynews.com/2009-09-01/news/17932028_1_egg-farmers-united-egg-producers-hy-line-north-america.
42. Arthur JA and GAA Albers(2003). "Industrial perspective on problems and issues associated with poultry breeding." In WM Muir and SE.Aggrey (eds), *Poultry Genetics, Breeding and Biotechnology*. CABI Publishing, UK.
43. Fulton JE(2006). "Avian Genetic Stock Preservation: An Industry Perspective." Paper for the Poultry Science Association Ancillary Scientists Symposium on "Conservation of Avian Genetic Resources: Current Opportunities and Challenges," July 31, 2005, Auburn, AL, organized and chaired by Dr. Muquarrab Qureshi. *Poultry Science* 85(2): 227-31.
44. Layton L(2010). "Salmonella-tainted eggs linked to U.S. government's failure to act." *Washington Post*. 11 December. Available online at http://www.washingtonpost.com/wp-dyn/content/article/2010/12/10/AR2010121007485.html.
45. Cornucopia Institute(2010). *Family Farmers Face Unfair Competition from "Organic" Factory Farms*. 26 September. Available online at http://www.cornucopia.org/2010/09/scrambled-eggs-report-spotlights-systemic-abuses-in-organic-egg-production/.

46. Neuman W(2010). "Clean living in the henhouse." *New York Times*. 6 October. Available online at http://www.nytimes.com/2010/10/07/business/07eggfarm.html; Kirby D(2010). *Animal Factory*. St. Martin's Press, New York.
47. Neuman W(2010). "An Iowa egg farmer and a history of salmonella." *New York Times*. 21 September. Available online at: http://www.nytimes.com/2010/09/22/business/22eggs.html.
48. Walsh P and M Hughlett(2012). "Listeria risk spurs Michael Foods to widen egg recall." Star Tribune. 2 February. Available online at http://www.startribune.com/local/138562219.html.
49. Fulton JE(2006). "Avian Genetic Stock Preservation: An Industry Perspective."
50. Neuman W(2010). "Fried, scrambled, infected." *New York Times*. 25 September. Available online at http://www.nytimes.com/2010/09/26/weekinreview/26eggs.html.
51. Office of Public Affairs(2014). "Iowa Company and Top Executives Plead Guilty in Connection with Distribution of Adulterated Eggs." Department of Justice. 3 June. Available online at http://www.justice.gov/opa/pr/iowa-company-and-top-executives-plead-guilty-connection-distribution-adulterated-eggs.
52. Cone T(2012). "Federal bill would give nation's hens bigger cages." Associated Press. 2 June. Available online at http://news.yahoo.com/federal-bill-nations-hens-bigger-cages-181439436.html.
53. Associated Press(2014). "U.S. judge dismisses 6-state suit over California egg law." 4 October. Available online at http://www.nytimes.com/2014/10/04/business/us-judge-dismisses-6-state-suit-over-california-egg-law.html.
54. Sun LH(2015). "Big and deadly: Major foodborne outbreaks spike sharply." *Washington Post*. 3 November. Available online at https://www.washingtonpost.com/news/to-your-health/wp/2015/11/03/major-foodborne-outbreaks-in-u-s-have-tripled-in-last-20-years/.
55. Stobbe M(2015). "CDC: More food poisoning outbreaks cross state lines." Associated Press. 3 November. Available online at http://bigstory.ap.org/article/150391c4ebd349cf8aee811aa2258b56/cdc-more-food -poisoning-outbreaks-cross-state-lines.

5. 가면을 쓴 의사들

56. Cipolla CM(1981). *Fighting the Plague in Seventeenth-Century Italy*. University of Wisconsin Press, Madison.
57. Watts S(1997). *Epidemics and History: Disease*, Power and Imperialism. Bath Press, Bath UK.

5부

1. 힘없이 부서진 날개

1. Wallace RG(2012). "The Dirty Dozen." Published for the first time in this volume.
2. Graham JP, Leibler JH, Price L B, Otte JM, Pfeiffer DU, Tiensin T, and Silbergeld EK(2008). "The animal-human interface and infectious disease in industrial food animal production: Rethinking biosecurity and biocontainment." *Public Health Reports* 123: 282-99.

2. 누구의 식량발자국?

3. Food and Agriculture Organization(2011). *The State of Food and Agriculture*, 2010-2011. FAO Economic and Social Development Department, Rome, Italy. Available online at http://www.fao.org/docrep/013/i2050e/i2050e00.htm.
4. Clay J(2011). "Freeze the footprint of food." *Nature* 475: 287-89.
5. Foley JA et al.(2011). "Solutions for a cultivated planet." *Nature* 478: 337-42; Foley JA(2011). "Can we feed the world and sustain the planet?" *Scientific American* 305(5): 60-65; Holmes G(2011). "Conservation's friends in high places: Neoliberalism, networks, and the transnational conservation elite." *Global Environmental Politics* 11: 1-21.
6. Clay J(2010). "How big brands can help save biodiversity." TED Talks. 16 August. Available online at http://www.youtube.com/watch?v=jcp5vvxtEaU.
7. Food and Agriculture Organization(2011). *The State of Food and Agriculture*, 2010-2011. FAO Economic and Social Development Department, Rome, Italy. Available online at http://www.fao.org/docrep/013/i2050e/i2050e00.htm; Baird V(2011). "Why population hysteria is more damaging than it seems." *The Guardian*. 24 October. Available online at http://

www.guardian.co.uk/environment/2011/oct/24/population-hysteria-damaging?newsfeed=true.

8. World Rainforest Movement(2010). "The 'greening' of a shady business—Roundtable for Sustainable Palm Oil." *GRAIN*. October 2010. Available online at http://www.grain.org/article/entries/4046-the-greening-of-a-shady-business-roundtable-for-sustainable-palm-oil#_ref.
9. Clay J(2010). "How big brands can help save biodiversity."
10. Pason Center for International Development and Technology Transfer(2011). *Oversight of Public and Private Initiatives to Eliminate the Worst Forms of Child Labor in the Cocoa Sector in Côte d'Ivoire and Ghana*. Tulane University. Available online at http://www.childlabor-payson.org/Tulane%20Final%20Report.pdf; Burke L(2012). "Ivory Coast's child labor behind chocolate." *Global Post*. Available online at http://www.globalpost.com/dispatch/news/regions/africa/120116/ivory-coast-child-labor-chocolate-cocoa-industry.
11. Giampietro M(1994). "Sustainability and technological development in agriculture: A critical appraisal of genetic engineering." *BioScience* 44(10): 677-89.
12. Haas R, M Canavari, B Slee, T Chen, and B Anurugsa(2010). "Organic and quality food marketing in Asia and Europe: A double-sided perspective on marketing of quality food products." In R Haas, M Canavari, B Slee, T Chen, and B Anurugsa (eds). *Looking East, Looking West: Organic and Quality Food Marketing in Asia and Europe*. Wageningen Academic Publishers, The Netherlands; Smith MD et al.(2010). "Sustainability and global seafood." *Science* 327: 784-86.
13. Mansfield B, DK Munroe, and K McSweeny(2010). "Does economic growth cause environmental recovery? Geographical explanations of forest regrowth." *Geography Compass* 4: 416-27.
14. Moore JW(2012). "Cheap food and bad money: Food, frontiers, and financialization in the rise and demise of neoliberalism." *Review: A Journal of the Fernand Braudel Center* 33(2-3): 225-261.
15. Clay J(2011). "Freeze the footprint of food."
16. Allina-Pisano J(2008). *The Post-Soviet Potemkin Village: Politics and Property Rights in the Black Earth*. Cambridge University Press, New York; Wallace RG, L Bergmann, L Hogerwerf, and M Gilbert(2010). "Are influenzas in

southern China byproducts of the region's globalising historical present?" In S Craddock, T Giles–Vernick, and J Gunn (eds), *Influenza and Public Health: Learning from Past Pandemics*. EarthScan Press, London.

17. Holmes G(2011). "Conservation's friends in high places: Neoliberalism, networks, and the transnational conservation elite."
18. Foster JB, B Clark, and R York(2010). *The Ecological Rift: Capitalism's War on the Earth*; Lauderdale JM(1804). *An Inquiry into the Nature and Origin of Public Wealth and into the Means and Causes of Its Increase*. Arch. Constable and Co., Edinburgh.
19. Li TM(2009). "Exit from agriculture: A step forward or a step backward for the rural poor?" *Journal of Peasant Studies*. 365: 629–36; Harvey D(2010). *The Enigma of Capital and the Crises of Capitalism*. Oxford University Press, New York.
20. Henshaw C(2010). "Private sector interest grows in African farming." *Wall Street Journal*. 28 October. Available online at http://www.wsj.com/articles/SB10001424052702303467004575574152965709226.
21. Oakland Institute(2011). *Special Investigation: Understanding Land Investment Deals in Africa*. Available online at http://media.oaklandinstitute.org/special–investigation–understanding–land–investment –deals–africa.
22. Vidal J and C Provost(2011). "US universities in Africa 'land grab.'" *The Guardian*. 8 June. Available online at http://www.guardian.co.uk/world/2011/jun/08/us– universities– africa– land– grab.
23. Henshaw C(2010). "Private sector interest grows in African farming."
24. Oakland Institute(2011). *Land Deal Brief: AgriSol Energy and Pharos Global Agriculture Fund's Land Deal in Tanzania*. Available online at http://media.oaklandinstitute.org/land–deal–brief–agrisol–energy–and–pharos–global–agriculture–fund%E2%80%99s–land–deal–tanzania.
25. Vidal J and C Provost(2011). "US universities in Africa 'land grab.'"
26. Ibid.
27. Behnke R and C Kerven(2011). *Replacing Pastoralism with Irrigated Agriculture in the Awash Valley, North–Eastern Ethiopia: Counting the Costs*. Paper presented at the International Conference on Future of Pastoralism, 21–23 March 2011. Organized by the Future Agricultures Consortium at the Institute of Development Studies, University of Sussex and the Feinstein International Center, Tufts University.

28. Oakland Institute(2011). *Land Deal Brief: Nile Trading and Development, Inc. in South Sudan*. Available online at http://www.oaklandinstitute.org/land-deal-brief-nile-trading-and-development-inc-south-sudan.
29. Vidal J(2010). "Why is the Gates foundation investing in GM giant Monsanto?" *The Guardian*. Poverty Matters blog. 29 September. Available online at http://www.guardian.co.uk/global-development/poverty-matters/2010/sep/29/gates-foundation-gm-monsanto.
30. Anson A(2011). "The 'bitter fruit' of a new agrarian model: Large-scale land deals and local livelihoods in Rwanda." Paper presented at the International Conference on Global Land Grabbing, 6-8 April 2011, Institute of Development Studies, University of Sussex.
31. Arrighi G(1966). "The political economy of Rhodesia." *New Left Review* 1/39: 35-65.
32. Arrighi G(2009). "The winding paths of capital." *New Left Review* 56: 61-94.
33. Wallace RG(2011). "Egypt's food pyramid." *Farming Pathogens*. 16 February. Available online at http://farmingpathogens.wordpress.com/2011/02/16/egypts-food-pyramids/.
34. Wallace RG(2009). "Breeding influenza: The political virology of offshore farming."
35. Davis DK(2006). "Neoliberalism, environmentalism, and agricultural restructuring in Morocco." *The Geographical Journal* 172: 88-105.
36. Chee-Sanford JC et al.(2009). "Fate and transport of antibiotic residues and antibiotic resistance genes following land application of manure waste." *Journal of Environmental Quality* 38(3): 1086-1108. Available online at http://agdb.nal.usda.gov/bitstream/10113/29182/1/IND44197785.pdf; Gadd JB, LA Tremblay, and GL Northcott(2010). "Steroid estrogens, conjugated estrogens and estrogenic activity in farm dairy shed effluents." *Environmental Pollution* 158(3): 730-36.
37. Xua J, L Wub, and AC Chang(2009). "Degradation and adsorption of selected pharmaceuticals and personal care products (PPCPs) in agricultural soils." *Chemosphere* 77(10): 1299-1305.
38. Monath TP(2011). "Classical live viral vaccines." In PR Dormitzer et al. (eds). *Replicating Vaccines*. Birkhäuser Advances in Infectious Diseases, Part 1, 47-69. Springer, Basel. doi: 10.1007/978-3-0346-0277-8_3.

39. Vogel G(2011). "Egyptian fenugreek seeds blamed for deadly E. coli outbreak; European authorities issue recall." *ScienceInsider*. 5 July. Available online at http://news.sciencemag.org/scienceinsider/2011/07/egyptian-fenugreek-seeds-blamed.html.
40. Clay J(2010). "*How big brands can help save biodiversity*."; Bello W and M Baviera(2010). "Food wars." In F Magdoff and B Toker (eds), *Agriculture and Food in Crisis: Conflict, Resistance, and Renewal*. Monthly Review Press, New York.
41. Weiss T(2007). *The Global Food Economy: The Battle for the Future of Farming*; Perfecto I and J Vandermeer(2010). "The agroecological matrix as alternative to the land-sparing/agriculture intensification model." *Proceedings of the National Academy of Sciences* 107(13): 5786-91; Holt-Giménez E, R Patel, and A Shattuck(2009). *Food Rebellions! Crisis and the Hunger for Justice*. Food First Books, Oakland, CA.
42. Badgley C, J Moghtader, E Quintero, E Zakem, MJ Chappell, K Aviles-Vazquez, A Samulon, and I Perfecto(2007). "Organic agriculture and the global food supply." *Renewable Agriculture and Food Systems* 22(2): 86-108; Pretty J, C Toulmin, and S Williams(2011). "Sustainable intensification in Africa." *International Journal of Agricultural Sustainability* 9(1): 5-24.
43. Pretty J(2009). "Can ecological agriculture feed nine billion people?" *Monthly Review* 61(6): 46-58. Available online at http://monthlyreview.org/2009/11/01/can-ecological-agriculture-feed-nine-billion-people.
44. Malkin E(2010). "Zapotec Indians grow trees, and jobs, in Oaxaca, Mexico." *New York Times*. 22 November. Available online at http://www.nytimes.com/2010/11/23/world/americas/23mexico.html.
45. Bennegouch N and M Hassane(2010). "MOORIBEN: the experience of a system of integrated services for Nigerien farmers." *Farming Dynamics*. SOS Faim newsletter, September 2010. Available online at http://www.sosfaim.be/pdf/publications_en/farming_dynamics/mooriben-for-nigerien-farmers-farming-dynamics23.pdf.
46. Mortimore M et al.(2009). *Dryland Opportunities: A New Paradigm for People, Ecosystems and Development*; Kock RA(2010). "The newly proposed Laikipia disease control fence in Kenya." In K Ferguson and J Hanks (eds). *Fencing Impacts: A Review of the Environmental, Social and Economic Impacts of Game and Veterinary Fencing in Africa with Particular Reference to the Great*

Limpopo and Kavango–Zambezi Transfrontier Conservation Areas, 71–75. Pretoria Mammal Research Institute.

47. Scherr SJ and JA McNeely(2008). "Biodiversity conservation and agricultural sustainability: Towards a new paradigm of 'ecoagriculture' landscapes." *Phil. Trans. R. Soc. B* 363: 477–94.
48. Osbahr H, C Twyman, WN Adger, and DSG Thomas(2010). "Evaluating successful livelihood adaptation to climate variability and change in Southern Africa." *Ecology and Society* 15(2): 27. Available online at http://www.ecologyandsociety.org/vol15/iss2/art27/.
49. Levins R(2007). "How Cuba is going ecological." In R Lewontin and R Levins. *Biology under the Influence: Dialectical Essays on Ecology, Agriculture, and Health*. Monthly Review Press, New York.
50. Daly HE and J Farley(2011). *Ecological Economics: Principle and Application*. 2nd ed. Island Press, Washington DC; Coker R, J Rushton, S Mounier-Jack, E Karimuribo, P Lutumba, D Kambarage, DU Pfeiffer, K Stärk, and M Rweyemamu(2011). "Towards a conceptual framework to support one-health research for policy on emerging zoonoses." *Lancet Infect Dis*. 11(4): 326–31.
51. Kenny C(2011). "Got cheap milk? Why ditching your fancy, organic, locavore lifestyle is good for the world's poor." *Foreign Policy*. The Optimist blog. 12 September. Available online at http://www.foreignpolicy.com/articles/2011/09/12/got_cheap_milk?page=0,1.
52. Lagi M, KZ Bertrand, and Y Bar-Yam(2011). "The food crises and political instability in North Africa and the Middle East." Available online at http://arxiv.org/PS_cache/arxiv/pdf/1108/1108.2455v1.pdf

3. 착한 미생물들

53. Keesing F, Belden LK, Daszak P, Dobson A, Harvell CD, Holt RD, Hudson P, Jolles A, Jones KE, Mitchell CE, Myers SS, Bogich T, and Ostfeld RS(2010). "Impacts of biodiversity on the emergence and transmission of infectious diseases." *Nature* 468: 647–52.
54. Wallace RG(2011). "Two gentlemen of Verona." Published for the first time in this volume.
55. Mulder IE et al.(2009). "Environmentally-acquired bacteria influence diversity and natural innate immune responses at gut surfaces." *BMC Biology*

7, doi: 10.1186/1741-7007-7-79.

56. Atkins K, RG Wallace, L Hogerwerf, M Gilbert, J Slingenbergh, J Otte, and AP Galvani(2010). *Livestock Landscapes and the Evolution of Influenza Virulence*. Food and Agriculture Organization of the United Nations. Available upon request; Wallace RG and K Atkins(2011). "Synchronize your barns." Published for the first time in this volume.
57. Food and Agriculture Organization of the United Nations(2011). *Plant Production and Protection Division: Integrated Pest Management*. Available online at http://www.fao.org/agriculture/crops/core-themes/theme/pests/ipm/en/; Silici L(2010). *Conservation Agriculture and Sustainable Crop Intensification in Lesotho*. Integrated Crop Management Vol.10, 2010. Food and Agriculture Organization. Available online at http://www.fao.org/docrep/012/i1650e/i1650e00.pdf.
58. Berthouly C, G Leroy, TN Van, HH Thanh, B Bed'Hom, BT Nguyen, CC Vu, F Monicat, M Tixier-Boichard, E Verrier, JC Maillard, X Rognon(2009). "Genetic analysis of local Vietnamese chickens provides evidence of gene flow from wild to domestic populations." *BMC Genetics*. Jan 8, 2010: 1. Available online at https://www.ncbi.nlm.nih.gov/pmc/articles/PMC2628941/.

4. 이상한 목화

59. McClain C(2012). "How presidential elections are impacted by a 100 million year old coastline." *Deep Sea News*. 27 June. Available online at http://deepseanews.com/2012/06/how-presidential-elections-are-impacted-by-a-100-million-year-old-coastline/.
60. Johnson W(2013). *River of Dark Dreams: Slavery and Empire in the Cotton Kingdom*. Harvard University Press, Cambridge, MA.
61. Charney I(2010). "Spatial fix." In B Warf (ed). *Encyclopedia of Geography*. SAGE Publications, Thousand Oaks, CA.
62. Markusen AR(1987). *Regions: The Economics and Politics of Territory*. Rowman & Littlefield, New York.
63. Allina-Pisano J(2007). *The Post-Soviet Potemkin Village: Politics and Property Rights in the Black Earth*. Cambridge University Press, Cambridge; Wong E(2008). "Hints of discord on land reform in China." New York Times. 15 October. Available online at http://www.nytimes.com/2008/10/16/world/

asia/16china.html.
64. Wallace RG(2011). "The Scientific American." *Farming Pathogens*. 18 January. Available online at https://farmingpathogens.wordpress.com/2011/01/18/the-scientific-american/.
65. Johnson W(2013). *River of Dark Dreams: Slavery and Empire in the Cotton Kingdom*.
66. Ibid.; Northup S(1853; 2012). *Twelve Years a Slave*. Penguin Classics, New York.
67. Fassler J(2010). "Conventional vs. organic: An Ag Secretary race to watch." *The Atlantic*. 27 October. Available online at http://www.theatlantic.com/health/archive/2010/10/conventional-vs-organic-an-ag-secretary-race-to-watch/65144/.
68. Johnson W(2013). *River of Dark Dreams: Slavery and Empire in the Cotton Kingdom*.
69. Ibid.
70. Ibid.
71. Smithfield Foods(2013). "Shuanghui International and Smithfield Foods Agree to Strategic Combination, Creating a Leading Global Pork Enterprise." 29 May. Available online at http://investors.smithfieldfoods.com/releasedetail.cfm?ReleaseID=767743.
72. Food and Water Watch(2013). "Coalition of Farm, Consumer and Rural Organizations Urge Rejection of Smithfield Takeover." 9 June. Available online at http://www.foodandwaterwatch.org/pressreleases/coalition-of-farm-consumer-and-rural-organizations-urge-rejection-of-smithfield-takeover/.
73. Prashad V(2013). "The case of Smithfield pork." *CounterPunch*. 3 June. Available online at http://www.counterpunch.org/2013/06/03/the-case-of-smithfield-pork/.
74. Bottemiller H(2013). "Big pork deal comes amid friction over livestock drug." Food & Environment Reporting Network. 31 May. Available online at http://thefern.org/2013/05/big-pork-deal-comes-amid-friction-over-livestock-drug/.
75. Philpott T(2013). "Is the US about to become one big factory farm for China?" *Mother Jones*. 29 May. Available online at http://www.motherjones.com/tom-philpott/2013/05/chinas-biggest-meat-c-swallows-us-

pork-giant-smithfield.
76. Sharma S(2013). "'Two converging rivers': Understanding Shuanghui's acquisition of Smithfield." Think Forward blog. Institute for Agriculture and Trade Policy. Available online at http://www.iatp.org/blog/201306/%E2%80%9Ctwo-converging-rivers%E2%80%9D-understanding-shuanghui%E2%80%99s-acquisition-of-smithfield.
77. Johnson W(2013). *River of Dark Dreams: Slavery and Empire in the Cotton Kingdom*; Williams E(1944). *Capitalism and Slavery*. University of North Carolina Press, Chapel Hill.
78. Markusen AR(1987); Lenin VI(1915; 1964). "Capitalism and agriculture in the United States of America." In *Collected Works*. Progress Publishers, Moscow.
79. Gisolfi MR(2006). "From crop lien to contract farming: The roots of agribusiness in the American South, 1929-1939." *Agricultural History* 80(2): 167-89.
80. Gisolfi MR(2006). "From crop lien to contract farming: The roots of agribusiness in the American South, 1929-1939."
81. Johnston K(2013). "The messy link between slave owners and modern management." *Forbes*. 16 January. Available online at http://www.forbes.com/sites/hbsworkingknowledge/2013/01/16/the-messy-link-between-slave-owners-and-modern-management/; Rosenthal C(2013). "Plantations practiced modern management." *Harvard Business Review*. September 2013. Available online at https://hbr.org/2013/09/plantations-practiced-modern-management.
82. Johnston K(2013). "The messy link between slave owners and modern management."
83. Ibid.

5. 동굴과 인간

84. Bhullar K et al.(2012). "Antibiotic resistance is prevalent in an isolated cave microbiome." *PLoS ONE* 7(4): e34953. doi: 10.1371/journal.pone.0034953.
85. Wallace RG(2010). "Does influenza evolve in multiple tenses?" *Farming Pathogens*. 20 June. Available online at https://farmingpathogens.wordpress.com/2010/06/20/does-influenza-evolve-in-multiple-tenses/; Wallace RG(2010). "We can think ourselves into a plague." *Farming Pathogens*.

25 October. Available online at https://farmingpathogens.wordpress.com/2010/10/25/we-can-think-ourselves-into-a-plague/.
86. Voice of America(2012). "Naturally drug-resistant cave bacteria possible key to new antibiotics." 13 April. Available online at http://www.voanews.com/content/naturally-drug-resistant-cave-bacteria-possible-key-to-new-antibiotics-147430005/180318.html.

6부

1. 낡은 바이러스, 새 바이러스

1. Quammen D(2012). *Spillover: Animal Infections and the Next Human Pandemic*. W. W. Norton, New York.
2. Rainforest Action Network(2010). *Cargill's Problems with Palm Oil*. May. Available online at http://d3n8a8pro7vhmx.cloudfront.net/rainforestactionnetwork/legacy_url/530/cargills_problems_with_palm_oil_low.pdf?1402698255.
3. Wallace RG, HM HoDac, R Lathrop, and WM Fitch(2007). "A statistical phylogeography of influenza A H5N1." *Proceedings of the National Academy of Sciences* 104: 4473-78.
4. Wallace RG(2010). "King Leopold's pandemic." *Farming Pathogens*. 2 March. Available online at https://farmingpathogens.wordpress.com/2010/03/02/king-leopolds-pandemic/.
5. Rodney W(1972; 1982). *How Europe Underdeveloped Africa*. Howard University Press, Washington, DC.
6. Gould P(1993). *The Slow Plague: A Geography of the AIDS Pandemic*. Blackwell Publishers, Cambridge, MA.
7. Quammen D(2014). "Ebola virus: A grim, African reality." *New York Times*. 9 April. Available online at http://www.nytimes.com/2014/04/10/opinion/ebola-virus-a-grim-african-reality.html; Wallace RG(2014). "Neoliberal Ebola?" *Farming Pathogens*. 23 April. Available online at https://farmingpathogens.wordpress.com/2014/04/23/neoliberal-ebola/.

2. 커피 필터

8. Frischknecht PM, J Ulmer-Dukek, and TW Baumann(1986). "Purine

alkaloid formation in buds and developing leaflets of Coffea arabica: Expression of an optimal defence strategy?" *Phytochemistry* 25: 613 – 16; Nathanson JA(1984). "Caffeine and related methylxanthines: possible naturally occurring pesticides." *Science* 226: 184 – 87.

9. Weinberg BA and BK Bealer(2002). *The World of Caffeine: The Science and Culture of the World's Most Popular Drug*. Routledge, New York; USDA(2014). *Coffee: World Markets and Trade*. Office of Global Analysis, Foreign Agricultural Service. Available online at http://apps.fas.usda.gov/psdonline/circulars/coffee.pdf; Goldschein E(2011). "11 incredible facts about the global coffee industry." *Business Insider*. 14 November. Available online at http://www.businessinsider.com/facts-about-the-coffee-industry-2011-11?op=1; Wild A(2004). *Coffee: A Dark History*. W. W. Norton, New York.
10. Marcone MF(2004). "Composition and properties of Indonesian palm civet coffee (Kopi Luwak) and Ethiopian civet coffee." *Food Research International* 37: 901 – 12.
11. Vandermeer J, I Perfecto, and S Philpott(2010). "Ecological complexity and pest control in organic coffee production: Uncovering an autonomous ecosystem service." *BioScience* 60: 527 – 37.
12. Easwaramoorthy S and S Jayaraj(1978). "Effectiveness of the white halo fungus, Cephalosporium lecanii, against field populations of coffee green bug, Coccus viridis." *Journal of Invertebrate Pathology* 32: 88 – 96.
13. Perfecto I, JH Vandermeer, GL Bautista, GI Nunez, R Greenberg, P Bichier, and S Langridge(2004). "Greater predation in shaded coffee farms: The role of resident neotropical birds." *Ecology* 85(10): 2677 – 81.
14. Williams-Guillen K, I Perfecto, and J Vandermeer(2008). "Bats limit insects in a neotropical agroforestry system." *Science* 320: 70.
15. Williams-Guillen K and I Perfecto(2011). "Ensemble composition and activity levels of insectivorous bats in response to management intensification in coffee agroforestry systems." *PLoS ONE* 6(1): e16502. doi: 10.1371/journal.pone.0016502.
16. Williams-Guillen K(2010). "Investigating trophic interactions with molecular methods: Insectivory by bats in the coffee agroecosystem." Presentation at 95th ESA Annual Meeting, 1 – 6 August 2010.
17. Perfecto I and J Vandermeer(2010). "The agroecological matrix as alternative

to the land-sparing/agriculture intensification model." *Proceedings of the National Academy of Sciences USA* 107: 5786-91.

3. 질병의 자본 회로

18. Schwabe CW(1984). *Veterinary Medicine and Human Health*. Williams & Wilkins, Baltimore; Wilson ME, R Levins and A Spielman (eds).(1994). *Disease in Evolution: Global Changes and Emergence of Infectious Diseases*. Annals of the New York Academy of Sciences, New York; Saunders LZ(2000). "Virchow's contributions to veterinary medicine: Celebrated then, forgotten now." Vet Pathol. 37: 199-207; Morens DM(2003). "Characterizing a 'new' disease: Epizootic and epidemic anthrax, 1769-1780." *Am J Public Health* 93: 886-93.
19. Goldberg TL, SB Paige, and CA Chapman(2012). "The Kibale Ecohealth Project: Exploring connections among human health, animal health and landscape dynamics in Western Uganda." In AA Aguirre, R Ostfeld, and P Daszak (eds). *New Directions in Conservation Medicine: Applied Cases of Ecological Health*. Oxford University Press, New York.
20. Paul M, V Baritaux, S Wongnarkpet, C Poolkhet, W Thanapongtharm, F Roger, P Bonnet, and C Ducrot(2013). "Practices associated with Highly Pathogenic Avian Influenza spread in traditional poultry marketing chains: Social and economic perspectives." *Acta Tropica* 126: 43-53.
21. Giles-Vernick T, S Craddock, and J Gunn (eds).(2010). *Influenza and Public Health: Learning from Past Pandemics*. EarthScan Press, London.
22. Sparke M and D Anguelov(2012). "H1N1, globalization and the epidemiology of inequality." *Health & Place* 18: 726-36.
23. Forster P and O Charnoz(2013). "Producing knowledge in times of health crises: Insights from the international response to avian influenza in Indonesia." *Revue d'anthropologie des connaissances* 7(1).
24. Keck F(2010). "Une sentinelle sanitaire aux frontières du vivant. Les experts de la grippe aviaire à Hong Kong." *Terrain* 54: 26-41.
25. Kleinman AM, BR Bloom, A Saich, KA Mason, and F Aulino(2008). "Asian flus in ethnographic and political context: A biosocial approach." *Anthropology and Medicine* 15: 1-5; Lowe C(2010). "Preparing Indonesia: H5N1 influenza through the lens of global health." *Indonesia* 90: 147-70; Krieger N(2001). "Theories for social epidemiology in the 21st century:

An ecosocial perspective." *Int J Epidemiol* 30: 668 – 77; Braun B(2007). "Biopolitics and the molecularization of life." *Cultural Geographies* 14: 6 – 28; Rayner G and T Lang(2012). *Ecological Public Health: Shaping the Conditions for Good Health*. Routledge, New York.

26. Krieger N(2001). "Theories for social epidemiology in the 21st century: An ecosocial perspective"; Bond P(2012). "Climate debt owed to Africa: What to demand and how to collect?" In M Muchie and A Baskaran (eds), *Innovation for Sustainability: African and European Perspectives*. Africa Institute of South Africa, Pretoria; Collard R-C and J Dempsey(2013). "Life for sale? The politics of lively commodities." *Environment and Planning A* 45(11): 2682 – 99; Hinchliffe S, J Allen, S Lavau, N Bingham, and S Carter(2013). "Biosecurity and the topologies of infected life: From borderlines to borderlands." *Transactions of the Institute of British Geographers* 38(4): 531 – 43.
27. Rabinowitz PM., R Kock, M Kachani, R Kunkel, J Thomas, J Gilbert, RG Wallace, C Blackmore, D Wong, W Karesh, B Natterson, R Dugas, C Rubin, for the Stone Mountain One Health Proof of Concept Working Group(2013). "Toward proof of concept of a 'One Health' approach to disease prediction and control." *Emerg Infect Dis*. Available online at http://dx.doi.org/10.3201/eid1912.130265.
28. Preston ND, P Daszak, and RR Colwell(2013). "The human environment interface: Applying ecosystem concepts to health." *Curr Top Microbiol Immunol.* 365: 83 – 100.
29. Robinson TP, GRW Wint, G Conchedda, TP Van Boeckel, V Ercoli, E Palamara, G Cinardi, L D'Aietti, SI Hay, and M Gilbert(2014). "Mapping the global distribution of livestock." *PLoS One* 9(5): e96084 doi: 10.1371/journal.pone.0096084.
30. Tilley H(2004). "Ecologies of complexity: Tropical environments, African trypanosomiasis, and the science of disease control in British colonial Africa, 1900 – 1940." *Osiris* 19: 21 – 38; Connell R(2007). *Southern Theory: The Global Dynamics of Knowledge in Social Science*. Polity Press, Unwin.
31. Land Matrix Observatory(2014). *Global Map of Investments*. Available online at http://landmatrix.org/en/get-the-idea/global-map -investments/.
32. Oakland Institute(2011). *Special Investigation: Understanding Land Investment Deals in Africa*. Available online at http://media.oaklandinstitute.org/

special-investigationunderstanding-land-investment -deals-africa.

33. Kahn LH, TP Monath, BH Bokma, EP Gibbs, and AA Aguirre(2012). "One Health, One Medicine." In AA Aguirre, R Ostfeld and P Daszak (eds), *New Directions in Conservation Medicine: Applied Cases of Ecological Health*. Oxford University Press, New York.
34. Zinsstag J, JS Mackenzie, M Jeggo, DL Heymann, JA Patz, and P Daszak(2012). "Mainstreaming one health." *Ecohealth 9*(2): 107 – 10.
35. Hosseini P, SH Sokolow, KJ Vandegrift, AM Kilpatrick, and P Daszak(2010). "Predictive power of air travel and socio-economic data for early pandemic spread." *PLoS ONE* 5(9): e12763. doi: 10.1371/journal.pone.0012763.
36. Smith JW, F le Gall, S Stephenson, and C de Haan(2012). *People, Pathogens and Our Planet. vol. 2: The Economics of One Health*. World Bank Report No. 69145-GLB. Available online at http://www-wds.worldbank.org/external/default/WDSContentServer/WDSP/IB/2012/06/12/000333038_20120612014653/Rendered/PDF/691450ESW0whit0D0ESW120PPPvol120web.pdf.
37. Moore J(2011). "Transcending the metabolic rift: A theory of crises in the capitalist world-ecology." *Journal of Peasant Studies* 38: 1 – 46.
38. Liverani M et al.(2013). "Understanding and managing zoonotic risk in the new livestock industries"; Wallace RG(2009). "Breeding influenza: The political virology of offshore farming"; Myers KP, CW Olsen, SF Setterquist, AW Capuano, KJ Donham, EL Thacker, JA Merchant, and GC Gray(2006). "Are swine workers in the United States at increased risk of infection with zoonotic influenza virus?" *Clin Infect Dis*. 42(1): 14 – 20; Gilchrist MJ, C Greko, DB Wallinga, GW Beran, DG Riley, and PS Thorne(2007). "The potential role of concentrated animal feeding operations in infectious disease epidemics and antibiotic resistance." *Environ Health Perspect*. 115: 313 – 16; Evans CM, GF Medley, and LE Green(2008). "Porcine reproductive and respiratory syndrome virus (PRRSV) in GB pig herds: Farm characteristics associated with heterogeneity in seroprevalence." *BMC Veterinary Research* 4: 48 doi: 10.1186/1746-6148-4-48; Mennerat A, F Nilsen, D Ebert, and A Skorping(2010). "Intensive farming: evolutionary implications for parasites and pathogens." *Evol Biol*. 37: 59 – 67; Leibler JH, M Carone, and EK Silbergeld(2010). "Contribution of company affiliation

and social contacts to risk estimates of between-farm transmission of avian influenza." *PLoS ONE* 5(3): e9888. doi: 10.1371/journal.pone.0009888; Van Boeckel TP, W Thanapongtharm, T Robinson, L D'Aietti, and M Gilbert(2012). "Predicting the distribution of intensive poultry farming in Thailand." *Agriculture, Ecosystems & Environment* 149: 144 – 53; Smit LAM, F van der Sman-de Beer, AWJ Opstal-van Winden, M Hooiveld, J Beekhuizen et al..(2012). "Q Fever and pneumonia in an area with a high livestock density: A large population-based study." *PLoS ONE* 7: e38843. doi: 10.1371/journal.pone.0038843; Ercsey-Ravasz M, Z Toroczkai, Z Lakner, and J Baranyi(2012). "Complexity of the international agro-food trade network and its impact on food safety." *PLoS ONE* 7(5): e37810. doi: 10.1371/journal.pone.0037810; Bausch D and L Schwarz(2014). "Outbreak of Ebola virus disease in Guinea: Where ecology meets economy." *PLoS Neglected Tropical Diseases* 8: e3056.

39. Engering A, L Hogerwerf, and J Slingenbergh(2013). "Pathogen – host – environment interplay and disease emergence." *Emerging Microbes and Infections* 2: e5 doi: 10.1038/emi.2013.5 DOI: 10.1080/17530350. 2014.904243.
40. Allen J and S Lavau(2014). "'Just-in-Time' Disease: Biosecurity, poultry and power." *Journal of Cultural Economy*. doi: 10.1080/17530350. 2014.904243.
41. Boni MF, AP Galvani, L Abraham, AL Wickelgrend, and A Malani(2013). "Economic epidemiology of avian influenza on smallholder poultry farms." *Theoretical Population Biology* 90: 135 – 44.
42. Mészáros I(2012). "Structural crisis needs structural change." *Monthly Review* 63(10): 19 – 32. Available online at http://monthlyreview.org/2012/03/01/structural-crisis-needs-structural-change/.
43. Levins R(1998). "The internal and external in explanatory theories." *Science as Culture* 7(4): 557 – 82; Leach M and I Scoones(2013). "The social and political lives of zoonotic disease models: Narratives, science and policy." *Social Science & Medicine* 88: 10 – 17.
44. Fearnley L(2013). "The birds of Poyang Lake: Sentinels at the interface of wild and domestic." *Limn* 3. Available online at http://limn.it/the-birds-of-poyang-lake-sentinels-at-the-interface-of-wild-and-domestic/.
45. Leibler JH et al.(2009). "Industrial food animal production and global health risks: Exploring the ecosystems and economics of Avian Influenza."

46. Wallace RG(2013). "Flu the farmer." *Farming Pathogens*. 17 April. Available online at http://farmingpathogens.wordpress.com/2013/04 /17/farmer-flu/.
47. Harvey D(1982; 2006). *The Limits to Capital*. Verso, New York.
48. Narayanan GB and TL Walmsley (eds).(2008). *Global Trade, Assistance, and Production: The GTAP 7 Data Base*. Center for Global Trade Analysis, Purdue University. Available online at: http://www.gtap.agecon.purdue.edu/databases/v7/v7_doco.asp.

4. 질병의 수도

49. McHugh J and PA Mackowiak(2014). "What really killed William Henry Harrison?" *New York Times*. 31 March. Available online at http://www.nytimes.com/2014/04/01/science/what-really-killed-william-henry-harrison.html; The White House Historical Association (n.d.). White House History Timelines. African Americans: 1790s–1840s. Available online at http://www.whitehousehistory.org/history/white-house-timelines/african-americans-1790s-1840s.html.
50. CNN(2008). "Slaves helped build White House, U.S. Capitol." 2 December. Available online at http://www.cnn.com/2008/US/12/02/slaves.white.house/index.html?_s=PM: US.
51. McHugh J and PA Mackowiak(2014). "What really killed William Henry Harrison?"

7부

1. 숲과 에볼라

1. Wallace RG, R Kock, L Bergmann, M Gilbert, L Hogerwerf, C Pittiglio, R Mattioli, and R Wallace(2016). "Did neoliberalizing West African forests produce a new niche for Ebola?" *International Journal of Health Services*. 46(1): 149–65.
2. Henao-Restrepo A et al.(2015). "Efficacy and effectiveness of an rVSV-vectored vaccine expressing Ebola surface glycoprotein: Interim results from the Guinea ring vaccination cluster-randomised trial." *Lancet*. pii: S0140-6736(15)61117-5. doi: 10.1016/S0140-6736(15)61117-5.

3. Editors(2015). "Trial and triumph." *Nature* 524(7563): 5.
4. Schoepp RJ, CA Rossi, SH Khan, A Goba, and JN Fair(2014). "Undiagnosed acute viral febrile illnesses, Sierra Leone." *Emerging Infectious Diseases* 20: 1176 – 82.
5. Wallace RG, M Gilbert, R Wallace, C Pittiglio, R Mattioli and R Kock(2014). "Did Ebola emerge in West Africa by a policy-driven phase change in agroecology?" *Environment and Planning* A 46(11). 2533 – 42; WHO *Ebola Situation Report*. 12 August 2015. Available online at http://apps.who.int/iris/bitstream/10665/182071/1/ebolasitrep_12Aug2015_eng.pdf?ua=1&ua=1.
6. Clark DV et al.(2015). "Long-term sequelae after Ebola virus disease in Bundibugyo, Uganda: a retrospective cohort study." *Lancet Infect Dis*. 15(8): 905 – 12; Qureshi AI et al.(2015). "Study of Ebola Virus Disease survivors in Guinea." *Clin Infect Dis*. pii: civ453. doi: 10.1371/currents.outbreaks.84eefe5ce43ec9dc0bf0670f7b8b417d; Christie A et al.(2015). "Possible sexual transmission of Ebola virus—Liberia, 2015." *MMWR Morb Mortal Wkly Rep*. 64(17): 479 – 81; Reardon S(2015). "Ebola's mental-health wounds linger in Africa." *Nature* 519: 13 – 14.
7. Bausch D and L Schwarz(2014). "Outbreak of Ebola virus disease in Guinea: where ecology meets economy." *PLOS Neglected Tropical Diseases* 8: e3056.
8. Farm Lands of Guinea(2011). "Farm Lands of Guinea completes reverse merger and investment valuing the company at USD$45 million." PR Newswire. Available online at http://www.bloomberg.com/apps/news?pid=newsarchive&sid=a9cwc86wQ3zQ.
9. Madelaine C et al.(2008). "Semi-wild palm groves reveal agricultural change in the forest region of Guinea"; Fairhead J and M Leach(1999). *Misreading the African Landscape: Society and Ecology in a Forest-Savanna Mosaic*. Cambridge University Press, Cambridge.
10. Delarue J and H Cochet(2013). "Systemic impact evaluation: A methodology for complex agricultural development projects. The case of a contract farming project in Guinea."
11. Saouromou K(2015). "Guinée Forestière: De nouvelles réticences à la lutte contre Ebola à Yomou." *L'Express Guinee*. Available online at http://lexpressguinee.com/fichiers/videos5.php?langue=fr&idc=fr_Guinee_

Forestiere_De_nouvelles_reticences_a_la_lutte_contre_.
12. Carrere R(2010). *Oil Palm in Africa: Past, Present and Future Scenarios.* World Rainforest Movement, Montevideo.
13. Wallace RG et al.(2014). "Did Ebola emerge in West Africa by a policy-driven phase change in agroecology?"
14. Pulliam JR et al.(2012). "Agricultural intensification, priming for persistence and the emergence of Nipah virus: a lethal bat-borne zoonosis." *J R Soc Interface* 9(66): 89-101, 2012 doi: 10.1098/rsif.2011.0223; Olival KJ and DT Hayman(2014). "Filoviruses in bats: Current knowledge and future directions." *Viruses* 6(4): 1759 - 88. doi: 10.3390/v6041759; Plowright RK et al.(2015). "Ecological dynamics of emerging bat virus spillover." *Proc Biol Sci.* 282(1798): 20142124. doi: 10.1098/rspb.2014.2124.
15. Shafie NJ et al.(2011). "Diversity pattern of bats at two contrasting habitat types along Kerian River, Perak, Malaysia." *Tropical Life Sciences Research* 22(2): 13 - 22.
16. Anti P et al.(2015). "Human-bat interactions in rural West Africa." *Emerg Infect Dis.* 21(8): 1418 - 21. doi: 10.3201/eid2108.142015.
17. Plowright RK et al.(2015). "Ecological dynamics of emerging bat virus spillover."
18. Luby SP, ES Gurley, and M Jahangir Hossain(2009). "Transmission of human infection with Nipah Virus." *Clinical Infectious Diseases* 49: 1743–48.
19. Leroy EM et al.(2009). "Human Ebola outbreak resulting from direct exposure to fruit bats in Luebo, Democratic Republic of Congo, 2007." *Vector Borne Zoonotic Dis.* 9(6): 723 - 28. doi: 10.1089/vbz.2008.0167.
20. Saéz AM et al.(2014). "Investigating the zoonotic origin of the West African Ebola epidemic." *EMBO Molecular Medicine* 7(1): 17 - 23. doi 10.15252/emmm.201404792. Available online at http://embomolmed.embopress.org/content/embomm/early/2014/12/29/emmm.201404792.full.pdf.
21. Roden D(1974). "Regional inequality and rebellion in the Sudan." *Geographical Review* 64(4): 498 - 516; Smith DH, DP Francis, DIH Simpson and RB Highton(1978). "The Nzara outbreak of viral haemorrhagic fever." In S.R. Pattyn (ed.), *Ebola Virus Haemorrhagic Fever Proceedings of an International Colloquium on Ebola Virus Infection and Other Haemorrhagic Fevers held in Antwerp, Belgium, 6-8 December, 1977.* Elsevier, Amsterdam.

22. Wallace RG et al.(2014) "Did Ebola emerge in West Africa by a policy-driven phase change in agroecology?"; Wallace R and RG Wallace(2014). "Blowback: New formal perspectives on agriculturally-driven pathogen evolution and spread." *Epidemiology and Infection*. doi: 10.1017/S0950268814000077.
23. Hogerwerf L, R Houben, K Hall, M Gilbert, J Slingenbergh, and RG Wallace(2010). *Agroecological Resilience and Protopandemic Influenza*. Animal Health and Production Division, Food and Agriculture Organization, Rome.
24. Bartsch SM. K Gorham and BY Lee(2015). "The cost of an Ebola case." *Pathog Glob Health* 109(1): 4–9.

2. 저당잡힌 농부들

25. Wallace RG(2010). "Grainmorrah." *Farming Pathogens*. 6 December. Available online at https://farmingpathogens.wordpress.com/2010/12/ 06/grainmorrah/.
26. Leonard C(2014). *The Meat Racket: The Secret Takeover of America's Food Business*.
27. Jenner A(2014). "Chicken farming and its discontents." *Modern Farmer*. 24 February. Available online at http://modernfarmer.com/2014/02/chicken-farming-discontents/.
28. Jones BA, D Grace, R Kock, S Alonso, J Rushton, MY Said, D McKeever, F Mutua, J Young, J McDermott, and DU Pfeiffer(2013). "Zoonosis emergence linked to agricultural intensification and environmental change." *PNAS*, 110: 8399–8404; Stephenson W(2013). "Indian farmers and suicide: How big is the problem?" BBC News. 23 January. Available online at http://www.bbc.com/news/magazine-21077458.
29. Kutner M(2014). "Death on the farm." *Newsweek*. 10 April. Available online at http://www.newsweek.com/death-farm-248127.

3. 홍역 걸린 미키마우스

30. Xia R(2015). "Measles outbreak: At least 95 cases in eight states and Mexico." *Los Angeles Times*. 28 January. Available online at http://www.latimes.com/local/lanow/la-me-ln-measles-outbreak-20150128-story.html.

31. CBS/AP(2015). "Arizona monitoring 1,000 people for measles." 28 January. Available online at http://www.cbsnews.com/news/arizona-monitoring-1000-people-for-measles-linked-to-disneyland/.
32. CDC(2015). "Measles cases and outbreaks." Available online at http://www.cdc.gov/measles/cases-outbreaks.html; Zipprich J, K Winter, J Hacker, D Xia, J Watt, and L Harriman L(2015). "Measles outbreak—California, December 2014-February 2015." *MMWR*. 64: 1-2.
33. Wallace RG and K Hall(2009). *It's a Small World: Preparing for a Pandemic Outbreak at and around Disneyland, 2010 and Beyond*. A report commissioned by UNITE HERE Local 11. November 2009. Available online at https://farmingpathogens.files.wordpress.com/2015/01/wallace-and-hall-its-a-small-world-final-report.pdf.
34. Higgins M(2009). "Theme parks confront flu jitters." *New York Times*. 3 November. Available online at http://www.nytimes.com/2009/11/08/travel/8pracflu.html.
35. Ebrahim SH, ZA Memish, TM Uyeki, TAM Khoja, N Marano, and SJN McNabb(2009). "Pandemic H1N1 and the 2009 Hajj." *Science* 326: 938-40.
36. Center for Responsive Politics(2014). *Walt Disney Co. Client Profile: Summary*, 2014. Available online at http://www.opensecrets.org/lobby/clientsum.php?id=d000000128.
37. California Department of Public Health(2015). "California Department of Public Health Confirms 59 Cases of Measles." 21 January. Available online at http://www.cdph.ca.gov/Pages/NR15-008.aspx.
38. Staff(2015). "Disneyland measles: 'Ideal' incubator for major outbreak." *Los Angeles Times*. 14 January. Available online at http://www.latimes.com/local/lanow/la-me-ln-measles-outbreak-at-disneyland-worst-in-15-years-20150114-story.html.

4. 메이드 인 미네소타

39. Ip HS et al.(2015). "Novel Eurasian Highly Pathogenic Avian Influenza A H5 Viruses in Wild Birds, Washington, USA, 2014." *Emerg Infect Dis*. 21(5): 886-90.
40. Hughlett M(2015). "About 40 countries ban imports of Minnesota turkeys after avian flu outbreak." *Star Tribune*. 6 March. Available online at http://

www.startribune.com/about-40-countries-ban-imports-of-minnesota-turkeys-after-avian-flu-outbreak/295356371/; Hargarten J(2015). "Tracking the spread of avian influenza in Minnesota." *Star Tribune*. 5 June. Available online at http://www.startribune.com/interactive-track-the-spread-of-avian-flu-in-minnesota/299362711/.

41. Hughlett M(2015). "Twin Cities grocers have temporary egg shortages because of bird flu." *Star Tribune*. 8 May. Available online at http://www.startribune.com/twin-cities-grocers-have-temporary-egg-shortages-because-of-bird-flu/302951231/.
42. Hughlett M(2015). "Rembrandt Foods egg farm could be single largest operation hit by bird flu." *Star Tribune*. 30 April. Available online at http://www.startribune.com/rembrandt-foods-egg-farm-could-be-largest-hit-by-bird-flu/301842401/.
43. Hughlett M(2015). "Minnesota turkey farmers could take devastating financial hit because of bird flu." *Star Tribune*. 12 April. Available online at http://www.startribune.com/minnesota-turkey-farmers-could-take-devastating-hit-from-bird-flu/299463631/.
44. Minnesota Department of Agriculture and USDA(2013). *2012 Minnesota Agricultural Statistics*. Available online at http://www.nass.usda.gov/Statistics_by_State/Minnesota/Publications/Annual_Statistical_Bulletin/2012/Whole%20Book.pdf.
45. Hughlett M(2015). "About 40 countries ban imports of Minnesota turkeys after avian flu outbreak."
46. Hughlett M(2015). "Minnesota turkey farmers could take devastating financial hit because of bird flu."
47. Hughlett M(2015). "About 40 countries ban imports of Minnesota turkeys after avian flu outbreak."
48. Hughlett M(2015). "Bird flu may persist for several years in Minnesota, rest of U.S." *Star Tribune*. 16 April. Available online at http://www.startribune.com/bird-flu-may-persist-for-several-years-in-minnesota-rest-of-u-s/300151221/.
49. Hughlett M(2015). "Rembrandt Foods egg farm could be single largest operation hit by bird flu."
50. Karnowski S(2015). "CDC eyeing bird flu vaccine for humans, though risk is low." Associated Press. 22 April. Available online at http://www.salon.

com/2015/04/22/cdc_eyeing_bird_flu_vaccine_for_humans _though_risk_is_low/.

51. Pitt D(2015). "No. 1 egg-producing state aims to keep bird flu out." Associated Press. 17 April. Available online at http://www.salon.com/2015/04/17/no_1_egg_producing_state_aims_to_keep_bird _flu_out/.
52. Pitt D(2015). "No. 1 egg-producing state aims to keep bird flu out."
53. Hughlett M(2015). "About 40 countries ban imports of Minnesota turkeys after avian flu outbreak."
54. White R(2015). "What if all poultry flocks were raised cage-free?" *Star Tribune*. 10 April. Available online at http://www.startribune.com/what-if-all-poultry-flocks-were-raised-cage-free/299263931/.
55. Marcotty J(2015). "Scientists race to decode secrets of deadly bird flu." *Star Tribune*. 8 June. http://www.startribune.com/scientists-race-to-decode-secrets-of-deadly-avian-flu-strain/306436121/.
56. Shiffer J(2015). "Location of infected livestock farms remains secret." *Star Tribune*. 15 April. Available online at http://www.startribune.com/location-of-infected-livestock-farms-remains-secret/299853641/.
57. Shiffer J(2015). "Location of infected livestock farms remains secret."
58. Pitt D(2015). "Bird flu confirmed at Iowa farm with 5.3 million chickens." Associated Press. 20 April. Available online at http://news.yahoo.com/bird-flu-confirmed-iowa-farm-5-3-million-214705641--finance.html; Roos R and L Schnirring(2015). "Avian flu hits more farms in Iowa, Minnesota." CIDRAP News. 27 April. Available online at http://www.cidrap.umn.edu/news-perspective/2015/04/avian-flu-hits-more-farms-iowa-minnesota.
59. Roos R(2015). "Change in pattern of H5N2 spread raises questions." CIDRAP News. 7 May. Available online at http://www.cidrap.umn.edu/news-perspective/2015/05/change-pattern-h5n2-spread -raises-questions.
60. Hughlett M(2015). "Minnesota turkey farmers could take devastating financial hit because of bird flu.".
61. Hughlett M(2015). "Minnesota turkey farmers could take devastating financial hit because of bird flu."
62. Cooke F, RF Rockwell, and DB Lank(1995). *The Snow Geese of La Pérouse Bay: Natural Selection in the Wild*. Oxford University Press, Oxford.
63. Cox C and S Rundquist(2013). *Going, Going, Gone: Millions of Acres of*

Wetlands and Fragile Land Go Under the Plow. Environmental Working Group. Available online at http://static.ewg.org/pdf/going_gone_cropland_hotspots_final.pdf; Wright CK and MC Wimberly(2013). "Recent land use change in the Western Corn Belt threatens grasslands and wetlands." PNAS 110: 4134–39. Available online at http://www.pnas.org/content/110/10/4134.full.pdf.

64. Hughlett M(2015). "Rembrandt Foods egg farm could be single largest operation hit by bird flu."
65. Ibid.; Associated Press(2015). "Bird flu found in hawk in western Minnesota." 30 April. Available online at minnesota.cbslocal.com/2015/04/30/bird-flu-found-in-hawk-in-western-minnesota/.
66. Hughlett M(2015). "Rembrandt Foods egg farm could be single largest operation hit by bird flu."
67. Leonard C(2014). *The Meat Racket: The Secret Takeover of America's Food Business*. Simon & Schuster, New York.
68. Hughlett M and P Condon(2015). "Minnesota turkey deaths to top 2 million with new bird flu outbreaks." *Star Tribune*. 24 April. Available online at www.startribune.com/minn-turkey-deaths-to-top-2m-with-new-outbreaks/300852521/.
69. Sawyer L(2015). "Bird flu threat eases, but layoffs announced at Rembrandt Enterprises." *Star Tribune*. 21 May. Available online at http://www.startribune.com/bird-flu-threat-eases-but-layoffs-announced -at-rembrandt-enterprises/304643681/; Reuters(2015). "Bird flu leads to Hormel layoffs, extra $330 million in government funds." 21 May. Available online at www.nydailynews.com/life-style/health/bird-flu-leads-hormel-layoffs-extra-330-million-gove-article-1.2212325.
70. Hughlett M(2015). "Hormel CEO sees fall as 'wild card' because of bird flu." *Star Tribune*. 20 May. Available online at www.startribune.com/hormel-ceo-sees-fall-as-wild-card-because-of-bird-flu/304416271/.
71. Hughlett M(2015). "Hormel CEO sees fall as 'wild card' because of bird flu."
72. Wallace RG(2009). "Breeding influenza: the political virology of offshore farming." *Antipode*. 41: 916–51.
73. Hughlett M(2016). "University of Minnesota study says farmers may have aided bird flu's spread." *Star Tribune*. 28 January. Available online at

http://www.startribune.com/farmers-tilling-nearby-fields-might-have-contributed-to-bird-flu-epidemic/366919751/; Center for Animal and Food Safety(2016). *Epidemiologic Study of Highly Pathogenic Avian Influenza H5N1 among Turkey Farms 2015*. University of Minnesota. Summary report. Available online at https://www.cahfs.umn.edu/sites/cahfs.umn.edu/files/hpai_h5n2_2015_summary_report.pdf.

74. Center for Animal and Food Safety(2016). *Epidemiologic Study of Highly Pathogenic Avian Influenza H5N1 among Turkey Farms 2015*.

5. 잃어버린 인간애

75. Quammen D(2012). *Spillover: Animal Infections and the Next Human Pandemic*. W W Norton. 26 September. Available online at https://www.youtube.com/watch?v=qgsqfGssMF4; Quammen D(2012). *Spillover: Animal Infections and the Next Human Pandemic*. W. W. Norton, New York.
76. Wallace RG(2012). "We need a Structural One Health." *Farming Pathogens*. 3 August. Available online at http://farmingpathogens.wordpress.com/2012/08/03/we-need-a-structural-one-health/.
77. Cockburn A(1996). *The Golden Age Is In Us: Journeys and Encounters 1987–1994*. Verso, New York.

찾아보기

ㄹ

ㅁ

ㅂ

ㅅ

ㅈ

ㅊ

ㅋ

ㅌ

ㅍ

ㅎ